高职高专计算机类工学结合规划教材

计算机组装与维护

主　编　陈云志
副主编　吴功才　徐景红　郑崇盈　吴胜旗
核　对　高永梅　陈　赞

图书在版编目(CIP)数据

计算机组装与维护 / 陈云志主编. —杭州: 浙江大学出版社, 2009.8

高职高专计算机类工学结合规划教材

ISBN 978-7-308-06950-2

Ⅰ.计… Ⅱ.陈… Ⅲ.①电子计算机-组装-高等学校:技术学校-教材 ②电子计算机-维修-高等学校:技术学校-教材 Ⅳ.TP30

中国版本图书馆 CIP 数据核字(2009)第 148737 号

内容简介

本书以计算机组装与维护为主线,按照项目化课程模式的要求组织编排。全书共分 11 个项目,主要包括认识计算机、认识主板、认识 CPU、认识内存、认识硬盘、认识显卡与显示器、组装计算机硬件、安装和设置计算机软件、备份与恢复数据、维护与检修计算机、使用微机外设。每个项目都有明确的教学目标、工作任务、实现方法,力求集教、学、做于一体,从而更好地激发学生的学习兴趣,培养学生的动手能力。

本书可作为各类高职高专院校计算机相关专业的教材,也可以作为计算机技能培训教程,还可供计算机爱好者和工程技术人员学习参考。

计算机组装与维护
陈云志　主编

责任编辑　石国华
封面设计　俞亚彤
出版发行　浙江大学出版社
（杭州天目山路 148 号　邮政编码 310028）
（网址：http://www.zjupress.com）
排　　版　星云光电图文制作工作室
印　　刷　富阳市育才印刷有限公司
开　　本　787mm×1092mm　1/16
印　　张　19
字　　数　460 千
版 印 次　2009 年 8 月第 1 版　2009 年 8 月第 1 次印刷
书　　号　ISBN 978-7-308-06950-2
定　　价　35.00 元

浙江大学出版社发行部邮购电话　(0571)88925591

序

近年来我国高等职业教育规模有了很大发展，然而，如何突显特色已成为困扰高职发展的重大课题；高职发展已由规模扩充进入了内涵建设阶段。如今已形成的基本共识是，课程建设是高职内涵建设的突破口与抓手。加强高职课程建设的一个重要出发点，就是如何让高职生学有兴趣、学有成效。在传统学科知识的学习方面，高职生是难以和大学生相比的。如何开发一套既适合高职生学习特点，又能增强其就业竞争能力，是高职课程建设面临的另一重大课题。要有效地解决这些问题，建立能综合反映高职发展多种需求的课程体系，必须进一步明确高职人才培养目标、其课程内容的性质及组织框架。为此，不能仅仅满足于对"高职到底培养什么类型人才"的论述，而是要从具体的岗位与知识分析入手。高职专业的定位要通过理清其所对应的工作岗位来解决，而其课程特色应通过特有的知识架构来阐明。也就是说，高职课程与学术性大学的课程相比，其特色不应仅仅体现在理论知识少一些，技能训练多一些，而是要紧紧围绕课程目标重构其知识体系的结构。

项目课程不失为一个有价值与发展潜力的选择，而教材是课程理念的物化，也是教学的基本依据。项目课程的理念要大面积地转化为具体的教学活动，必须有教材做支持。这些教材力图彻底打破以知识传授为主要特征的传统学科课程模式，转变为以工作任务为核心的项目课程模式，让学生通过完成具体项目来构建相关理论知识，并发展职业能力。其课程内容的选取紧紧围绕工作任务完成的需要来进行，同时又充分考虑高职教育对理论知识学习的需要，并融合相关职业资格证书对知识、技能和态度的要求。每个项目的学习都要求按以典型产品为载体设计的活动来进行，以工作任务为中心整合理论与实践，实现理论与实践的一体化。为此，有必要通过校企合作、校内实训基地建设等多种途径，采取工学交替、半工半读等形式，充分开发学习资源，给学生提供丰富的实践机会。教学效果评价可采取过程评价与结果评价相结合的方式，通过理论与实践相结合，重点评价学生的职业能力。

该教材采用了全新的基于工作过程的项目化教材开发范式，教材编排注重学生职业能力培养和实际工作任务的解决和完成，理论内容围绕职业能力展开，突出了对学生可持续发展的能力与职业迁移能力的培养。由于项目课程教材的结构和内容与原有教材差别很大，因此其开发是一个非常艰苦的过程。为了使这套教材更能符合高职学生的实际情况，我们坚持编写任务由高职教师承担，项目设计由企业一线人员参与，他们为这套教材的成功出版付出了巨大努力。实践变革总是比理论创造复杂得多。尽管我们尽了很大努力，但所开发的项目课程教材还是有限的。由于这是一项尝试性工作，在内容与组织方面也难免有不妥之处，尚需在实践中进一步完善。但我们坚信，只要不懈努力，不断发展和完善，最终一定会实现这一目标。

徐国庆

2009 年 8 月

前　言

随着现代科学技术的飞速发展,计算机在各个领域得到广泛的应用,计算机成为人们的生产和生活不可缺少的工具,掌握计算机组装与维护技术对计算机用户来说十分必要。高职教育在经过蓬勃发展后正处于转型时期,高职的教育模式和教学方法必须体现培养高素质技能型人才的特点,为适应高职教学的需要,本书组织一线教师和行业专家采用项目化的方式组织编排教材内容,以期缩小在校学习和实际工作岗位需求之间的距离,体现职业化特点。

本书依据行业专家对计算机组装与维护工作领域的任务和技能分析,确定教学目标和教学内容。教材内容突出对学生职业能力的训练,理论知识的选取紧紧围绕计算机组装与维护工作任务完成的需要来进行,同时又充分考虑了高等职业教育对理论知识学习的需要,注重对知识、技能和态度的要求。通过以计算机组装与维护基本技能为主线,面向实际应用,展开相关工作过程和环节。把计算机组装与维护分为 11 个项目,每个项目都有详细的项目练习过程和要求,可以帮助学生更好地掌握计算机组装与维护技术和具体操作流程。

本教材内容针对性强,主要针对计算机组装与维护的工作任务,内容安排完全以该任务为中心进行取舍,学习本教材的内容将为进一步学习计算机类专业相关课程奠定良好基础。完成本课程的学习可达到计算机维修工(中级)的技能水平。

本书共分 11 个项目,其中项目一由徐景红编写,项目二、三、六由向慧慧编写,项目四、十由吴功才编写,项目五、九由郑崇盈编写,项目七、八由吴胜旗编写、项目十一由陈云志编写,全书由陈云志统稿,由高永梅老师审稿。在本书编写过程中,来自企业一线的工程师陈赞老师对本书的编写大纲提出了大量宝贵的意见。同时在编写过程中参考了国内外有关计算机网络的文献,在此对帮助本书编写的老师及文献的作者一并表示感谢。

由于编者水平有限,加之时间仓促,书中错误或不妥之处在所难免,衷心希望各位读者能提出宝贵意见和建议,邮箱 studycyz@21cn.com,联系电话:0571-86917002。

编　者

2009 年 8 月

目　录

项目一　认识计算机

计算机又称 PC 机、电子计算机等,俗称电脑,是由硬件系统和软件系统共同组成的智能电子设备,它被广泛应用于各行各业。认识计算机,通常要从硬件基础知识开始,逐步地认识计算机的硬件组成、软件安装、软硬件配置等,从而理解计算机的工作原理和工作过程,进而了解计算机常见的故障现象,学会计算机故障诊断和维护与维修的方法。本项目的学习重点是认识计算机硬件的基本组成。

一、教学目标

终极目标:能够说明计算机硬件的基本组成部件的名称,并且与实物一一对号,能够识别各部件的品牌。

促成教学目标:

1. 从外观上观察计算机整机的基本组成;
2. 了解计算机的发展历程;
3. 掌握计算机机箱的拆装方法;
4. 拆开机箱盖,观察内部结构;
5. 观察基本组成部件在计算机组成中的位置,熟记基本组成部件的名称;
6. 掌握主要功能部件的常见品牌代号。

二、工作任务

通过实物的观察、老师的讲解和图片的欣赏,掌握计算机硬件的基本组成,能够识别各部件的品牌。按如下顺序进行:

1. 从外观上观察计算机整机的基本组成;
2. 拆装计算机机箱;
3. 拆开机箱盖,观察内部结构;
4. 观察基本组成部件在计算机组成中的位置,熟记基本组成部件的名称;
5. 熟记主要功能部件的常见品牌代号。

活动1　拆装计算机

一、教学目标

1. 熟悉计算机整机的基本组成。
2. 了解计算机的发展历程。
3. 掌握计算机机箱的拆装方法。
4. 熟记基本组成部件的名称。
5. 熟记主要功能部件的常见品牌代号。

二、工作任务

通过实物的观察、老师的讲解和图片的欣赏，掌握计算机硬件的基本组成，能够识别计算机基本部件的品牌。

三、相关知识点

计算机的发展历程

图 1-1　ENIAC

从 1941 年起，美国宾夕法尼亚大学莫尔学院电工系奉命与军方合作为陆军计算弹道轨迹，繁重的计算任务使年轻的工程师 J. W. 莫希莱萌发了制造电子计算机的设想。他以英国数学家 A. M. 图灵的理论模型为依据，聘请美籍匈牙利数学家冯・诺伊曼任顾问，于 1945 年末制成第一台大型电子计算机 ENIAC，1946 年 2 月 15 日正式展出。

ENIAC：8 英尺高、3 英尺宽、100 多英尺长，占用 60 多平方米的空间，重量也达 30 吨，耗电量高达 140 千瓦。图 1-1 是工作人员在这部最原始的电子计算机上工作的情形。

1950 年,W. B. 肖克莱等人研制成功晶体管,引起电子技术的又一次革命。计算机体积由此大大缩小,进入第二代。

60 年代初,集成电路取代晶体管,计算机进入第三代。

1970 年出现了能装 1000 个电路的大规模集成电路,它们的大小只有方块糖那样大。采用大规模集成电路制造的计算机,是第四代计算机,比如 1972 年美国 IBM 公司生产的 IBM370 系列机。

如果现在拿第四代电子计算机同第一代电子计算机"埃尼爱克"相比,它们的功能一样,但第四代电子计算机的体积却只有"埃尼爱克"的 30 万分之一,重量是它的六万分之一,耗电量是它的五万分之一,可靠性却提高了一万倍。

计算机硬件的发展过程中,与之配套的软件系统也不断发展,其中最具代表性的是作为核心系统软件的操作系统的快速发展。从没有系统软件的机器语言和汇编语言时代到有系统软件(监控程序),提出操作系统的概念,出现了高级语言,再有了分时操作系统,之后的磁盘操作系统 DOS 从 1981 年 PC-DOS1.0 到 1994 年 6 月 MS-DOS6.22,走入了大众的生活,特别是 1990 年以来的 Windows3.1/3.2/95/98/98SE/Me/NT/2000/XP/2003/Vista 系列图形界面操作系统深深地和现实生活联系在了一起。

计算机应用的发展从当初单一科学计算到了现代社会的信息处理、事务处理、工业控制、CAD、CAM、CAI 等,大至宇宙探测,小至分子结构研究都已经密切相关。

四、实现方法

(一)认识计算机的基本组成

认识计算机整机结构和基本部件组成的方法有两种:一种是通过理论认识再到实践认识,这种方法相对比较传统;另一种是通过实践认识再到理论和实践相结合的方法,也是本项目采用的方法。

从整体外观上,计算机由机箱、键盘、鼠标、显示器、音箱等组成(如图 1-2 所示),机箱内部装有 CPU、主板、内存、显示卡、声卡、网卡、光驱、硬盘以及机箱电源等基本功能部件。现在使用笔记本电脑的用户越来越多,笔记本电脑的基本组成如图 1-3 所示。针对多数计算机而言,各功能部件的工作原理如图 1-4 所示。

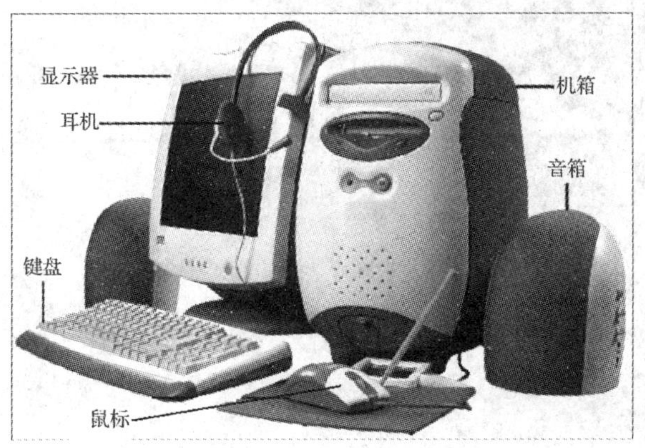

图 1-2 计算机整机(台式机)

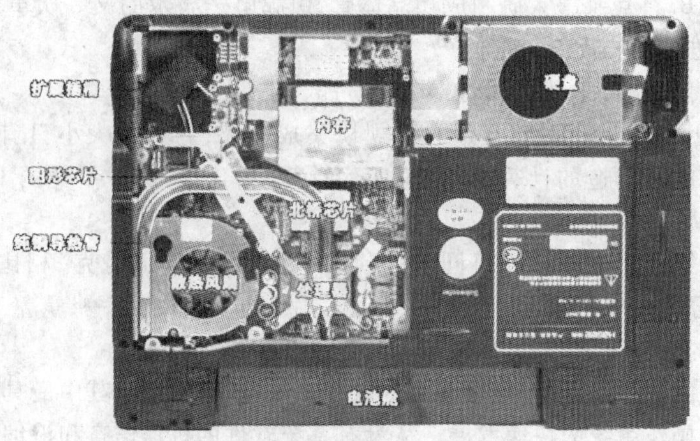

图 1-3 计算机整机(笔记本)

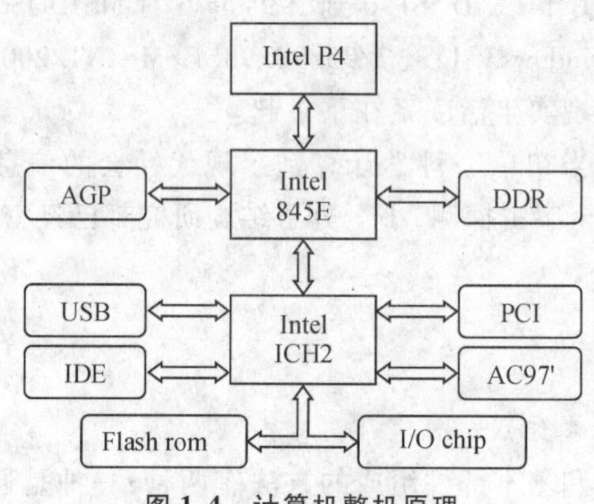

图 1-4 计算机整机原理

(二)拆装机箱盖板

了解计算机机箱的结构,掌握正确拆装机箱盖板的方法。

拆装机箱盖板的主要工具是螺丝刀。机箱盖板拆装过程中,注意观察盖板与机箱定位孔的对应位置,注意盖板与机箱导轨的配合。

图 1-5 机箱

（三）认识机箱内各组成部件

拆了机箱盖板之后，能够清楚地看到计算机内部结构，如图1-6所示。掌握计算机硬件的基本组成，熟记计算机基本组成部件的名称，并且与实物一一对应。

图1-6　机箱内部结构

1. CPU

CPU的英文全称为Central Processing Unit，中文意思是中央处理器。CPU是计算机最核心的部件之一，它主要完成各类运算和控制协调工作。CPU档次的高低已成为衡量一台计算机档次高低的一个重要指标。通常，人们喜欢把CPU的型号作为计算机名称的代名词，如386、486、Pentium（奔腾）、Core（酷睿）计算机等。其实此处的386、486、Pentium、Core（酷睿）均指CPU的型号，如图1-7所示。

图1-7　CPU

2. 内存

内存又叫做主存(Main Memory),全称是内部存储器,它是计算机存储器中的一种,也是非常重要和必不可少的一种记忆部件。它主要用于存放当前正在使用或随时都要使用的程序或数据,如图 1-8 所示。

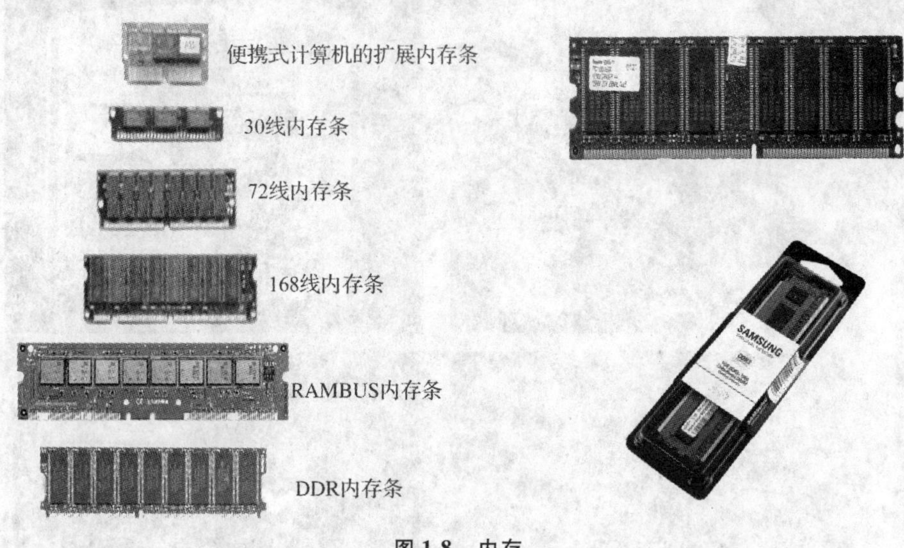

图 1-8　内存

3. 主板

主板又叫做系统板(System Board)、主机板(Main Board)或母板(Mother Board)。它安装在主机箱内,为其他的硬件部件提供连接的接口。主板是一块长方形的多层印刷电路板,一般提供有 CPU 插槽、内存插槽、各种扩展槽、各类外部设备接口(如硬盘、软驱、光驱、鼠标、键盘、打印机接口等)、各类控制芯片等,如图 1-9 所示。

图 1-9　主板

4. 显卡

显卡又叫做显示卡或显示适配器,它是 CPU 与显示器之间的接口电路。显卡的主要作用是将 CPU 传送过来的数据转换成显示器所能显示的格式,然后送到显示屏上将其显示出来。因此,显卡的好坏直接影响着显示器的显示效果,如图 1-10 所示。

图 1-10　显示卡

5. 声卡

声卡是计算机中专门用来采集和播放声音的部件。有了声卡，计算机系统才可以连接各种“声源”，才能播放出动听的音乐，如图 1-11 所示。

图 1-11　声卡

6. 网卡

计算机要接入网络，网卡就必不可少。网卡也叫做网络适配器，通过它，计算机可以与其他计算交换数据、共享资源，如图 1-12 所示。

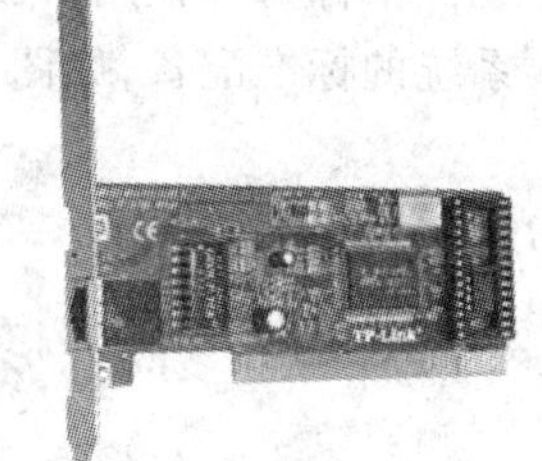

图 1-12　网卡

7. 光盘驱动器

光盘驱动器简称为光驱，是一种利用激光技术与存储信息的装置。光驱是多媒体计算机系统中一种必不可少的硬件设备，通常与光盘配合使用。光盘也是计算机系统中一种外部存储器载体，具有存储容量大、存储时间长的优点，如图 1-13 所示为光驱和光盘刻录机。

图 1-13　光驱

8. 硬盘

硬盘是计算机系统中一种非常重要的存储器。硬盘因其盘片质地较硬而得名。硬盘主要用来存储各种类型的文件,可以长期保存数据,如图 1-14 所示。

图 1-14　硬盘

9. 机箱和电源

机箱是安装计算机主要配件的场所,主板、硬盘、光驱、软驱及各种扩展卡都要安装于机箱内。同时,它也是各个部件的保护壳。电源则是为计算机各个设备提供电力的部件,如图 1-15 所示。

图 1-15　计算机电源

图 1-16　键盘

10. 键盘

键盘和鼠标是微型计算机系统中最主要的两种输入设备。键盘(Keyboard),是用户与计算机进行交互的主要媒介。通过键盘,用户可以向计算机输入各种指令,指挥计算机运行,如图 1-16 所示。

11. 鼠标

随着窗口式操作系统的广泛使用,单靠键盘操作计算机已变得越来越不方便。为弥补这种不足,人们在计算机系统中增加了名为鼠标(Mouse)的输入设备,作为键盘输入的补充。鼠标可以让用户极方便地在图形环境下进行各种操作。目前,鼠标已成为微型计算机系统的标准配备,如图 1-17 所示。

图 1-17　鼠标

12. 显示器

显示器是微型计算机系统中不可缺少的输出设备。用户输入的信息、计算机处理的信息都要在它上面显示出来,如图 1-18 所示。

图 1-18　显示器

13. 音箱

声卡处理好的音频信号要播放出来,必须借助于外部设备来实现。音箱就是这些外部设备中的一种非常重要的音频设备,它主要用于将音频信号还原成声音信号,如图 1-19 所示。

图 1-19　音箱

(四) 掌握主要功能部件的常见品牌代号

以下列举各基本部件的一些常见品牌,同一品牌有多种型号的产品,根据整体配置的不同采用的型号有很大差别。

1. CPU 品牌

国外品牌:Intel,AMD。

国内品牌:龙芯。

2. 主板品牌

国外品牌:英特尔(Intel),菱钻(Daimondata),蓝宝石(SAPPHIRE)。

国产品牌:华硕(ASUS),技嘉(GIGABYTE),精英(ECS),微星(MSI),升技(ABIT),映

泰(BIOSTAR)。

3. 内存品牌

国外品牌:金士顿(Kingston),三星金条,现代(Hy)。

国内品牌:威刚,胜创(Kingmax),宇瞻(Apacer),黑金刚(KingBox)。

4. 显卡品牌

国外品牌:蓝宝石(SAPPHIRE),ATI 专业图形卡。

国内品牌:七彩虹(Colorful),昂达(onda),铭瑄(MAXSUN),影驰(GALAXY),小影霸(HASEE),丽台(WinFast)。

5. 网卡品牌

D-Link,P-LINK,COM,阿尔法(Alpha)。

6. 光驱品牌

国外品牌:先锋(Pioneer),三星(SAMSUNG),LG,索尼(SONY)。

国内品牌:明基(Benq),爱国者(AIGO)。

7. 硬盘品牌

国外品牌:希捷(Seagate),西部数据(WD),日立(Hitachi),迈拓(Maxtor),三星(SAMSUNG),富士通(Fujitsu)。

国内品牌:易拓(Excelstor)。

8. 机箱品牌

国外品牌:XQBOX。

国内品牌:金河田,酷冷至尊,大水牛,TT,多彩(DELUX),华硕(ASUS),航嘉(Huntkey),爱国者(aigo),世纪之星。

9. 电源品牌

国外品牌:海盗船(Corsair),安钛克(ANTEC),思民(zalman)。

国内品牌:航嘉(Huntkey),长城(greatwall),酷冷至尊,金河田,大水牛,世纪之星。

10. 键鼠套件

国外品牌:罗技(Logitech)。

国内品牌:雷柏(Rapoo),多彩(DELUX),明基(Benq),双飞燕(win2),台电(teclast)。

11. 液晶显示器

国外品牌:三星(SAMSUNG),飞利浦(Philips),LG,优派(ViewSonic)。

国内品牌:冠捷 AOC,长城(GreatWall),明基(BenQ),宏基(Acer),美格(MAG)。

12. CRT 显示器

国外品牌:三星(SAMSUNG),飞利浦(Philips),优派(ViewSonic),LG,NEC。

国内品牌:冠捷(AOC),美格(MAG),长城(GreatWall),明基(BenQ),冠捷(Topview),爱国者(aigo)。

13. 散热系统

国外品牌:思民(Zalman),极冻酷凌(GT)。

国内品牌:九州风神,酷冷至尊,航嘉(Huntkey)。

14. 打印机品牌

惠普(HP),佳能(CANON),三星(Samsung),富士施乐(Xerox),爱普生(EPSON)。

15. 扫描仪品牌

爱普生(EPSON),佳能(CANON),惠普(HP),明基(BenQ),富士通(FUJITSU)。

16. 音箱品牌

罗技(logitech),漫步者(edifier),麦博(microlab),惠威(hivi),创新(CREATIVE),轻骑兵(hussar),山水(SANSUI),冲击波,爱国者(aigo),爵士(JS),雅马哈(YAMAHA)。

习　题

一、填空题

1. ________年,美国宾夕法尼亚大学研制成功了世界上第一台电子计算机________,标志着电子计算机时代的到来。随着电子技术,特别是微电子技术的发展,依次出现了分别以________、________、________和________为主要元件的电子计算机。

2. 中央处理器简称 CPU,它是计算机系统的核心,主要包括________和________两个部件。

3. 计算机的外设很多,主要分成三大类,其中,显示器、音箱属于________,键盘、鼠标、扫描仪属于________。

4. 计算机硬件主要有________、________、________、________、________、________、________、和________等。

5. 计算机常用的辅存储器有________、________、________。

二、选择题

1. 下面的________设备属于输出设备。

A. 键盘　　B. 鼠标

C. 扫描仪　　D. 打印机

2. 微型计算机系统由________和________两大部分组成。

A. 硬件系统/软件系统　　B. 显示器/机箱

C. 输入设备/输出设备　　D. 微处理器/电源

3. 计算机发生的所有动作都是受________控制的。

A. CPU　　B. 主板　　C. 内存　　D. 鼠标

4. 下列不属于输入设备的是________。

A. 键盘　　B. 鼠标　　C. 扫描仪　　D. 打印机

5. 下列部件中,属于计算机系统记忆部件的是________。

A. CD-ROM　　B. 硬盘　　C. 内存　　D. 显示器

三、实践题

通过市场调查,在下列表格中列举当前的主流品牌。

名称	品牌	标识
CPU		
内存		
主板		
显卡		
声卡		
网卡		
光驱		
硬盘		
机箱		
键鼠		
显示器		

项目二 认识主板

主板又称为主机板(Main Board)、母板(Mother Board)或系统板(System Board)等,是安装在主机机箱内的一块矩形印刷电路板。主板上一般安装有 CPU、内存、显卡等各种板卡的扩展插槽以及相应的控制芯片组,它将计算机的各个主要部件紧密地联系在一起,是整个系统的枢纽。在一台微机中,主板是其内部结构的基础,决定着系统的性能。因此主板对系统的稳定性、兼容性等性能的影响非常大,所以了解主板的结构、主要性能及选购方法,对于组装与维护计算机系统极为重要。

一、教学目标

终极目标:能够通过软件测试,掌握主板的性能指标及选购技巧和维护方法。

促成教学目标:

1. 了解主板的参数和测试;
2. 了解主板的类型;
3. 了解主板的选用方法;
4. 了解主板的技术发展
5. 了解主板的结构与组成。

二、工作任务

通过主板性能测试,了解主板的性能指标:

1. 通过看图片和实物进行主板识别;
2. 能使用 SiSoft Sandra 2005 汉化版测试软件;
3. 通过 SiSoft Sandra 2005 汉化版进行主板参数测试;
4. 了解主板结构及原理图。

活动1　识别和选购主板

一、教学目标

1. 对当前市场主流主板情况有一定的了解。
2. 能够用 SiSoft Sandra 2005 软件测试主板参数。
3. 会通过主板的性能指标来对比主板的性能高低。
4. 熟悉主板的发展历程。

二、工作任务

通过主板测试软件对主板进行测试,从而了解主板的性能指标,掌握主板的选购方法和技巧。

三、相关知识点

(一)主板的分类

主板的类型和档次决定着整个微机系统的类型和档次,主板的性能影响着整个微机系统的性能。常见的计算机主板的结构分类有以下几种。

1. AT 结构

图 2-1　一款早期的 AT 主板

AT 主板的尺寸为 13″×12″,板上集成有控制芯片和 8 个 I/O 扩充插槽,是最基本的板型,一般应用在 586 以前的主板上。AT 结构由于被大量应用在 IBM PC/AT 机上而得名,并成为当时一种计算机的工业标准。在 PC 推出后的第三年即 1984 年,IBM 公布了 PCAT。

AT 主板包括标准 AT 和 Baby AT 两种类型,它们都配合使用 AT 电源。AT 主板上连接外设的接口只有键盘口、串口和并口,部分 AT 主板也支持 USB 接口。

Baby AT 主板是 AT 主板的改良型，比 AT 主板略长，而宽度大大窄于 AT 主板。Baby AT 主板沿袭了 AT 主板的 I/O 扩展插槽、键盘插座等外设接口及元器件的摆放位置，而对内存槽等内部元器件结构进行紧缩，再加上大规模集成电路使内部元器件减少，使 Baby AT 主板比 AT 主板布局更合理些。但是在安装 PCI 或 ISA 长卡时，由于被 CPU 和 CPU 散热器所挡，容易出现安装不到位的情况。

图 2-2 一款早期的 Baby AT 主板

2. ATX 结构

ATX 是目前最常见的主板结构，它在 Baby AT 的基础上逆时针旋转了 90 度，这使主板的长边紧贴机箱后部，外设接口可以直接集成到主板上。ATX 结构中具有标准的 I/O 面板插座，提供有两个串行口、一个并行口、一个 PS/2 鼠标接口和一个 PS/2 键盘接口，其尺寸为 159mm × 44.5mm。这些 I/O 接口信号直接从主板上引出，取消了连接线缆，使得主板上可以集成更多的功能，也就消除了电磁辐射、争用空间等弊端，进一步提高了系统的稳定性和可维护性。另外在主板设计上，由于横向宽度加宽，内存插槽可以紧挨最右边的 I/O 槽设计，CPU 插槽也设计在内存插槽的右侧或下部，使 I/O 槽上插全长板卡不再受限，内存条更换也更加方便快捷。软驱接口与硬盘接口的排列位置，更是让你节省数据线，方便安装。

图 2-3 一款 ATX 主板

3. Flex ATX 结构

图 2-4　一款 Flex ATX 结构的主板

Flex ATX 也称为 WTX 结构，它是 Intel 研制的，引入 All-In-One 集成设计思想，使结构精炼简单、设计合理。Flex ATX 架构的最大好处，是比 Micro ATX 主板面积还要小三分之一左右，使机箱的布局可更为紧凑。

提示：ATX 主板也有 Micro ATX 和 Mini ATX，它们同 ATX 规范只是尺寸上略有差别，安装过程是完全一样的。

4. 其他的主板分类方法

按照主板上是否集成声卡、显卡、网卡等部件来分可以把主板分成集成主板和非集成主板。集成主板又称为整合型主板，集成主板到底会不会最终成为主流，也许没有人能够说得清楚。不过从如今的主板产品来看，声卡集成已经是不可改变的事实了，以至于某些个别产品没有集成声卡时，反倒会觉得意外。对于目前的整合型主板来说，只有那些集成声卡、显卡或者网卡的产品我们才称为整合型主板。

按主板的结构特点分类还可分为基于 CPU 接口类型的主板、基于适配电路的主板等类型。

按元件安装及焊接工艺分类又有表面安装焊接工艺板和 DIP 传统工艺板。

按印制电路板的工艺分类又可分为双层结构板、四层结构板、六层结构板等。

提示：主板的平面是一块 PCB(印刷电路板)，一般采用四层板或六层板。相对而言，为节省成本，低档主板多为四层板：主信号层、接地层、电源层、次信号层，而六层板则增加了辅助电源层和中信号层，因此，六层 PCB 的主板抗电磁干扰能力更强，主板也更加稳定。

(二)主板主要的性能指标

芯片组是主板的核心，它对主板性能起决定性作用。采用相同控制芯片组的主板，其基本功能都差不多，所以选择主板重要的就是选择控制芯片组。正因如此，所以在新规格处理器推出之时必定会有相应的主板芯片组同步推出,它是与处理器保持同步的。一般来说,推出时间越晚的芯片组的性能越高,当然价格相对也要高一些。

主板芯片组主要分两部分,分别由一块单独的芯片负责,这两块芯片就是通常所说的南桥和北桥了。

1. 前端总线频率 FSB

前端总线(FSB)频率是直接影响 CPU 与内存直接数据交换速度。由于数据传输最大带宽取决于所有同时传输的数据的宽度和传输频率,即数据带宽 =(总线频率 × 数据位宽)÷8。目前 PC 机上所能达到的前端总线频率有 400MHz、533MHz、800MHz、1066MHz、1333MHz 等几种,前端总线频率越大,代表着 CPU 与内存之间的数据传输量越大,更能充分发挥出 CPU 的功能。现在的 CPU 技术发展很快,运算速度提高很快,而足够大的前端总线可以保障有足够的数据供给 CPU。较低的前端总线将无法供给足够的数据给 CPU,这样就限制了 CPU 性能的发挥,成为系统瓶颈。

主板支持的前端总线是由芯片组决定的,一般都带有足够的向下兼容性。如 865PE 主板支持 800MHz 前端总线,那安装的 CPU 的前端总线可以是 800MHz,也可以是 533MHz,但这样就无法发挥出主板的全部功效。

2. 扩展性能与外围接口

主板上基本的 I/O 接口主要有 USB、PS/2、PCI、AGP、DIMM 等,主板的这些接口在考虑够用的情况下还要考虑其扩展性,方便日后升级所用,如果主板有很好的扩展性,则主板的性能就相对要好一些。如果主板支持 AGP8 ×、USB2、IEEE1394、SATA、PCI-E 等,则相对性能也要好一些。

(三)一线主板厂商介绍

目前生产主板的厂商从产能来划分,可以跻身一线大厂的不外乎华硕、精英、技嘉、微星和富士康。其中,又以华硕的产能最多。华硕(ASUS)是主板业的当之无愧的老大,产品的整体性能强劲,设计也颇具人性化,开发了许多独特的超频技术。华硕的产品基本上一半为自有品牌,一半为 OEM 代加工,其客户包括了像惠普,索尼这样的大品牌。华硕主板一直以“华硕品质,坚若磐石”来打动消费者,主板的稳定性一直备受用户推崇,但价格也相对较高。

精英也是一线大厂中产量非常大的巨头,“一线厂商,二线产品,三线价格”可以很好概括精英主板的特点,靠其产品的价格优势来夺得消费者的欢心,而质量方面,精英的做工依然保持了台湾大厂的严谨作风,虽然用料不是很大方,但品质也还不错。精英品牌在前几年达到了鼎盛的局面,像联想等品牌机大厂采用的几乎都是精英的产品,不过从 2003 年华硕重返国内市场,微星、技嘉等加大对大陆市场的争夺后,精英的市场占有率下降了不少。

微星是传统的主板一线大厂,出过不少的经典之作,产品线丰富,而且推出新品速度很快,主板附加功能较多,微星主板以稳定性著称,做工和用料一直受到用户的信赖。除了技术方面的因素,微星的成功更多的是得益于其成功的市场营销。微星的主板在零售市场的口碑不错,OEM 市场上主要是面向中高端的品牌机,像联想的高端机型也采用过微星的主板。

技嘉产品以做工优良、性能稳定著称。技嘉的产品在玩家们中有很高的声誉,后期的产品也一改以前超频能力不强的形象,成为 DIYER 们喜爱的品牌。

(四)主板的选购方法

计算机就是通过主板将 CPU 等各种器件和外部设备有机地结合起来形成一套完整的系统。计算机在正常运行时对系统内存、存储设备和其他 I/O 设备的操控都必须通过主板来完成,因此电脑的整体运行速度和稳定性在相当程度上取决于主板的性能。由此可见主板在计算机中有着相当重要的作用,那么,该从哪些方面入手去选购主板呢?在选购主板中应该注意什么呢?

1. 按需购买

在选购主板之前,应该确定一下要选择什么样的主板,什么样的主板是合适的。别盲目地认为最贵的、最流行的就是最好的。最贵、最流行的不见得就是最适合我们的。目前市面上的主板产品根据支持 CPU 的不同,分为 Intel 系列以及 AMD 系列。

在这两大类型的选购下,就需要看你主要的用途了,如果只是用来处理一些日常文件及上网且电脑并不是常处于高速运行状况下的话,建议选配 AMD 系列的主板搭配性价比较好的 AMD CPU。反之的话,可以考虑 Intel 系列的主板搭配 Intel 的 CPU。

2. 质量

在对主板应用方面的选择确定后,关注的该是这款主板的质量及性能。虽说目前主板产品较为成熟,共性都很大,但目前许多杂牌厂商为了降低成本,在主板的用料及做工上下文章,使得一些主板与同类产品相比性能相差很大,甚至有些主板厂商在芯片上打磨,以次充优。在选购主板的时候,一定要细致地观察主板的做工以及用料。

最直观的是从 PCB 板的设计布局上观察,通常 PCB 板的内部走线是经过专门设计的,除了考虑到主板的性能外,还考虑到了板卡的扩展性及散热性;而小的 PCB 板则为降低成本,走线简单,从而会影响到板卡本身的性能。PCB 板的好坏也能体现出板卡的优劣,好的主板其 PCB 板周边都十分光滑,没有划手的感觉。

而一些没有品牌的主板则十分粗糙,除了划手以外,其焊点也不是很干净,感觉就好像是拼装出来的。目前市面上一些大厂生产的主板,比如华硕、技嘉、微星等,都是采用大板设计的,它们的产品质量就比较好。

3. 品牌

在进行主板选购时,也许你会说:“我又不是专业的技术人员,怎么能看得那么透彻啊!”是啊!这的确是个问题!那么又有什么更为直观的方法可以让我们选购到让自己放心的主板产品呢?

当然有,那就是主板的品牌,就像前面所提到的华硕、技嘉、微星,这些都是品牌,在业界有着良好的口碑。毕竟,一个有品牌的产品会非常注重它的品质,无疑为用户在选购时提供了极大的放心。因此作为选购者来说,应首先考虑产品的品牌。

一个有实力的主板品牌,为了推出自己品牌的主板,从产品的设计、选料筛选、工艺控制、品管测试,到包装运输都要经过十分严格的把关。这样一个有品牌做保证的主板,为你的整套电脑的稳定运行提供了牢固的保障。

4. 售后服务

在了解了以上信息后。还要考虑你所购买产品的售后服务如何?再好的产品也难保永不出错,关键是在出错后厂家是如何进行售后服务的。这就需要你在选购产品时先了解你所购买产品厂家的背景以及实力,包括这款品牌在市场上的口碑如何?有的用户为了贪一时的便宜,购买廉价的产品,虽说这些主板的价格很低,但一旦出了问题,商家在服务上推三阻四的,用户反而得不偿失。所以,无论选择何种档次的主板,在购买前都要认真了解厂商的售后服务。

提示: 目前的整合型主板市场,也许可选的新产品并不多见,不过我们要说的是,整合是一种潮流,虽然它不一定很快成为市场中的主流,但它将是主板发展的一种趋势。就像当年主板全部集成 AC'97 声卡后,其实主板的整体价格并没有很大的提升,而似乎是主板厂商"附赠"给用户的一项功能似的。

四、实现方法

(一)常用主板介绍

1. 微星 P45 Platinum

图 2-5　微星 P45 Platinum 主板

微星 P45 Platinum 是一款高端 P45 主板,采用象征高端的黑色 PCB 基板,全板固态电容,并且芯片组散热片较 MSI 此前的 P35 上采用的"过山车"散热器有过之而无不及。采用"怪异"的五相供电设计,电感方面采用 R50 全封闭式铁素体电感。

主板上有一个夸张的被动式散热系统,其正式名叫"Circu-Pipe 2 巡回导管散热技术","Drmos"是这片主板上的一个卖点,通过它实现主板节能高效。北桥采用两相独立供电设计。主板采用 Intersil 的 ISL 6336A PWM 控制芯片,通过此颗芯片实现对 CPU/内存/北桥供电相位数控,简单理解就是类似技嘉的 DES 节能功能,通过动态自动调节供电相数达到高效节能目的,MSI 称这项节能技术为"Green Power"。南桥散热片虽然 ICH10R 发热并不大,不过依然采用两根热管将热量传递到北桥上的散热鳍片带走热量。

接口方面有 PCI 扩展接口,两条 PCI-E 显卡槽并支持 PCI-E 2.0 规范,单卡时为全速的 16X,双卡组交叉火力时工作在 8X + 8X,相对 P35 的 16X + 4X 双卡运行 3D 性能更优越。I/O接口方面,6 个 USB 接口,1 个 Lan 接口,1 个 ESATA 接口,1 个 1394 接口,1 个音频接口及 1 个 PS/2 键鼠接口。

评价:3D 处理方面 PCI-E 2.0 规范带来了一定幅度的性能提升,总的来说性能较高。

2. 映泰 780G M2+

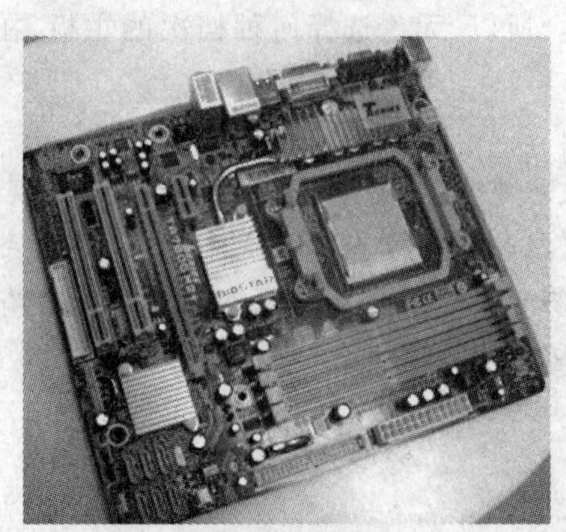

图 2-6 映泰 780G M2$^+$主板

主板采用 780G + SB700 芯片组合，可搭配 AM2$^+$ Phenom/Athlon 处理器，并向下兼容 AM2 处理器。主板支持 Hyper-Transport 3.0 总线，整合了性能接近 2400 pro 的显示芯片。

供电系统的设计方面，主板搭配了散热片覆盖在 MOS 管上，有助于超频时将热量迅速散失。主板采用的是 3 相供电设计，搭配了全固态电容和全封闭电感。内存设计上，主板提供了 4 个内存插槽支持双通道 DDR2 内存。

接口方面，主板使用的 SB700 南桥提供了 6 个 SATA 接口和 1 个 IDE 接口。扩展插槽的设计，主板提供了 1 个 PCI-E x1 插槽和 2 个普通 PCI 插槽，还提供了 1 个 PCI-E x16 插槽，780G M2$^+$有着很好的兼容性能，主板在升级采用独立显卡后整合显卡依然能为用户服务。

评价：主板仅提供了 DVI 和 VGA 接口，没提供 HDMI 多少有点遗憾。这款主板比较适合学生和超频爱好者使用。

3. 铭瑄 MS-N73V

铭瑄 MS-N73V 是一款整合主板，整合主板主要面对的还是以入门级用户为主，价格因素是很多低端用户主要考虑的问题。铭瑄的 MS-N73V 主板，在价格上具有很好的优势，性能上也能满足低端用户的需求。

主板采用 MS-N73V 单芯片设计（GeForce7050 + nForce610i），能够支持到 1066MHz 总线，支持 LGA775 接口的酷睿 2 双核、E2000 系列以及赛扬 400 系列最新处理器。内置 GeForce7050显示核心，支持 DX9.0c + SM3.0 特效。

图 2-7 铭瑄 MS-N73V 主板

供电系统方面，主板采用了成熟的3相供电设计。配备了全封闭式电感以及部分的固态电容，保证了CPU供电的稳定。主板配备了2条DIMM内存插槽，支持DDR2 667规格内存，最高支持2GB。

接口方面，提供了4个SATA2接口，为满足用户的多种需求还提供了1个IDE设备接口。主板提供了PCI-E X16独显插槽，主板还同时提供了2条PCI插槽和1个PCI-E插槽。

评价：主板板载6声道声卡和百兆网卡，已经能完全满足用户的需求了。价格相当低廉，让入门级消费者又多了一个很好的选择。

4. 华硕 P5QL PRO

华硕P5QL PRO主板基于Intel最新的P43 + ICH10芯片组设计，支持Pentium 4/Celeron/Pentium D/Core 2Duo/Core 2 Quad处理器，以及最新的45nm处理器，而主板的前端总线频率最高可达到1600MHz。主板的做工非常扎实，没有因为是入门级主板就有任何的缩水，全固态日系电容、高温下运行寿命高达5000小时以上，而独创的翼形散热片，最大限度保障散热性能，再加上高质量的封闭电感，极大提高了主板长时间运行的稳定性。

图2-8 华硕 P5QL PRO主板

而在供电设计上，华硕P5QL PRO主板本着实用至上的原则采用了4相供电设计，完全能够满足用户的需求，性能稳定。华硕P5QL PRO提供了4条DDR2内存插槽，可支持最大16GB双通道DDR2 1066/800MHz内存。扩展插槽方面，华硕P5QL PRO提供了一条PCI-E X16插槽、两条PCI-E X1插槽和三条PCI插槽，应付普通用户的扩展需求绰绰有余。

评价：华硕P5QL PRO主板依然沿袭了华硕在效能解决方案上面的优势，并不是传统意义上的入门级主板，只是把主板性能的实用性更贴近普通用户，但在做工上没有丝毫的缩水，体现了一线大厂的风范。

5. 七彩虹 C. N7T SLI

NF570LT芯片在刚上市时就以高性价比在市场上受到消费者的关注，目前这款芯片的主板依然具有一定市场。七彩虹推出了一款NF570LT芯片的主板，主板搭配了七彩虹的智能功能，非常适合网吧使用。主板型号为C. N7T SLI。

主板采用最新的nVIDIA nForce 570 LT SLI芯片组设计。支持AMD Socket AM2架构，支持HT 1000MHz系统总线，支持AMD Athlon FX/Athlon 64 X2/Sempron系列处理器。

图 2-9 七彩虹 C. N7T SLI 主板

主板采用 3 相供电设计，搭配全固态电容和全封闭设计。内存扩展方面，提供了 4 条内存插槽，支持双通道 DDR2 800。

扩展方面，主板提供了 4 个 SATA 接口和一个 IDE 接口，能满足用户的不同需求。扩展插槽方面，主板提供了 3 个 PCI 插槽和 2 个 PCI-E X1 插槽和两个 PCI-E X16 插槽，支持 SLI 技术。

评价：七彩虹这款主板预留了 eSATA 接口，方便用户传输数据使用。整合芯片上，主板提供了千兆网卡和 8 声道声卡。这款主板和七彩虹的其他智能主板一样都提供了双 BIOS 和系统的恢复还原的技术。价格比较低廉，性价比较高。

6. Intel DP35DP

Intel DP35DP 原厂板虽然没有其他厂商产品那样的卖相，但是扎实的做工，一流的品控和测试让它与原厂的酷睿处理器拥有绝对的兼容性，而不会像其他厂商产品那样在处理器支持上出现问题。支持使用 1066 MHz 系统总线 LGA775 插槽的英特尔酷睿 2 四核处理器、使用 1333/1066/800MHz 系统总线 LGA775 插槽的英特尔酷睿 2 双核处理器、使用 800 MHz 系统总线 LGA775 插槽的英特尔奔腾双核处理器和使用 800MHz 系统总线 LGA775 插槽的英特尔赛扬处理器。

主板采用了三相供电设计，配备了矮型电感以及部分固态电容，每相辅以 3 个 MOS 管。主板提供了 1 条 PCI-E X16 显卡插槽，同时还提供了 3 个 PCI-E X1 插槽和 3 条传统 PCI 插槽。

主板提供了多达 6 个 USB 端口以及一个 IEEE 1394 接口，通过扩展卡提供了 1 个 eSATA 接口。主板配备了 Intel 82566DC 千兆以太网控制器。另外还配备了 Sigmatel STAC9271D 音效芯片，能够提供 8 声道 HD 音频输出。

图 2-10　Intel DP35DP 主板

评价:虽然在产品的扩展性方面没有出众的特色,但作为原厂 P35,这款产品依旧是装机户不错的选择。

7. 昂达魔剑 P45

图 2-11　昂达魔剑 P45 主板

昂达魔剑 P45 采用了全固态电容加一体化热管的豪华设计,并且还搭载了全新的第五代 BIOS 引擎,拥有更为强劲的超频潜力,主板基于 Intel P45 加 ICH10 芯片组设计,支持 1600MHz 前端总线,通过超频可支持强大的 2000MHz 前端总线,并支持 Intel 45nm 双核/四核处理器。内存部分,主板提供 4 条内存插槽,支持双通道 DDR2 1066/800/667 内存规格。

供电部分,昂达魔剑 P45 主板采用了豪华的六相供电设计,并选配了大量高品质固态电容,及 R56 全封闭式电感,并且一体化热管覆盖了 MOS 管,确保能为处理器提供稳定纯净的电流供应。

扩展部分,昂达魔剑 P45 主板提供了 2 条 PCI-E 2.0 规格 X16 显卡插槽,提供对双卡交火的支持。同时还提供了 1 条 PCI-E X1 插槽及 2 条传统 PCI 插槽,充分满足用户的扩展需求。此外磁盘接口部分,主板提供 6 个 SATA2 接口,同时还提供了一个 IDE 设备接口。I/O 接口部分,昂达魔剑 P45 主板提供了 6 组 USB 接口,板载了千兆网卡接口和 7.1 声道音频输出接口,还提供了一个 1394 接口、一个 eSATA 接口以及 SPDIF/光纤接口,另外还提供了 CMOS 清除按键,为玩家超频提供了便利。

评价:昂达魔剑 P45 主板不论做工,还是用料方面都非常扎实,主板配备了两颗 8M 高速串行 BIOS,即使一颗损坏另外一颗可以马上接替工作,有效地保证了平台运行的稳定性。

8. 双敏狙击手 AK42-DF

主板采用 Intel P35/ICH9 芯片组,支持 Intel Core 2 Extreme/Core 2 Quad/Core 2 Duo/ Pentium Extreme/Pentium D/Pentium 4 处理器,以及英特尔新一代 45nm 多核心处理器。主板支持 1333/1066/800 MHz 前端总线,并全部采用更耐用、寿命更长、耐热能力更强的高品质全固态电容。

主板供电部分,采用 5 相供电设计,搭配全封闭电感。在内存插槽方面,主板提供了 4 个内存插槽,支持最多 8GB DDR2 1066/800/667 MHz 模组,具备双通道架构。

图 2-12　双敏狙击手 AK42 – DF 主板

接口方面,主板提供了 4 个 SATA 接口和一个 IDE 接口。扩展插槽方面,主板提供了一个 PCI-E X16 插槽和两个 PCI 插槽,以及 2 个 PCI-E X1 插槽,具有很好的扩展空间。

评价:价格较低,是一款性价比较高的主板。

(二)安装 SiSoft Sandra 2005 检测软件

双击运行 setup. exe,会出现一个 SiSoft Sandra 2005 汉化版的使用说明,同时在界面上会出现软件序列号,记下该序列号,然后点击"下一步"按钮,如图 2-13 所示。

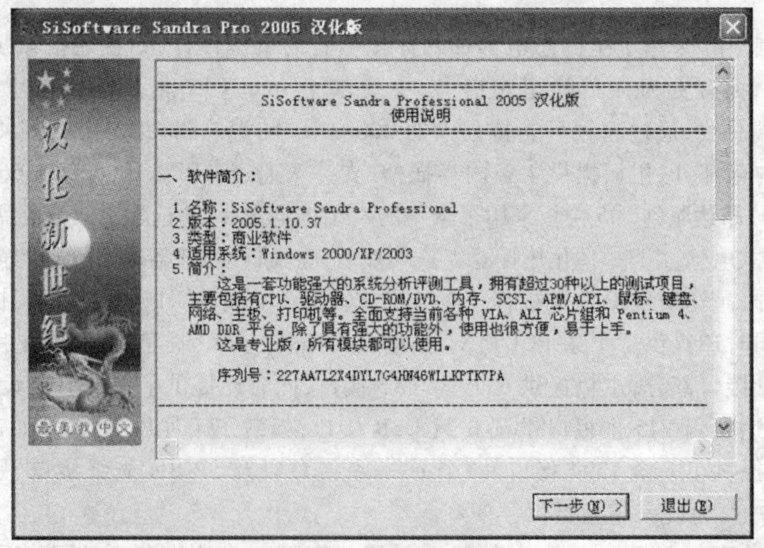

图 2-13　使用说明界面

选择安装路径，点击“开始”按钮，执行下一步安装，如图 2-14 所示。

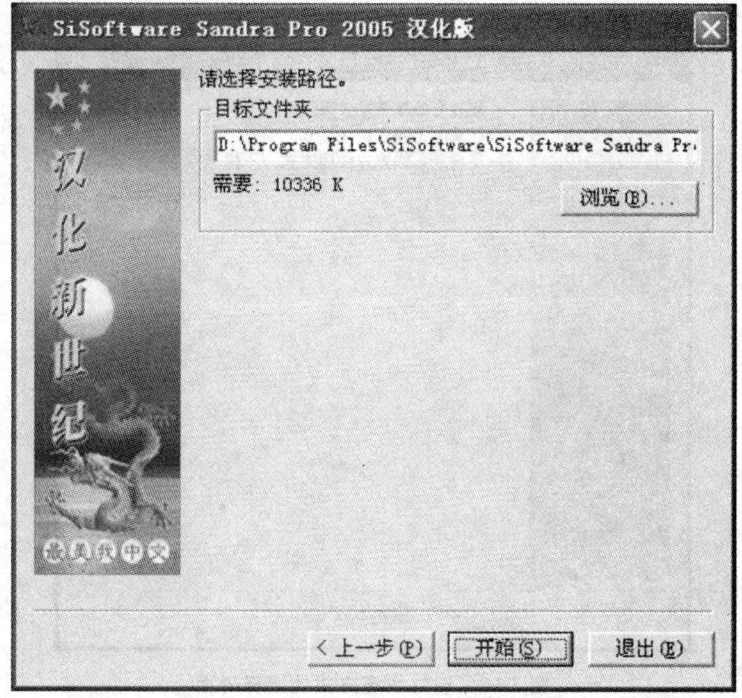

图 2-14　路径选择界面

安装完成后会出现如图 2-15 所示的提示。

图 2-15　安装完成界面

点击“确定”按钮,会出现“在桌面创建快捷方式”的选择项,作出选择后点击“确定”即可,如图 2-16 所示。

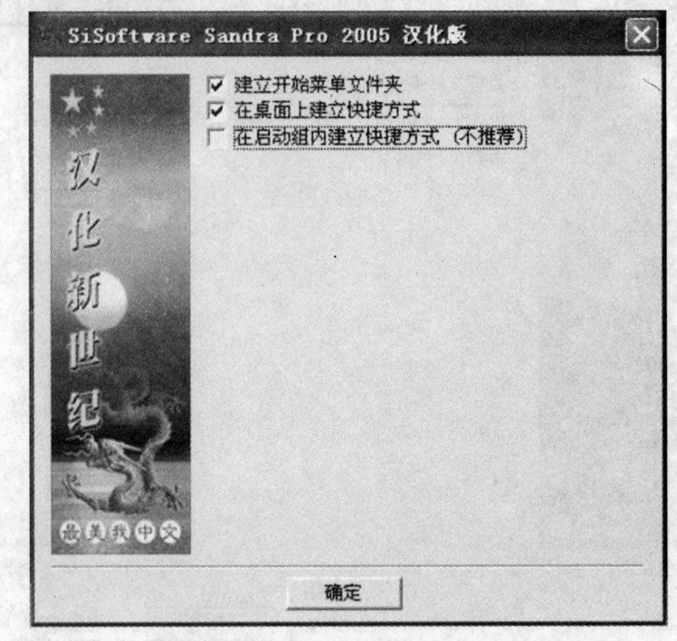

图 2-16 创建快捷方式的选择界面

到此,安装完成。双击桌面的快捷方式,在弹出的注册向导中输入注册码,再点击下方的“√”,SiSoft Sandra 2005 汉化版就可以正常使用了。

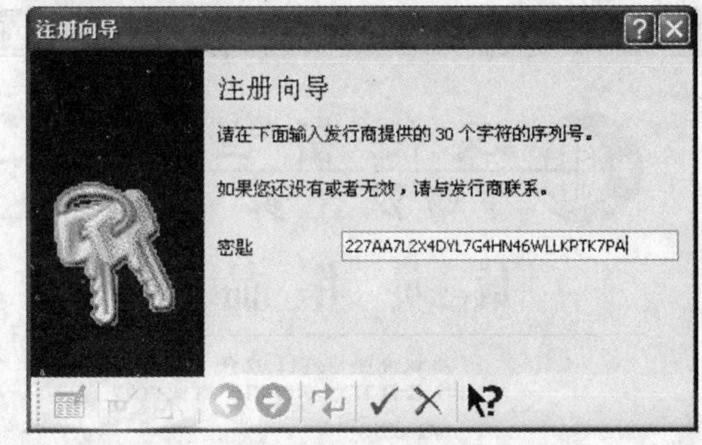

图 2-17 SiSoft Sandra 2005 汉化版注册界面

(三)运行测试

软件平台:Windows XP

软件名称:SiSoft Sandra 2005 汉化版

软件性质:免费

测试对象:主板芯片组、内/外部频率、倍频数等基本信息

SiSoft Sandra 2005 汉化版是一套功能强大的系统分析评比工具,拥有超过 30 种以上的

分析与测试模组，主要包括有 CPU、Drives、CD-ROM/DVD、Memory、SCSI、APM/ACPI、鼠标、键盘、网络、主板、打印机等，并把它们分为信息类、基准测试类、列表表述类和测试诊断类，分别对应快便捷工具栏中的“I”、“B”、“L”、“T”四个键。SiSoft Sandra 凭借着其友好、直观的界面和良好的易用性，特别适用于个人用户测试使用，如图 2-18 所示。

SiSoft Sandra 在测试系统中各个子项的时候，能够把它单独到一个比较单纯的环境当中，以排除其他硬件的干扰。因此，它所测出来的成绩还是可以反映出系统各个子项的具体表现的。这里以主板为例，只需双击运行上面窗口中的“主板信息”图标，就会自动进入测试状态，接下来你就可以看到当前主板的测试信息了，如图 2-19 所示。

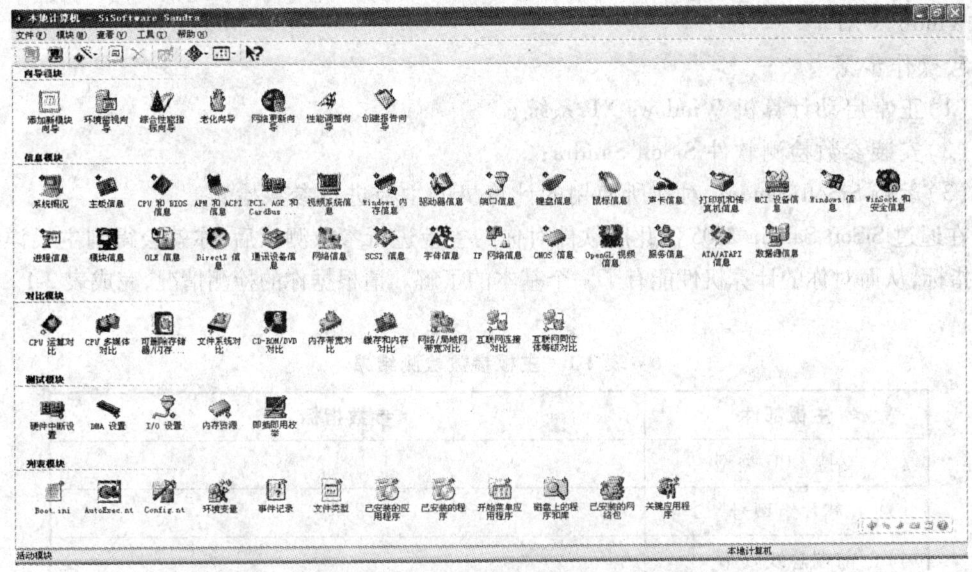

图 2-18　SiSoft Sandra 2005 操作界面

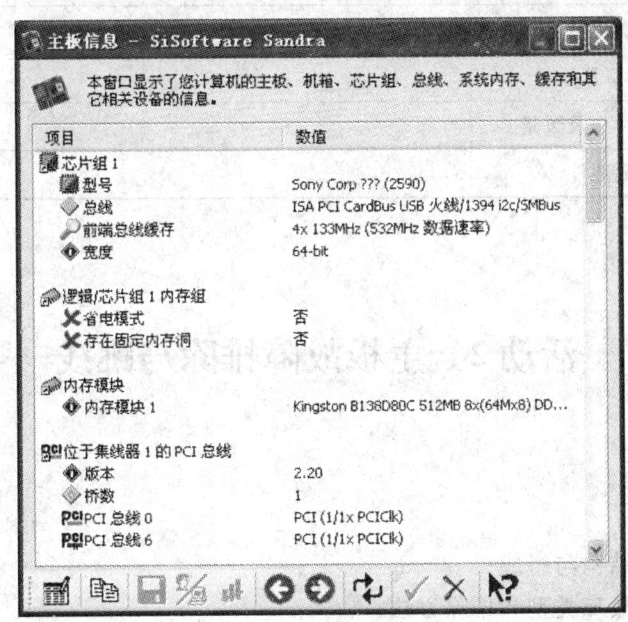

图 2-19　主板检测信息

(四)实践操作——主板测试参数记载

1. 操作目的

能够通过软件来检测主板的各项参数指标。

2. 操作内容

通过参数检测软件 SiSoft Sandra 来检测你所使用主板的各项参数指标。

3. 使用设备

计算机一台、SiSoft Sandra 软件一套。

4. 操作环境

Windows XP。

5. 操作步骤

(1)正常启动计算机 Windows XP 系统;

(2)安装参数检测软件 SiSoft Sandra;

(3)运行 SiSoft Sandra,对你所使用的计算机的主板进行参数检测。

在通过 SiSoft Sandra 2005 汉化版软件对你的主板进行参数测试后,你就会得到主板详细的参数指标,从而对你的计算机性能有了一个基本的了解。请根据你的检测情况,完成表 2-1。

表 2-1 主板参数检测结果

主板部件	参数指标
支持 CPU 类型	
芯片组型号	
前端总线频率	
BIOS 型号	
主板规格	
I/O 类型及数量	
扩展槽类型及数量	
集成部件	

活动 2 主板故障排除与跳线

一、教学目标

1. 掌握主板的结构与组成;
2. 掌握主板的故障类型和排除方法;
3. 能够进行主板跳线设置。

二、工作任务

掌握主板的基本结构与组成,完成主板的故障排除,并能够进行跳线设置。

三、相关知识点

(一)主板的组成

主板的平面是一块 PCB(印刷电路板),一般采用四层板或六层板。相对而言,为节省成本,低档主板多为四层板:主信号层、接地层、电源层、次信号层,而六层板则增加了辅助电源层和中信号层,因此,六层 PCB 的主板抗电磁干扰能力更强,主板也更加稳定。

典型的主板布局如图 2-20 所示,在电路板上面,是错落有致的电路布线;再上面,则为棱角分明的各个部件:插槽、芯片、电阻、电容等。当主机加电时,电流会在瞬间通过 CPU、南北桥芯片、内存插槽、AGP 插槽、PCI 插槽、IDE 接口以及主板边缘的串口、并口、PS/2 接口等。随后,主板会根据 BIOS(基本输入输出系统)来识别硬件,并进入操作系统发挥出支撑系统平台工作的功能。

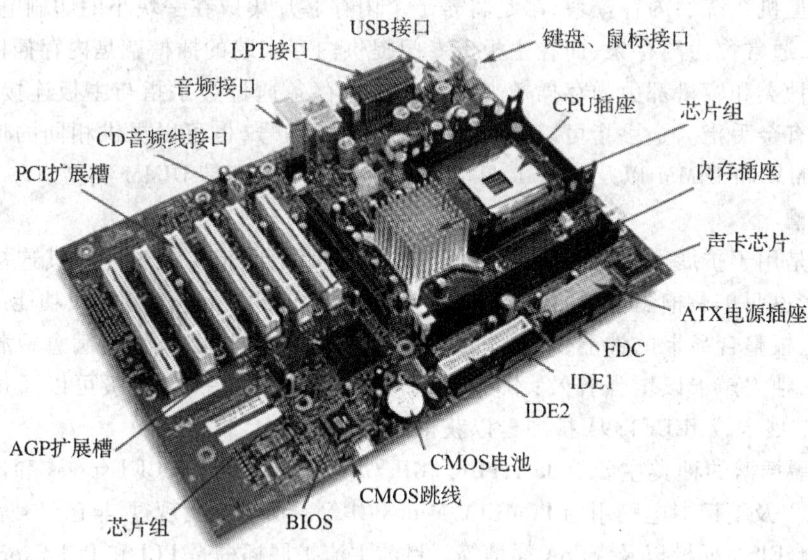

图 2-20 主板组成

目前主流的主板依据其使用的芯片组不同可以划分为多个类别,但它们在工作原理与结构组成上基本相同,而且多数都是使用 ATX 结构,都是由相同的几个部分组成。

1. CPU 插座

主板的 CPU 插座的结构取决于 CPU 的封装方式,现在主流产品都已采用了 Socket 架构,而曾经辉煌一时的 Slot 架构产品已经退出市场。Socket 结构是一种方行多针、零拔力的插座,插座的边上有根拉杆。这种结构的 CPU 安装简单、省力,抬起它的拉杆,就可以轻松安装和卸除 CPU,按下拉杆,CPU 就被牢牢固定在上面。Socket 架构插座都含有 CPU 定位标记,在 CPU 的对应角也有一个标记,安装时只要将两者的定位标记对准,就可以顺利插接,否则是插不进去的。

图 2-21 CPU 接口

提示:有关 CPU 接口的详细介绍请参看第二章。

2. 内存插槽

当前微型机系统的内存模块,都是将若干个内存芯片集成在一块小的印刷电路板上,形成条形结构,通常称为内存条,而在主板上专门提供内存安装的插槽就是内存插槽。主板所支持的内存种类和容量都由内存插槽来决定的。内存条通过金手指与主板连接,内存条正反两面都带有金手指。金手指可以在两面提供不同的信号,也可以提供相同的信号。内存插槽分为 SIMM 和 DIMM 以及 RIMM,目前内存插槽基本上都是 DIMM 类型。

3. 扩展槽

扩展槽是用于扩展微型机功能的插槽,是主板上用于固定扩展卡并将其连接到系统总线上的插槽,也叫扩展槽、扩充插槽。扩展槽是一种添加或增强电脑特性及功能的方法。例如,不满意主板整合显卡的性能,可以添加独立显卡以增强显示性能;不满意板载声卡的音质,可以添加独立声卡以增强音效;不支持 USB2.0 或 IEEE1394 的主板可以通过添加相应的 USB2.0 扩展卡或 IEEE1394 扩展卡以获得该功能。

目前扩展插槽的种类主要有 ISA,PCI,AGP,CNR,AMR,ACR,PCI Express 和比较少见的 WI-FI,VXB,以及笔记本电脑用的 PCMCIA、Mini PCI 等。历史上出现过,早已经被淘汰掉的还有 MCA 插槽、EISA 插槽以及 VESA 插槽等。目前主流扩展插槽是 PCI 和 PCI Express 插槽。

4. 芯片组

芯片组(Chipset)是主板的核心组成部分,起着协调和控制数据在 CPU、内存和各部件之间的传输的作用。主板采用芯片组的型号往往决定了主板的主要性能,如主板所支持的 CPU 类型、最高工作频率、内存的最大容量、扩展槽的数量等。所以常常把采用某某芯片组的主板称为某某主板(如采用 Intel 845G 芯片组的主板称为 845G 主板)。目前芯片组的生产厂商主要有 Intel、VIA 和 SIS,这三个牌子的芯片组在性能和价格上各有所长。

按照在主板上的排列位置的不同,通常分为北桥芯片和南桥芯片。北桥芯片提供对 CPU 的类型和主频、内存的类型和最大容量、ISA/PCI/AGP 插槽、ECC 纠错等支持。南桥芯片则提供对 KBC(键盘控制器)、RTC(实时时钟控制器)、USB(通用串行总线)、Ultra DMA/33(66) EIDE数据传输方式和 ACPI(高级能源管理)等的支持。其中北桥芯片起着主导性的作用,也称为主桥(Host Bridge)。不过,Intel公司从其845/850系列芯片组开始,不再有北桥芯片和南桥芯片之分,转而用MCH(内存和控制器中心)和ICH(接口控制中心)代替,MCH就相当于传统意义上的北桥,ICH相当于传统意义上的南桥。

5. BIOS系统

基本输入输出系统(Basic Input/Output System,BIOS)包含一组例行程序,由它们完成系统与外设之间的输入输出工作,还包括诊断程序和使用程序,在开机后对系统的各个部件进行检测和初始化。早期的主板上叫ROM BIOS,它是被烧录在EPROM里,要通过特殊的设备进行修改,想升级就要更换新的ROM。现在的主板大多采用闪烁存储器芯片(Flash ROM),可使用软件进行升级。

6. 硬盘、光驱和软驱接口

主板上的硬盘接口分为IDE、SATA、SCSI和光纤通道四种,IDE接口硬盘多用于家用产品中,也部分应用于服务器,SCSI接口的硬盘则主要应用于服务器市场,而光纤通道只在高端服务器上,价格昂贵。SATA是种新生的硬盘接口类型,目前在市场上已经成为主流,在家用市场中有着广泛的前景。光驱接口目前基本上都是采用IDE接口。软驱接口是一个34针的双排线插座,标注为Floppy或者FDC。目前由于软驱使用非常少,所以在计算机配置中一般不再成为广泛选购的配件。

7. I/O接口

图2-22 I/O接口

I/O接口是用于连接各种输入输出设备的接口,如键盘、鼠标(PS/2)、打印机、USB、IEEE1394、游戏杆等。

PS/2接口的功能比较单一,仅能用于连接键盘和鼠标。一般情况下,鼠标的接口为绿色、键盘的接口为紫色。PS/2接口的传输速率比COM接口稍快一些,是目前应用最为广泛的接口之一。

USB接口是现在最为流行的接口,最大可以支持127个外设,并且可以独立供电,其应用非常广泛。USB接口可以从主板上获得500mA的电流,支持热拔插,真正做到了即插即用。一个USB接口可同时支持高速和低速USB外设的访问,由一条四芯电缆连接,其中两条是正负电源,另外两条是数据传输线。高速外设的传输速率为12Mbps,低速外设的传输速率为1.5Mbps。此外,USB2.0标准最高传输速率可达480Mbps。

IEEE1394接口是苹果公司开发的串行标准,中文译名为火线接口(Firewire)。同USB一样,IEEE1394也支持外设热插拔,可为外设提供电源,省去了外设自带的电源,能连接多个不同设备,支持同步数据传输。IEEE1394速度非常快,规格分为100 Mbps、200 Mbps和400 Mbps等几种,在200Mbps下可以传输不经压缩的高质量数据电影。

8. 电源接口及电池

电源接口分为主板电源接口,CPU 电源接口,CPU 风扇电源接口等。主板电池是为了保持 CMOS 中的数据和时钟的运转而设置的,一般采用纽扣电池,寿命为 5 年左右,当发现计算机的时钟变慢或者不准确时,就要换电池了。

(二)主板的扩展槽

1. PCI-Express

PCI-Express 是最新的总线和接口标准,它原来的名称为"3GIO",是由英特尔提出的,很明显英特尔的意思是它代表着下一代 I/O 接口标准。交由 PCI-SIG(PCI 特殊兴趣组织)认证发布后才改名为"PCI-Express"。这个新标准将全面取代现行的 PCI 和 AGP,最终实现总线标准的统一。它的主要优势就是数据传输速率高,目前最高可达到 10GB/s 以上,而且还有相当大的发展潜力。PCI-Express 也有多种规格,从 PCI-Express 1X 到 PCI-Express 16X,能满足现在和将来一定时间内出现的低速设备和高速设备的需求。当然要实现全面取代 PCI 和 AGP 也需要一个相当长的过程,就像当初 PCI 取代 ISA 一样,都会有个过渡的过程。

图 2-23 PCI – Express X1

PCI-Express X1 接口可以支持安装电视卡、声卡等设备,如图 2-24 所示。

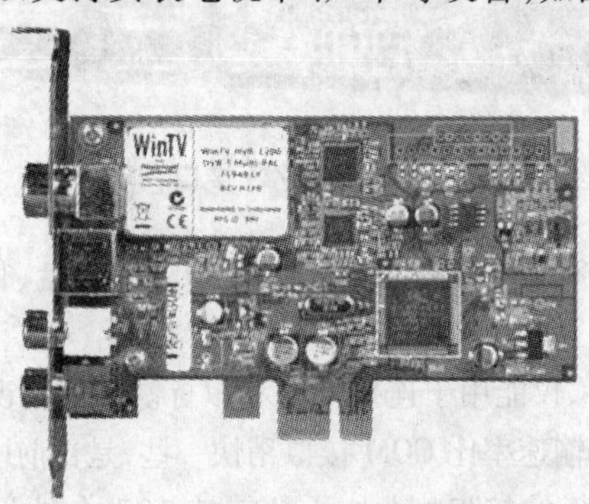

图 2-24 PCI-Express X1 接口的电视卡

PCI-Express X16 接口可以支持安装显卡,如图 2-25 所示。

图 2-25 PCI – Express X16

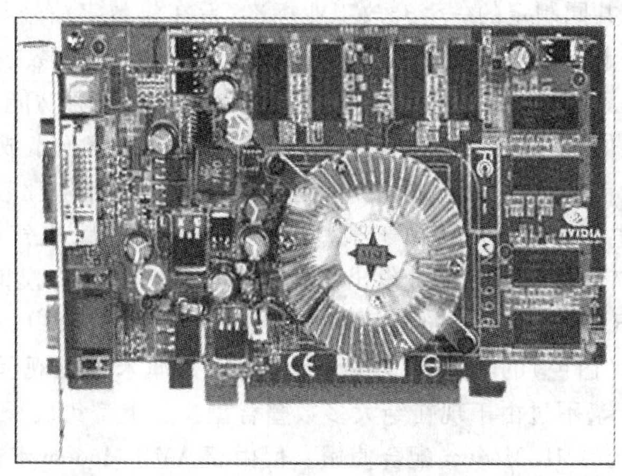

图 2-26 PCI – Express X16 接口的显卡

2. AGP

AGP(Accelerated Graphics Port)是在 PCI 总线基础上发展起来的，主要针对图形显示方面进行优化，专门用于图形显示卡。AGP 标准也经过了几年的发展，从最初的 AGP 1.0、AGP2.0，发展到 AGP 3.0，如果按倍速来区分的话，主要经历了 AGP 1X、AGP 2X、AGP 4X、AGP PRO，最高版本就是 AGP 3.0，即 AGP 8X。AGP 8X 的传输速率可达到 2.1GB/s，是 AGP 4X 传输速度的两倍。AGP 插槽通常都是棕色，还有一点需要注意的是它不与 PCI、ISA 插槽处于同一水平位置，而是内进一些，这使得 PCI、ISA 卡不可能插得进去，当然 AGP 插槽结构也与 PCI、ISA 完全不同，根本不可能插错的。随着显卡速度的提高，AGP 插槽已经不能满足显卡传输数据的速度，目前 AGP 显卡已经逐渐淘汰，取代它的是 PCI-Express 插槽。

3. PCI 插槽

PCI 插槽是基于 PCI 局部总线(Pedpherd Component Interconnect，周边元件扩展接口)的扩展插槽，其颜色一般为乳白色，位于主板上 AGP 插槽的下方，ISA 插槽的上方。其位宽为 32 位或 64 位，工作频率为 33MHz，最大数据传输率为 133MB/s(32 位)和 266MB/s(64 位)。可插接显卡、声卡、网卡、内置 Modem、内置 ADSL Modem、USB2.0 卡、IEEE1394 卡、IDE 接口卡、RAID 卡、电视卡、视频采集卡以及其他种类繁多的扩展卡。PCI 插槽是主板的主要扩展插槽，通过插接不同的扩展卡可以获得目前电脑能实现的几乎所有外接功能。

4. ISA 插槽

ISA 插槽是基于 ISA 总线(Industrial Standard Architecture，工业标准结构总线)的扩展插槽，其颜色一般为黑色，比 PCI 接口插槽要长些，位于主板的最下端。其工作频率为 8MHz 左右，为 16 位插槽，最大传输率 16MB/s，可插接显卡，声卡，网卡以及所谓的多功能接口卡等扩展插卡。其缺点是 CPU 资源占用太高，数据传输带宽太小，是已经被淘汰的插槽接口。目前还能在许多老主板上看到 ISA 插槽，现在新出品的主板上已经几乎看不到 ISA 插槽的身影了，但也有例外，某些品牌的主板还带有 ISA 插槽，估计是为了满足某些特殊用户的需求。

5. AMR 插槽

声音和调制解调器插卡(Audio Modem Riser，AMR)规范，它是 1998 年英特尔公司发起并号召其他相关厂商共同制定的一套开放工业标准,旨在将数字信号与模拟信号的转换电路单独做在一块电路卡上。因为在此之前,当主板上的模拟信号和数字信号同处在一起时,会产生互相干扰的现象。而 AMR 规范就是将声卡和调制解调器功能集成在主板上,同时又把数字信号和模拟信号隔离开来,避免相互干扰。这样做既降低了成本,又解决了声卡与 Modem 子系统在功能上的一些限制。由于控制电路和数字电路能比较容易集成在芯片组中或主板上,而接口电路和模拟电路由于某些原因(如电磁干扰、电气接口不同)难以集成到主板上。因此,英特尔公司就专门开发出了 AMR 插槽,目的是将模拟电路和 I/O 接口电路转移到单独的 AMR 插卡中,其他部件则集成在主板上的芯片组中。AMR 插槽的位置一般在主板上 PCI 插槽(白色)的附近,比较短(大约只有 5 厘米),外观呈棕色。可插接 AMR 声卡或 AMR Modem 卡,不过由于现在绝大多数整合型主板上都集成了 AC'97 音效芯片,所以 AMR 插槽主要是与 AMR Modem 配合使用。但由于 AMR Modem 卡比一般的内置软 Modem 卡更占 CPU 资源,使用效果并不理想,而且价格上也不比内置 Modem 卡占多大优势,故此 AMR 插槽很快被 CNR 所取代。

6. CNR 插槽

为顺应宽带网络技术发展的需求,弥补 AMR 规范设计上的不足,英特尔适时推出了通讯网络插卡(Communication Network Riser,CNR)标准。与 AMR 规范相比,新的 CNR 标准应用范围更加广泛,它不仅可以连接专用的 CNR Modem,还能使用专用的家庭电话网络(Home PNA),并符合 PC 2000 标准的即插即用功能。最重要的是,它增加了对 10/100MB 局域网功能的支持,以及提供对 AC'97 兼容的 AC-Link、SMBus 接口和 USB(1.X 或 2.0)接口的支持。另外,CNR 标准支持 ATX、Micro ATX 和 Flex ATX 规格的主板,但不支持 NLX 形式的主板(AMR 支持)。从外观上看,CNR 插槽比 AMR 插槽比较相似(也呈棕色),但前者要略长一点,而且两者的针脚数也不相同,所以 AMR 插槽与 CNR 插槽无法兼容。CNR 支持的插卡类型有 Audio CNR、Modem CNR、USB Hub CNR、Home PNA CNR、LAN CNR 等。但市场对 CNR 的支持度不够,相应的产品很少,所以大多数主板上的 CNR 插槽也成了无用的摆设。

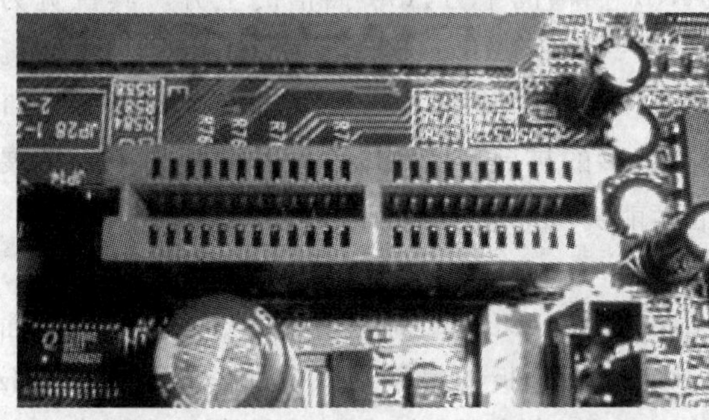
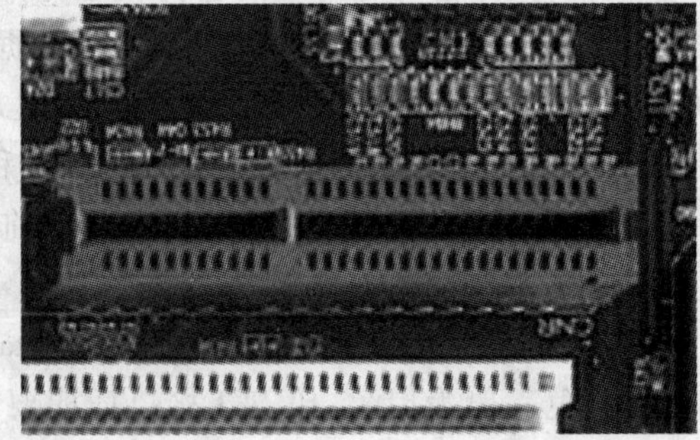

图 2-27　AMR 插槽(左)和 CNR 插槽

7. Mini PCI 插槽

Mini PCI 插槽也同样是在 PCI 的基础上发展起来的,最初是应用于笔记本,现在不少台式机也配备了 Mini PCI 插槽。Mini PCI 的定义与 PCI 基本上一致,只是在外形上进行了微缩。目前使用 Mini PCI 插槽的主要有内置的无线网卡、Modem + 网卡、电视卡以及一些多功能扩展卡等硬件设备。

四、实现方法

(一)常见主板故障维修

随着主板的集成度越来越高,维修主板的难度越来越高,往往需要维修人员具有丰富的专业知识并借助专门的数字检测设备才能解决问题。“主板损坏就换主板”是一般电脑使用者解决主板故障的常用方法。现在,一块主板价格在600~1000元,如果出一点小问题就弃之不用实在太可惜。其实,有些故障不需要专门检测设备,也不需要高深的计算机专业知识就可以修复。主板常见的故障及维修有以下几种情况。

1. CMOS参数丢失

开机后提示“CMOS Battery State Low”,有时可以启动,使用一段时间后死机,这种现象大多是CMOS供电不足引起的。对于不同的CMOS供电方式,采取不同的措施:①焊接式电池:用电烙铁重新焊上一颗新电池即可。②纽扣式电池:直接更换。③芯片式:更换此芯片最好采用相同型号芯片替换。如果更换电池后时间不长又出现同样现象的话,很可能是主板漏电,可检查主板上的二极管或电容是否损坏,也可以跳线使用外接电池。

2. 主板上键盘接口不能使用

连接好一个正常的键盘,开机自检时出现提示“Keyboard Interface Error”后死机,拔下键盘,重新插入后又能正常启动系统,使用一段时间后键盘无反应,这种现象主要是多次拔插键盘引起主板键盘接口松动,拆下主板用电烙铁重新焊接好即可;也可能是带电拔插键盘,引起主板上一个保险电阻断了(在主板上标记为Fn的东西),换上一个1欧姆/0.5瓦的电阻即可。

3. 集成在主板上的显示适配器故障

一般来说,计算机开机响几声,大多数是主板内存没插好或显示适配器故障。有一长城微机,开机响8声,确定是显示器适配器故障。打开机箱发现显示适配器集成在主板上,又无主板说明书。针对这种情况,要仔细查看主板上的跳线标示,屏蔽掉主板上集成的显示设备,然后在扩展槽上插上好的显示卡后故障排除(有些主板可能是通过CMOS设置来允许或禁止该功能)。

4. 集成在主板上的打印机并口损坏

多数微机打印机并口,一般都集成在主板上,用机的时候带电拔插打印机信号电缆线最容易引起主板上并口损坏。遇到类似情况,可以查看主板说明书,通过“禁止或允许主板上并口功能”相关跳线,设置“屏蔽”主板上并口功能。另一种是通过CMOS设置来屏蔽,然后在ISA扩展槽中加上一块多功能卡即可。

5. 主板上软、硬盘控制器损坏

从486开始,大多数主板均集成软、硬盘控制器。如果软盘控制器损坏,也可以仿照上面的方法加一块多功能卡即可搞定(相应更改主板上跳线或CMOS设置);如果硬盘控制器损坏,则需要更新主板BIOS或利用相关的软件了。

6. 主板上Cache损坏

主板上Cache损坏,表现为运行软件死机或根本无法装软件。可以在CMOS设置中将“External Cache”项设为“Disable”后故障排除。

7. 主板上开关电源损坏

主板上的电源多为开关电源，所用的功率管为分离器件，如有损坏，只要更换功率管、电容等即可。

（二）主板跳线设置

硬件的参数可以通过开关来设置，硬件的设置开关称为“跳线”（Jumper）。熟练地掌握跳线设置是装机必备的技术之一。

提示：现在的主板都是免跳线设计的，华硕、微星、技嘉等品牌的产品早就是免跳线设计的。CPU 外频、电压一般都可调，倍频则要看你的 CPU 了，Intel 的 CPU 一般都不可调，AMD 黑盒的可以调倍频（其他 AMD 的 CPU 都不可以调倍频）。

迄今为止，跳线的发展已经历了三代，分别是键帽式跳线、DIP 式跳线、软跳线。

1. 跳线种类

（1）键帽式跳线

键帽式跳线是由两部分组成：底座部分和键帽部分（如图 2-28 所示）。前者是向上直立的两根或三根不连通的针，相邻的两根针决定一种开关功能。对跳线的操作只有短接和断开两种。当使用某个跳线时，即短接某个跳线时，就将一个能让两根针连通的键帽带上，这样两根针就连通了，对应该跳线的功能就有了。否则，可以将键帽只带在一根针上，键帽的另一根管空着。这样，因为两根针没有连通，对应的功能就被禁止了，而且键帽就不会丢失。因为带键帽只表示接通，所以没有插反的问题。键帽式的跳线分两针的和三针的，两针的使用比较方便，应用更广泛，短接就表示具有某个功能，断开就表示禁止某个功能；三针的比较复杂些，比如有针 1、2、3，那么短接针 1、2 表示一种功能，而短接 2、3 表示另外一种功能。

图 2-28 键帽式跳线

（2）DIP 式跳线

DIP 式跳线也被称作 DIP 组合开关，DIP 开关不仅可以单独使用一个按钮开关表示一种功能，更可以组合几个 DIP 开关来表示更多的状态，达到更多的功能。如图 2-29 所示，DIP 开关有一个可以两边扳动的键决定了两种开关状态，一面表示开（ON），另外一面表示关（OFF）。而对于组合状态的使用，有多少 DIP 开关就能表示 2 的多少次幂的状态，就有多少个数值可以选择，因此，进入 DIP 开关时必须对照说明书中的表格设置数值，否则你根本搞不清楚这么多的状态。

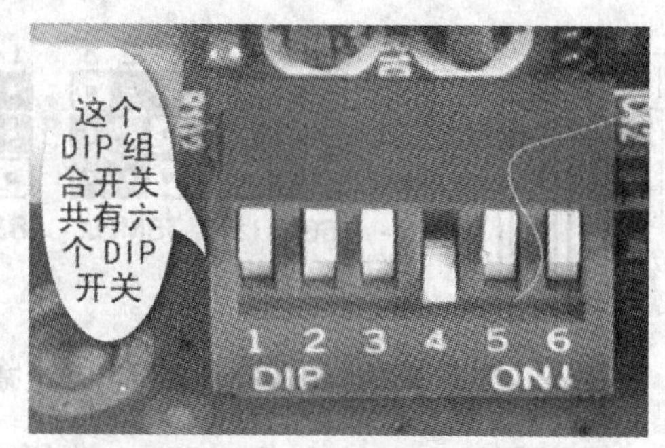

图 2-29 DIP 跳线

(3)软跳线

软跳线并没有实质的跳线,也就是对 CPU 相关的设置不再使用硬件跳线,而是通过 CMOS Setup 程序中进行设置,根本不需要再打开机箱,非常方便。在电脑配件中,主板、硬盘、光驱、声卡都存在跳线,以主板跳线最为复杂,硬盘次之。

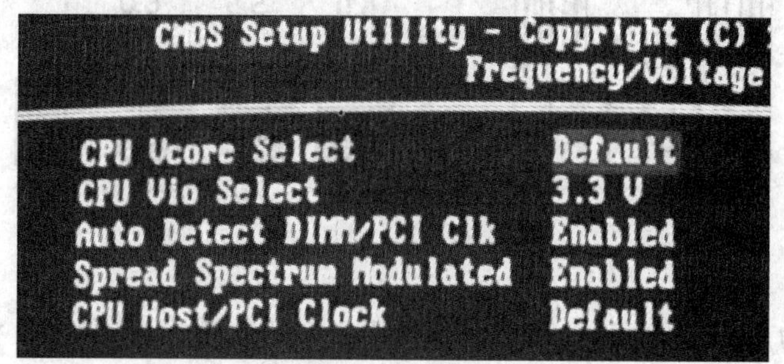

图 2-30 软跳线

2. 主板跳线

主板上的跳线一般包括 CPU 设置跳线、CMOS 清除跳线、BIOS 禁止写跳线等。其中,以 CPU 设置跳线最为复杂,如果主板比较老,就必须在主板上设置内核电压、外频、倍频跳线。根据主板说明书和 CPU 频率,设置上述对应跳线。通常情况下,主板上对应 CPU 电压的是一组跳线(如图 2-31 所示),每个跳线都对应着一个电压值,找到合适的电压值,插上一个键帽短接它,就选择了这个电压值。同理,找到外频跳线(如图 2-32 所示)和倍频跳线(如图 2-33 所示),分别进行设置合适的外频和倍频。注意,每组跳线中只能选择一个跳线短接。

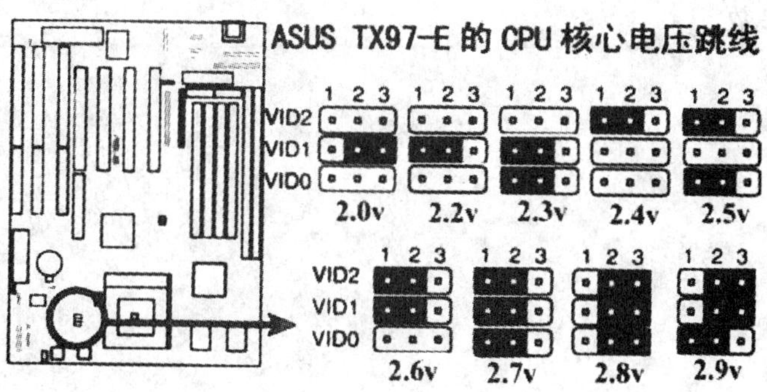

图 2-31 主板电压跳线

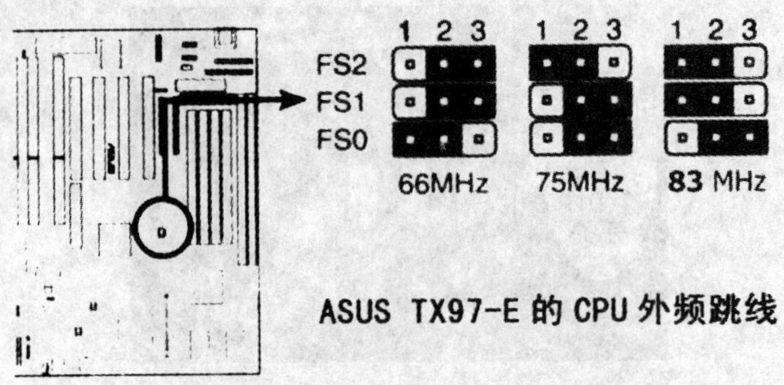

图 2-32 CPU 外频跳线

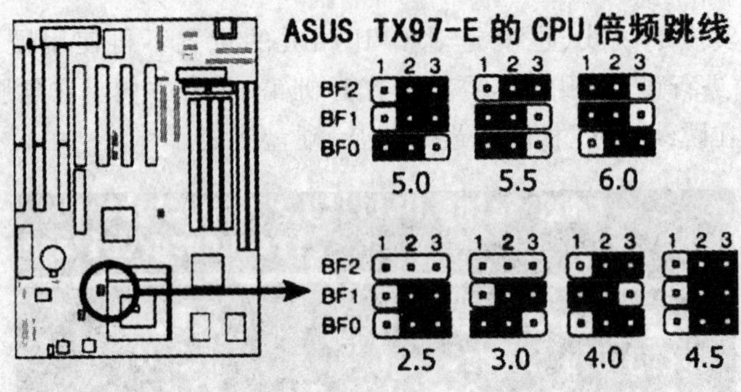

图 2-33 CPU 倍外频跳线

新的主板更为用户考虑周全，几乎全部使用类似的软跳线，只剩下主板上的 CMOS 跳线开关还使用着最原始的键帽跳线，它多是三针的跳线，如图 2-28 所示。通常，短接针 1、2，表示正常使用主板 CMOS，而短接 2、3，则表示清除 CMOS 内容。

禁止写 BIOS 的功能并不是每个主板都有的，一般为两针跳线，具体是短接才能写 BIOS 还是断开才能写 BIOS，要看主板说明书。

有些主板会让用户自己选择软跳线还是 DIP 跳线，如华硕的 P4T，若将主板上的 10 个 DIP 开关全设置为 OFF，就表示使用 BIOS 中的软跳线设置，否则，就选择 DIP 跳线，其中开关 6 ~ 10 表示外频设置，主板说明书上有个大表格，需要对照表格操作，选择合适的外频，DIP 开关 1 ~ 4 表示倍频，它有 2^4 种状态，即有 16 种状态，最多可以让使用者选择 16 种电压值。说明书上提供了 14 种倍频选择，剩余的两种状态，不是留着将来扩展功能，就是厂家没有公开的跳线或参数。

习　题

一、判断题

1. 现在市场几乎都是AT结构的主板,该主板不仅用于兼容机,还用于各种品牌机。　　(　　)

2. 在选购主板的时候,一定要注意与CPU相适应,否则将无法正常使用。　　(　　)

3. 集成主板的性能一般要优于非集成主板。　　(　　)

4. 芯片组是主板的灵魂,按位置的不同可分为北桥芯片组和南桥芯片组,其中北桥速度较慢。　　(　　)

5. 主板采用的芯片组的型号往往决定了主板的主要性能。　　(　　)

二、简答题

1. 主板有哪些主要的分类方法?

2. 主板由哪些部件构成?

3. 主板上CPU接口主要有哪几种?

4. 主板的性能指标主要有哪些?

5. 主板的软跳线是什么意思?

项目三 认识 CPU

CPU 的英文全称是 Central Processing Unit，中文名称即中央处理器，也称为微处理器。CPU 是计算机系统的核心，它的性能很大程度上反映出计算机的性能，因此十分重要，它往往是各种档次微机的代名词。本环节主要介绍 CPU 的性能指标以及如何选购 CPU，只有掌握了 CPU 的性能特点才能更好地学习如何选购 CPU，所以这两个知识点很重要，要求大家多花点时间来学习。

一、教学目标

终极目标：了解 CPU 的性能指标，能够独立地到市场上选购 CPU。

促成教学目标：

1. 了解 CPU 的发展历程；
2. 了解 CPU 的性能指标；
3. 能够使用检测软件检测 CPU 的各项参数指标；
4. 能够独立地到市场上选购到一款称心如意的 CPU；
5. 熟悉 CPU 的封装方式和接口方式。

二、工作任务

通过认识 CPU 和了解其性能指标，掌握 CPU 的选购方法：

1. 通过查看 CPU 图片资料并使用相应的性能参数检测软件，学会如何正确地识别 CPU。
2. 学会 CPU 的识别方法和选购技巧，能够独立地到市场上选购到称心如意的 CPU。

活动 1 识别 CPU

一、教学目标

1. 对当前市场主流 CPU 情况有一定的掌握；

2. 学会使用 CPU 参数检测软件 CPU-Z；

3. 学会通过 CPU 的性能指标来对比 CPU 的性能高低；

4. 熟悉 CPU 的发展历程；

5. 熟悉 CPU 的封装方式和接口方式。

二、工作任务

通过查看 CPU 图片、使用 CPU-Z 检测软件来认识和识别 CPU，了解其性能指标，并对当前市场主流 CPU 情况有一定的掌握。

三、相关知识点

（一）CPU 的基本组成

CPU 主要由运算器和控制器两大部分组成，随着集成电路的发展，目前 CPU 芯片集成了一些其他逻辑功能部件来扩充 CPU 的功能，如浮点运算器、cache 和 MMX 等。运算器由算术逻辑单元（ALU）、累加寄存器、数据缓冲寄存器和状态条件寄存器组成，它是数据加工处理部件，完成计算机的各种算术和逻辑运算。相对控制器而言，运算器接受控制器的命令而进行动作，即运算器所进行的全部操作都是由控制器发出的控制信号来指挥的，所以它是执行部件。运算器有两个主要功能：

（1）执行所有的算术运算，如加、减、乘、除等基本运算及附加运算。

（2）执行所有的逻辑运算，并进行逻辑测试，如与、或、非、零值测试或两个值的比较等。

控制器由程序计数器、指令寄存器、指令译码器、时序产生器和操作控制器组成。它是计算机指挥系统，完成计算机的指挥工作。尽管不同计算机的控制器结构上有很大的区别，当就其基本功能而言，具有如下功能：

（1）取指令：从内存中取出当前指令，并生成下一条指令在内存中的地址。

（2）分析指令：指令取出后，控制器还必须具有两种分析的功能。一是对指令进行译码或测试，并产生相应的操作控制信号，以便启动规定的动作。比如一次内存读/写操作，一个算术逻辑运算操作，或一个输入/输出操作。二是分析参与这次操作的各操作数所在的地址，即操作数的有效地址。

（3）执行指令：控制器还必须具备执行指令的功能，指挥并控制 CPU、内存和输入/输出设备之间数据流动的方向，完成指令的各种功能。

（4）发出各种微操作命令：在指令执行过程中，要求控制器按照操作性质要求，发出各种相应的微操作命令，使相应的部件完成各种功能。

（5）改变指令的执行顺序：在编程过程中，分支结构、循环结构等非顺序结构的引用可以大大提供编程的工作效率。控制器的这种功能可以根据指令执行后的结果，确定下一步是继续按原程序的顺序执行，还是改变原来的执行顺序，而转去执行其他的指令。

（6）控制程序和数据的输入与结果输出：这实际也是一个人机对话的设计，通过编写程序，在适当的时候输入数据和输出程序的结果。

（7）对异常情况和某些请求的处理：当计算机正在执行程序的过程中，发生了一些异常的情况,例如除法出错、溢出中断、键盘中断等。

(二)Intel CPU 的发展历程

CPU 从最初发展至今已经有三十多年的历史了,这期间,按照其处理信息的字长,CPU 可以分为:4 位微处理器、8 位微处理器、16 位微处理器、32 位微处理器以及 64 位微处理器,可以说个人电脑的发展是随着 CPU 的发展而前进的。

1. Intel 4004

1971 年英特尔诞生了第一个微处理器——Intel 4004,后来又开发了 8008,它们的字长是 4 位到 8 位,集成 2000 多个晶体管,时钟频率为 1MHz。

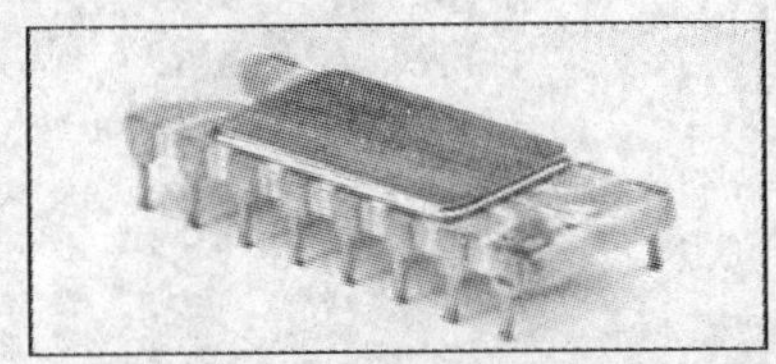

图 3-1 Intel 4004 处理器

8008 的运算能力比 4004 强劲 2 倍。1974 年,一本无线电杂志刊登了一种使用 8008 作处理器的机器,叫做"Mark-8(马克八号)",这也是目前已知的最早的家用电脑了。虽然从今天的角度看来,"Mark-8"非常难以使用、控制、编程及维护,但是这在当时却是一种伟大的发明。

图 3-2 Intel 8008 处理器

2. Intel 8080

在 4004 发布后不久,英特尔连续地发布了几款 CPU:4040、8008,但市场反响平平,不过却为开发 8 位微处理器打下了良好基础。1974 年,英特尔公司又在 8008 的基础上研制出了 8080 处理器,拥有 16 位地址总线和 8 位数据总线,包含 7 个 8 位寄存器(A,B,C,D,E,F,G,其中 BC,DE,HL 组合可组成 16 位数据寄存器),支持 16 位内存,同时它也包含一些输入输出端口,这是一个相当成功的设计,还有效解决了外部设备在内存寻址能力不足的问题。

3. Intel 8085

Intel 8085 产于 1975—1977 年,它的字长为 8 位,每片集成晶体管约 10000 个,时钟频率为 2.5MHz ~ 5MHz。

图 3-3 Intel 8085 处理器

4. Intel 8086

1978 年,8086 处理器诞生了。这个处理器标志着 x86 王朝的开始,因为从 8086 开始,才有了目前应用最广泛的 PC 行业基础。虽然从 1971 年,英特尔制造 4004 至今,已经有 30 多年历史;但是从没有像 8086 这样影响深远的神来之作。

Intel 8086 数据总线和内存带宽为 16 位,时钟频率为 5MHz ~ 10MHz,每片集成晶体管约 30000 个,采用单一的 +5V 电源和 40 条引脚的双列直插式封装。

在 8086 处理器之后又出现一些升级版本的处理器,例如 Intel 8087,8088,使得 Intel 在市场上获得巨大的成功。

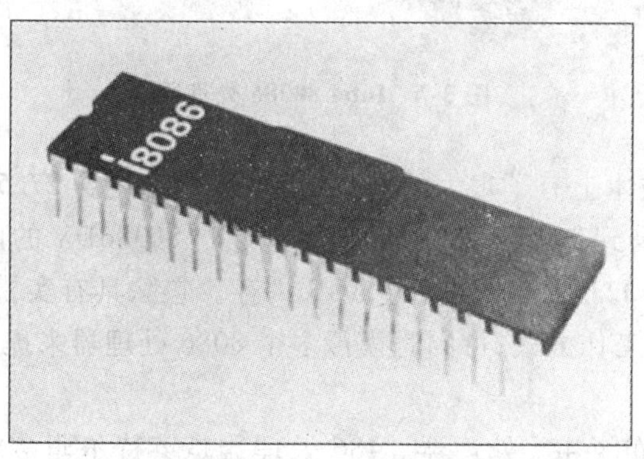

图 3-4 Intel 8086 处理器

5. Intel 80286

1982 年,英特尔发布了 80286 处理器,也就是俗称的 286。在发布后的六年中,全球一共交付了一千五百万台基于 286 的个人电脑。

图 3-5 Intel 80286 处理器

图 3-6 使用 80286 的电脑

80286 芯片集成了 14.3 万只晶体管、16 位字长，时钟频率由最初的 6MHz 逐步提高到 20MHz。其内部和外部数据总线皆为 16 位，地址总线 24 位。与 8086 相比，80286 寻址能力达到了 16MB，可以使用外存储设备模拟大量存储空间，从而大大扩展了 80286 的工作范围，还能通过多任务硬件机构使处理器在各种任务间来回快速切换，以同时运行多个任务，其速度比 8086 提高了 5 倍甚至更多。IBM 公司将 80286 用在技术更为先进 AT 机中，与 IBM PC 机相比，AT 机的外部总线为 16 位，内存一般可扩展到 16MB，可支持更大的硬盘，支持 VGA 显示系统，比 PC XT 机在性能上有了重大的进步。

6. Intel 80386

1985 年，英特尔再度发力推出了 80386 处理器。386 集成了 27.5 万个晶体管，超过了 4004 芯片的一百倍。并且 386 还是英特尔第一种 32 位处理器，同时也是第一种具有"多任务"功能的处理器——这对微软的操作系统发展有着重要的影响，所谓"多任务"就是说处理器可以在同时处理几个程序的指令。

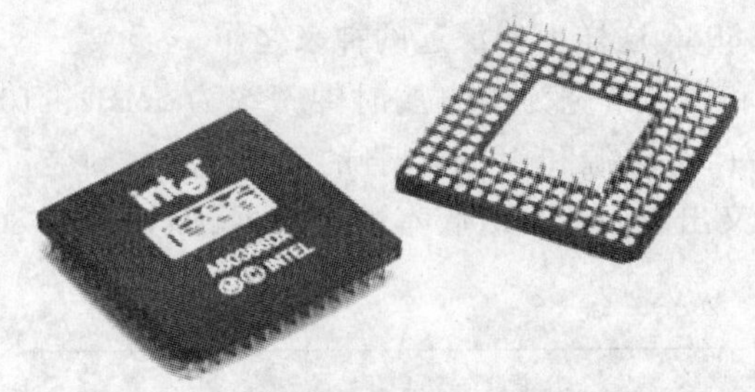

图 3-7 Intel 80386 处理器

386 时代，Intel 在技术上有了很大的进步。80386 内部内含 27.5 万个晶体管，时钟频率为 12.5MHz，其后又提高到 20MHz、25MHz、33MHz 等。80386DX 的内部和外部数据总线都是 32 位，地址总线也是 32 位，可寻址高达 4GB 内存。它除具有实模式和保护模式外，还增加了一种叫虚拟模式的工作方式，可同时模拟多个 8086 处理器来提供多任务能力。

7. Intel 80486

1989 年，英特尔发布了 486 处理器。486 处理器是英特尔非常成功的商业项目。很多厂商也看清了英特尔处理器的发展规律，因此很快就随着英特尔的营销战而转型成功。80486 处理器集成了 125 万个晶体管，时钟频率由 25MHz 逐步提升到 33MHz、40MHz、50MHz 及后来的 100MHz。

图 3-8 Intel 80486 处理器

80486也是英特尔第一个内部包含数字协处理器的CPU,并在X86系列中首次使用了RISC(精简指令集)技术,从而提升了每个时钟周期执行指令的速度。486还采用了突发总线方式,大大提高了处理器与内存的数据交换速度。

8. Intel Pentium

1993年,英特尔发布了Pentium(奔腾)处理器。本来按照惯常的命名规律是80586,但是因为实际上"586"这样的数字不能注册成为商标使用,因此任何竞争对手都可以用586来混淆概念,扰乱市场。事实上在486发展末期,就已经有公司将486等级的产品标识成586来销售了。因此英特尔决定使用新词来作为新产品的商标——Pentium。

图3-9　Intel Pentium(奔腾)处理器

Pentium处理器集成了310万个晶体管,最初推出的初始频率是60MHz、66MHz,后来提升到200MHz以上。第一代的Pentium代号为P54C,其后又发布了代号为P55C,内建MMX(多媒体指令集)的新版Pentium处理器。

9. Intel Pentium Pro

1995年秋天,英特尔发布了Pentium Pro处理器。Pentium Pro是英特尔首个专门为32位服务器、工作站设计的处理器,可以应用在高速辅助设计、机械引擎、科学计算等领域。英特尔在Pentium Pro的设计与制造上又达到了新的高度,总共集成了550万个晶体管,并且整合了高速二级缓存芯片。

图3-10　Intel Pentium Pro处理器

10. Intel Pentium Ⅱ

1997 年英特尔发布了 Pentium Ⅱ处理器。其内部集成了 750 万个晶体管，并整合了 MMX 指令集技术，可以更快更流畅地播放影音 Video，Audio 以及图像等多媒体数据。

图 3-11 Intel Pentium Ⅱ处理器

Pentium Ⅱ首次引入了 S. E. C 封装（Single Edge Contact）技术，将高速缓存与处理器整合在一块 PCB 板上。通过 Pentium Ⅱ，用户可以透过因特网来捕捉、编辑、共享数码图片给自己的朋友和家人；甚至在影片上加入一些文字、音乐、效果等；可以使用视频电话等最新的多媒体技术。

11. Intel Pentium Ⅱ Xeon（至强）

1998 年英特尔发布了 Pentium Ⅱ Xeon（至强）处理器。Xeon 是英特尔引入的新品牌，取代之前所使用的 Pentium Pro 品牌。这个产品线面向中高端企业级服务器、工作站市场；是英特尔公司进一步区分市场的重要步骤。Xeon 主要设计来运行商业软件、因特网服务、公司数据储存、数据归类、数据库、电子，机械的自动化设计等。Pentium Ⅱ Xeon 处理器不但有更快的速度，更大的缓存，更重要的是可以支持多达 4 路或者 8 路的 SMP 对称多 CPU 处理功能。

图 3-12 Intel Pentium Ⅱ Xeon（至强）处理器

12. Intel Celeron（赛扬）

1999 年，英特尔发布了 Celeron（赛扬）处理器。简单地说，Celeron 与 Pentium Ⅱ并没有本质上的不同，因为它们的内核是一样的，最大的区别在于高速缓存上。

图 3-13 Intel Celeron(赛扬)处理器

最初的 Celeron 是没有二级缓存的,目的是降低成本来夺取低端市场的份额,就像当年在 386、486 上,制造 386SX、486SX 简化版的做法一样。但是很遗憾的是,完全没有二级缓存的 Celeron 处理器效能极差,消费者并不买账,因此很快英特尔就调整战略:将 Celeron 处理器的二级缓存设定为只有 Pentium Ⅱ的一半(也就是 128KB),这样既有合理的效能,又有相对低廉的售价;这样的策略一直延续到今天。

不过很快有人发现,使用双 Celeron 的系统与双 Pentium Ⅱ的系统差距不大,而价格却便宜很多,结果造成了 Celeron 冲击高端市场的局面。后来英特尔决定取消 Celeron 处理器的 SMP(对称多处理)功能,才解决了这个问题。可以看出,Celeron 与 Pentium Ⅱ是英特尔决定将高低产品线用不同的品牌区分的开始,事实也证明这种市场策略的成功。

13. Intel Pentium Ⅲ

1999 年,英特尔又发布了 Pentium Ⅲ处理器。从 Pentium Ⅲ开始,英特尔又引入了 70 条新指令(SIMD,SSE),主要用于因特网流媒体扩展(提升网络演示多媒体流、图像的性能)、3D、流式音频、视频和语音识别功能的提升。Pentium Ⅲ可以使用户有机会在网络上享受到高质量的影片,并以 3D 的形式参观在线博物馆、商店等。

与此同年,英特尔还发布了 Pentium Ⅲ Xeon 处理器。作为 Pentium Ⅱ Xeon 的后继者,除了在内核架构上采纳全新设计以外,也继承了 Pentium Ⅲ处理器新增的 70 条指令集,以更好执行多媒体、流媒体应用软件。除了面对企业级的市场以外,Pentium Ⅲ Xeon 加强了电子商务应用与高阶商务计算的能力。在缓存速度与系统总线结构上,也有很多进步,很大程度提升了性能,并为更好的多处理器协同工作进行了设计。

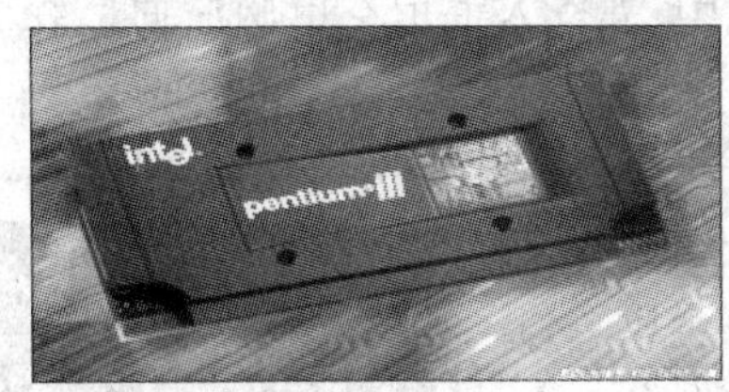

图 3-14 老、新 Intel Pentium Ⅲ处理器

14. Intel Pentium 4

2000 年,英特尔发布了 Pentium 4 处理器。用户使用基于 Pentium 4 处理器的个人电脑,可以创建专业品质的影片,透过因特网传递电视品质的影像,实时进行语音、影像通讯,

实时 3D 渲染,快速进行 MP3 编码解码运算,在连接因特网时运行多个多媒体软件。这是功能强大的个人电脑处理器产品,目前仍然有部分在继续销售中。

图 3-15　Intel Pentium 4 处理器

Pentium 4 处理器集成了 4200 万个晶体管,到了改进版的 Pentium 4(Northwood)更是集成了 5500 万个晶体管;并且开始采用 0.18 微米进行制造,初始速度就达到了 1.5GHz。Pentium 4 还引入了 NetBurst 新结构,获得了更高的系统总线等高性能。

Pentium 4 处理器的系统总线虽然仅为 100MHz,同样是 64 位数据带宽,但由于其利用了与 AGP4X 相同的原理"四倍速"(即 FSB400)技术,因此可传输高达 3200MB/s 的数据传输速度。所以,Pentium 4 处理器传输比目前所有的 X86 处理器都快,也打破了 Pentium 3 处理器受系统总线瓶颈的限制。其后英特尔又不断改进系统总线技术,推出了 FSB533、FSB800 的新规格,将数据传输速度进一步提升。并且在最新的 Pentium 4 处理器,英特尔已经支持双通道 DDR 技术,让内存与处理器传输速度也有很大的改进。

Pentium 4 也有推出了对应型号的 Celeron 处理器,来应对低端市场。

15. Intel Pentium M

2003 年,英特尔发布了 Pentium M 处理器。以往虽然有移动版本的 Pentium Ⅱ、Ⅲ,甚至是 Pentium 4-M 产品,但是这些产品仍然是基于台式电脑处理器的设计,再增加一些节能、管理的新特性而已。即便如此,Pentium Ⅲ-M 和 Pentium 4-M 的能耗远高于专门为移动运算设计的 CPU,例如全美达的处理器。

英特尔 Pentium M 处理器结合了 855 芯片组家族与 Intel PRO/Wireless2100 网络联机技术,成为英特尔 Centrino(迅驰)移动运算技术的最重要组成部分。Pentium M 处理器可提供高达 1.60GHz 的主频速度,并包含各种效能增强功能。

比较关键的是,Pentium M 处理器加上 802.11 的无线 WiFi 技术,就构成了英特尔 Centrino(迅驰)移动运算技术的整套解决方案。这样不仅具备了节能、长续航时间的优点,更领导了目前流行的无线网络风尚。因此,IBM、Sony、HP 等各大笔记本电脑厂商已经全面转用 Pentium M 处理器来制造自己的主流产品。

16. Intel Pentium D

2005 年 5 月 26 日,Intel 发布了发布迄今为止该公司第一款双内核服务器处理器,名为 Intel 双内核奔腾 D 处理器,主要是面向数字化家庭娱乐和数字化办公的个人应用双内核处理器。

图 3-16　Intel Pentium D 840 处理器

17. Intel Core

Intel Core 微架构中全新的智能缓存技术有效地加强双核心乃至多核心处理器的工作效率,Conroe 同样也是双核心设计，但是其缓存设计跟 Pentium D 并不相同。Intel Pentium D 双核心处理器中每个独立的核心都拥有独立的二级缓存；但 Intel Core 微架构则是通过内部的传输总线共享同一个二级缓存，2 个内核共同拥有 4MB 或 2MB 的共享式二级缓存。

提示：由于 Core 和 Conroe 两个单词在结构上颇为类似，因此有不少消费者往往将 Core 和 Conroe 混淆。实际上，我们把 Core 音译为酷睿，它是 Intel 下一代处理器产品将统一采用的微架构，而 Conroe 只是对基于 Core 微架构的 Intel 下一代桌面平台级产品的代号。除 Conroe 处理器之外，Core 微架构还包括代号为 Merom 的移动平台处理器和代号为 Woodcrest 的服务器平台处理器。采用 Core 的处理器将被统一命名。由于上一代采用 Yonah 微架构的处理器产品被命名为 Core Duo，因此为了便于与前代 Intel 双核处理器区分，Intel 下一代桌面处理器 Conroe 以及下一代笔记本处理器 Merom 都将被统一叫做 Core 2 Duo。另外，Intel 的顶级桌面处理器被命名为 Core 2 Extreme，以区别于主流处理器产品。

（三）AMD CPU 的发展历程

AMD（超微半导体）成立于 1969 年，总部位于加利福尼亚州桑尼维尔。AMD 公司专门为计算机、通信和消费电子行业设计和制造各种创新的微处理器、闪存和低功率处理器解决方案。AMD 致力为从企业、政府机构到个人消费者——提供基于标准的、以客户为中心的解决方案。

1. K5

Intel 在 486 之后就再没有出过以阿拉伯数字命名的 CPU，而是推出了一个拉丁文的 Pentium，AMD 也随后推出了自己设计并生产的 K5 CPU。K5 是 AMD 第一款广泛使用的处理器，支持 Socket5 架构，K5 的频率为 75～166MHz，系统总线频率为 55～66MHz，具有 24KB 的一级缓存，二级缓存是主板上的。

图 3-17　AMD K5 处理器

图 3-18　AMD K6 处理器

2. K6

1997 年 4 月，AMD 推出了 K6，采用 0.35 微米工艺，工作频率在 166～233MHz 之间不等，基于对 686 处理器的研究开发，新增了 MMX 指令集，一级缓存为 64KB。此后不久，AMD 推出了移动型 K6，工作频率在 266MHz 及 300MHz，前端总线速度为 66MHz，采用 0.25 微米工艺。

3. K6-2

1998 年 4 月推出,支持新的指令集——3DNow! 及 100MHz 的前端总线频率,最初的时钟频率为 266MHz,后增到 475MHz,带有 64KB 的一级缓存,二级缓存位于主板上(容量为 512KB ~ 2MB 之间,与系统总线频率同步)此款 CPU 还具有两种型号:第 1 种工作于 266、300、350、366MHz,第 2 种工作于 380、400、450、475MHz。

图 3-19 AMD K6-2 处理器

4. K6-3

K6-2 是在 1999 年 2 月 AMD 推出的第一款将二级缓存整合在处理器芯片中的产品,采用 Socket 架构,400MHz 及 450MHz,带一级缓存 64KB,内置二级缓存 256KB(与 CPU 同步),在主板上的三级缓存 512KB ~ 2MB 之间(与系统总线同步)。

图 3-20 AMD K6-Ⅲ处理器

2000 年 AMD 又推出了移动版本 CPU $K6^{2+}$,是第一款基于 Socket7,采用 0.18 微米工艺,最低时钟频率为 533MHz,带有与 CPU 同步的 128KB 二级缓存。

5. K7

K7CPU 是个过渡产品,是用来和 Intel 的 Pentium Ⅲ竞争的。它是借鉴了 DEC 公司的 Alpha 处理器结构,新系统总线称为 Alpha EV6 总线,允许主板支持 2 个 CPU,初始频率为 200MHz,现在已达 400MHz。采用 Slot A 架构,处理器命名为“Athlon”,时钟频率为 500MHz ~1.2GHz 之间。一级缓存为 128KB,二级缓存 512KB,支持 MMX 指令集。

图 3-21 AMD K7 处理器

6. Thunderbird(雷鸟)

2000 年中发布了第二个 Athlon 核心——Thunderbird,采用 0.18 微米工艺,采用 Socket A 架构,二级缓存为 256KB(与 CPU 同步),主频为 1GHz。

图 3-22 AMD 雷鸟处理器

7. Duron 毒龙

2000 年 6 月 29 日,AMD 公司正式发布了其新款经济型产品 Duron 处理器(代号 Spitfire),和 Intel 新赛扬、PⅢ都采用 Coppermine-128 内核不同,Duron 采用的内核不同于雷鸟并采用了 0.18 微米的制造工艺,其核心电压仅为 1.5V,700MHz 的功耗仅为 22.9W。毒龙价格低廉,主要面向低端用户。

8. Athlon XP

2001 年 10 月,AMD 推出桌面系统的 Athlon XP 处理器,其主频从 1.4G 起步,采用 Palomino 核心,共有 3750 万只晶体管,0.18 微米铜导线工艺,稳定的 Socket A 架构,支持 DDR 内存,最新的 AMD Athlon XP 处理器已采用了 Barton 核心,共有 4530 万个晶体管,0.13 微米铜导线工艺,带 215KB 的二级缓存。AMD Athlon XP 中的 XP 指 Extreme Performance(卓越性能)。支持更大的高速缓存、专业 3DNow! 技术和 Quanti-Speed 架构。

图 2-23　AMD Athlon XP 处理器

AMD Athlon XP 处理器特点:

(1)先进的 Quanti Speed 架构;

(2)总容量在 384 ~ 640K 的高性能全速高速缓存;

(3)具有 ECC 校验支持的 266 ~ 333MHz 先进前端总线;

(4)专业 3DNow! 技术(97 条指令,可与 SSE 指令完全兼容);

(5)可支持双倍数据传输率(DDR)存储器;

(6)业内广泛采用的 Socket A 架构。

9. AMD Athlon 64

自 2003 年 9 月 23 日以来,AMD 推出了最新 64 位桌面电脑处理器 Athlon 64 和 Athlon 64 FX。作为第一款 64 位桌面处理器,Athlon 64 使用的是 X86-64 架构,X86-64 则是从 INTEL 制定的业界标准 X86-32 上提升而来的。INTEL 已经完全放弃了 X86 架构,重新投入的是 IA-64 架构。但是主要针对服务器市场,并且 IA-64 只能执行 64 位操作系统和应用程序,这样原本的 32 位应用程序(即当前主流的程序)只能通过模拟的方式进行,就给用户带来诸多不便。而 X86-64 则方便得多,在轻松实现 64 位计算的同时,还可以上下兼容;比如说执行的是 32 位指令,它会在 32 位指令前加上 32 个“0”,从而实现 64 位指令;这种过渡方式具有相当的优势,因此 Athlon 64 在现阶段的普及上具有得天独厚的优势。

提示:所谓 64 位处理器,就是指执行程序的通用寄存器(GPR)可以容纳 64 位数据位数,而 Athlon 64(X86-64)在 X86-32 架构的基础上增加了 8 个新的通用寄存器。更多的寄存器可以使处理器将更多的数据载入缓存,执行单元有效地减少了延迟时间,提供更高、更好的执行效率。

9 月 23 日,AMD 公布的 K8(X86-64)架构的处理器共有两款,从档次高低可以分为:Athlon64、Athlon64 FX。让我们用经常使用的“官方”参数来描述这两款处理器产品。Athlon64(Socket754):作为 AMD 原计划的 Athlon64 处理器产品,Socket754 界面的 Athlon64,支持单通道 DDR400 内存,内置 1M L2 Cache,FSB 支持 800MHz;沿用和 AthlonXP 相似的型号制订方式最先出货的产品型号为 3200+(2GHz),估计售价约在 3900 元人民币左右。

Athlon64 FX(Socket940):该系列源于 AMD 的 Opteron 14x 系列(AMD4 月 22 日推出的面向服务器市场的处理芯片),支持双通道 DDR333/400(或需 Registered DDR333 内存),1M L2 Cache,支持 800MHz FSB,起始型号 Athlon64 FX 51,工作频率可以达到 2.0GHz(或

2.2GHz)，预计售价是 6000 元人民币左右（注：Athlon64 FX 处理器可搭配现有的 Opteron 主板使用，但可以肯定 Athlon64 FX 不会是 AMD 近期 Athlon64 的主力产品）。

图 3-24 AMD Athlon 64 处理器

Athlon64/FX(Socket939)：双通道 DDR400（暂定），1M L2 Cache（暂定），800MHz FSB，明年第二季取代现在的 Socket940 Athlon64 FX 和 Athlon64，明年第二季量出，不兼容前代 Socket940 主板，基于 0.09 微米制程 San Diego 核心。

10. AMD Athlon 64 X2

进入 2005 年，个人计算机的发展到了一个转折点，作为计算机核心部件的 CPU 现阶段很难在频率上再有突破，徘徊不前已经有很长时间，但问题还不仅是这个，即使处理器的频率还可以大幅度提升，但随之而来的耗电量和发热量的急剧提升也很难让人接受，而且处理器频率继续提升的同时，获得的性能提升与成本和价格的增幅相比，越来越得不偿失，因此 AMD 与 Intel 都计划将处理器从单内核向双内核乃至多内核跳跃，这种设计可以最直接地提升处理器的并行处理能力，从而在有限的能耗和资源下，用处理器完成更多的工作，这将是未来一段时间的发展方向。AMD 的首个双内核处理器就是 Athlon 64 X2。

Athlon 64 X2 能够优化处理系统指令队列，再分配给两个核心来处理，两个核心使用同一个内存控制器，内存控制器的设计基本与 Athlon 64 相同，支持双通道 DDR400，两个核心共享 6.4GB/s 的内存带宽。其优势在于能够兼容现有的主板，升级十分方便，但两个内核当然需要更高的内存带宽，这也会对性能造成一定影响。

图 3-25 AMD Athlon 64 X2 处理器

11. AMD K10

2007 年 5 月 15 日，AMD 官方正式宣布了用于下一代四核心、双核心高端、主流桌面处理器的新品牌“Phenom”。在 K6 之后，AMD 的 K7、K8 架构桌面产品都采用了 Athlon 品牌，与笔记本的 Turion 和服务器的 Opteron 组成 AMD 的整体产品线。而进入 K10 架构之后，Athlon 将被废弃，取而代之的是新的“Phenom”。

在启用新品牌后，AMD 还将全面放弃型号中的“64”字样，因此原来的 Athlon 64 X2 将改名 Athlon X2 并进入低端市场，单核心 Athlon 消失，单核心 Sempron 暂时还会存在，竞争 Intel 的 Celeron。

面向高端服务器方面的，AMD 用于单路普通系统的 Phenom FX，主频 2.2～2.4GHz，接口 Socket AM2^{+}。其他各款型号也都会采用这种接口。高端桌面市场为四核心 Agena，其中四核心 Phenom X4 已知两款，主频分别为 2.4GHz 和 2.2GHz，二级缓存 4×512KB，三级缓存 2MB，TDP 89W。中端桌面是双核心 Kuma Phenom X2 已知六款，主频 2.8GHz、2.6GHz、2.4GHz、2.3GHz、2.1GHz、1.9GHz，二级缓存 2×512KB，三级缓存 2MB，TDP 前两款 89W、第三款 65W、后三款节能型 45W。中低端双核心主要是 Rana Athlon 64 X2，已知有一款，主频 2.2GHz，二级缓存 2×512KB，没有三级缓存，TDP 65W。低端单核心则是 Spica Sempron，已知两款，主频 2.4GHz、2.2GHz，二级缓存 512KB，没有三级缓存，TDP 45W。

提示:AMD 的 K10 CPU 在性能上并不能有效竞争 Intel 同级产品,同时 K10 功耗方面的竞争优势也不明显。AMD 此前也明确了有关芯片制程技术方面所存在的缺陷,但一直拒绝承认微架构的问题,可事实上 AMD 的高端四核 Phenom CPU 一直无法超越 2.6GHz 这个频率障碍,这也导致高端 K10 处理器的产能非常有限,难以取得质的突破,这导致 AMD 在针对 Intel 的高端 CPU 竞争市场上显得非常被动。AMD 极度期待的下一代微架构 Bulldozer 可望能够带来显著的性能提升表现机会,新 CPU 将会具备 SSE5 指令集,首款处理器最快的话预计会在 2009 年晚些时候上市,如果推迟的话,则可能要到 2011 年早些时候才能露面。

按照摩尔定律"每平方英寸芯片的晶体管数目每过 18 个月就将增加一倍,成本则下降一半"的预测,我们可以期待越来越具性价比的处理器诞生。

(四)中国芯——龙芯处理器的发展历程

"十五"期间,国家 863 计划提出了自主研发 CPU 的战略思路。2000 年 11 月起,中科院计算技术研究所正式启动处理器设计项目。

2001 年 5 月,在中科院计算所知识创新工程的支持下,龙芯课题组正式成立。8 月 19 日,龙芯 1 号设计与验证系统成功启动 Linux 操作系统,10 月 10 日通过由中国科学院组织的鉴定。

2002 年 9 月,中科院计算所研制出第一枚"中国芯"——龙芯一号,这款高性能 CPU 芯片标志着中国人掌握了中央处理器的关键设计制造技术。

2005 年 4 月,中国首个拥有自主知识产权的高性能 CPU"龙芯 2 号"正式亮相,此举打破国外在该领域长达数十年的技术垄断。2005 年 12 月 6 日,龙芯产业链之一的研发基地落户重庆。

2006 年 9 月 13 日,"64 位龙芯 2 号增强型处理器芯片设计"(简称龙芯 2E)通过科技部验收,该处理器最高主频达到 1.0GHz,实测性能超过 1.5GHz 奔腾 IV 处理器的水平。同日,其成果"龙芯 2 号增强型处理器"通过了科技成果鉴定。

2007 年 11 月 27 日,龙芯课题组宣布,首台基于龙芯 2 号的国产万亿次高性能计算机 12 月 26 日通过专家组鉴定。使用 300 多颗 64 位龙芯 2F 处理器的 PC,理论峰值性能达到每秒一万亿次双精度浮点运算,在国内尚属首次。

基于龙芯 2 号处理器的万亿次 PC 研制成功,是高性能计算机向个人化方向发展这一理念的首次成功尝试,确立了国产高性能通用处理器在高端并行机应用中的核心地位,为我国未来研制国产千万亿次计算机和提高自主创新能力提供了示范作用,对推动我国民族高性能计算机事业的发展和国家安全具有重要的战略意义。

(五)CPU 的封装方式

所谓"封装"是一种将集成电路用绝缘的塑料或陶瓷材料打包的技术。以 CPU 为例,我们实际看到的体积和外观并不是真正的 CPU 内核的大小和面貌,而是 CPU 内核等元件经过封装后的产品。

封装对于芯片来说是必需的,也是至关重要的。因为芯片必须与外界隔离,以防止空气中的杂质对芯片电路的腐蚀而造成电气性能下降。另一方面,封装后的芯片也更便于安装和运输。由于封装技术的好坏还直接影响到芯片自身性能的发挥和与之连接的 PCB(印制电路板)的设计和制造,因此它是至关重要的。封装也可以说是指安装半导体集成电路芯片用的外壳,它不仅起着安放、固定、密封、保护芯片和增强导热性能的作用,而且还是沟通芯片内部世界与外部电路的桥梁——芯片上的接点用导线连接到封装外壳的引脚上,这些引脚又通过印刷电路板上的导线与其他器件建立连接。因此,对于很多集成电路产品而言,封装技术都是非常关键的一环。

目前采用的 CPU 封装多是用绝缘的塑料或陶瓷材料包装起来,能起着密封和提高芯片电热性能的作用。由于现在处理器芯片的内频越来越高,功能越来越强,引脚数越来越多,封装的外形也不断在改变。封装时主要考虑的因素:

(1)为提高封装效率,芯片面积与封装面积之比尽量接近 1∶1;

(2)引脚要尽量短以减少延迟,引脚间的距离尽量远,以保证互不干扰,提高性能;

(3)基于散热的要求,封装越薄越好。

作为计算机的重要组成部分,CPU 的性能直接影响计算机的整体性能。而 CPU 制造工艺的最后一步也是最关键一步就是 CPU 的封装技术,采用不同封装技术的 CPU,在性能上存在较大差距。只有高品质的封装技术才能生产出完美的 CPU 产品。

CPU 芯片的主要封装技术有以下几种。

1. DIP 封装

DIP 封装(Dual In-line Package),也叫双列直插式封装技术,指采用双列直插形式封装的集成电路芯片,绝大多数中小规模集成电路均采用这种封装形式,其引脚数一般不超过100。DIP 封装的 CPU 芯片有两排引脚,需要插入到具有 DIP 结构的芯片插座上。当然,也可以直接插在有相同焊孔数和几何排列的电路板上进行焊接。DIP 封装的芯片在从芯片插座上插拔时应特别小心,以免损坏管脚。DIP 封装结构形式有:多层陶瓷双列直插式 DIP,单层陶瓷双列直插式 DIP,引线框架式 DIP(含玻璃陶瓷封接式,塑料包封结构式,陶瓷低熔玻璃封装式)等。

DIP 封装的特点是适合在 PCB(印刷电路板)上穿孔焊接,操作方便,而且芯片面积与封装面积之间的比值较大,故体积也较大。最早的 4004、8008、8086、8088 等 CPU 都采用了 DIP 封装,通过其上的两排引脚可插到主板上的插槽或焊接在主板上。

图 3-26 DIP 封装的 8086

2. QFP 封装

这种技术的中文含义叫方型扁平式封装技术(Plastic Quad Flat Pockage),该技术实现的CPU 芯片引脚之间距离很小,管脚很细,一般大规模或超大规模集成电路采用这种封装形式,其引脚数一般都在 100 以上。该技术封装 CPU 时操作方便,可靠性高;而且其封装外形尺寸较小,寄生参数减小,适合高频应用;该技术主要适合用 SMT 表面安装技术在 PCB 上安装布线。

图 3-27　QFP 封装的 80286

3. PFP 封装

该技术的英文全称为 Plastic Flat Package,中文含义为塑料扁平组件式封装。用这种技术封装的芯片同样也必须采用 SMD 技术将芯片与主板焊接起来。

图 3-28　PFP 封装的 80386

采用 SMD 安装的芯片不必在主板上打孔,一般在主板表面上有设计好的相应管脚的焊盘。将芯片各脚对准相应的焊盘,即可实现与主板的焊接。用这种方法焊上去的芯片,如果不用专用工具是很难拆卸下来的。该技术与上面的 QFP 技术基本相似,只是外观的封装形状不同而已。

4. PGA 封装

该技术也叫插针网格阵列封装技术(Ceramic Pin Grid Array Package),由这种技术封装的芯片内外有多个方阵形的插针,每个方阵形插针沿芯片的四周间隔一定距离排列,根据管脚数目的多少,可以围成 2 ~ 5 圈。安装时,将芯片插入专门的 PGA 插座。为了使得 CPU 能够更方便地安装和拆卸,从 486 芯片开始,出现了一种 ZIF CPU 插座,专门用来满足 PGA 封装的 CPU 在安装和拆卸上的要求。该技术一般用于插拔操作比较频繁的场合之下。

早先的 80486 和 Pentium、Pentium Pro 等 CPU 均采用 PGA 封装形式。

5. BGA 封装

BGA 技术(Ball Grid Array Package)即球栅阵列封装技术。该技术的出现便成为 CPU、主板南、北桥芯片等高密度、高性能、多引脚封装的最佳选择。但 BGA 封装占用基板的面积比较大。虽然该技术的 I/O 引脚数增多,但引脚之间的距离远大于 QFP,从而提高了组装成品率。而且该技术采用了可控塌陷芯片法焊接,从而可以改善它的电热性能。另外该技术的组装可用共面焊接,从而能大大提高封装的可靠性;并且由该技术实现的封装 CPU 信号传输延迟小,适应频率可以提高很多。

BGA 封装具有以下特点:

(1)I/O 引脚数虽然增多,但引脚之间的距离远大于 QFP 封装方式,提高了成品率;

(2)虽然功耗增加,但由于采用的是可控塌陷芯片法焊接,从而可以改善电热性能;

(3)信号传输延迟小,适应频率大大提高;

(4)组装可用共面焊接,可靠性大大提高。

6. LGA 封装

LGA 全称是 Land Grid Array,直译过来就是栅格阵列封装,这种技术以触点代替针脚,与英特尔处理器之前的封装技术 Socket 478 相对应,它也被称为 Socket T。比如产品线 LGA775,就是说此产品线具有 775 个触点。

LGA 封装的特点是:用金属触点式封装取代了以往的针状插脚,很大程度上降低了 CPU 处理传输的延迟;需要在主板上安装 CPU 扣架来固定,以便 CPU 可以正确地压在 Socket 露出来的具有弹性的触须上;原理与 BGA 封装类似,不过 BGA 是用锡焊死,而 LGA 则是可以随时解开扣架更换芯片,维护过程相对方便。

7. OPGA 封装

OPGA 封装也叫有机管脚阵列(Organic Pin Grid Array)。这种封装的基底使用的是玻璃纤维,类似印刷电路板上的材料。

OPGA 封装的特点是:降低阻抗和封装成本,拉近外部电容和芯片内核的距离,可以更好地改善内核供电和过滤电流杂波。

8. MPGA 封装

MPGA 封装也叫微型 PGA,即微型插针网格阵列封装,AMD 公司的 Opteron 和英特尔公司的 Xeon(至强)等服务器 CPU 都有采用,是一种较为先进的技术,应用在许多高端 CPU 产品中。

MPGA 封装的特点是:在 PGA 封装优势的基础上,利用更加先进的工艺制程将 PGA 微型化,以更好地控制空间。

9. CPGA 封装

CPGA 封装也叫陶瓷封装(Ceramic PGA),一种采用陶瓷材料的 PGA 封装模式。CPGA 的特点是:产品使用陶瓷材质,实现更好的绝缘效果,而且散热、耐热性也控制得当。在许多由 AMD 生产的 CPU 中可见。

10. PPGA 封装

PPGA 封装也叫塑针栅格阵列(Plastic Pin Grid Array)。PPGA 封装的特点是:处理器的顶部使用了镀镍铜质散热器,提高了热传导;针脚以锯齿形排列,若操作不当,容易造成针脚的折断。

11. FC-PGA 封装

FC-PGA 封装也叫反转芯片针脚栅格阵列封装。FC-PGA 封装中,底部的针脚以锯齿形排列,芯片被反转,以至片模或构成计算机芯片的处理器部分被暴露在处理器的上部,在底部的电容区(处理器中心)安有离散电容和电阻。

FC-PGA 封装的特点是:暴露片模,散热可以直接通过片模实现,这样可以提高芯片冷却的效率;隔绝电源信号和接地信号,提高了封装性能;针脚排列的设计固定了处理器插入的方位,若是未加留意随便插入,容易造成 CPU 针脚的折断。

12. FC-PGA2 封装

FC-PGA2 也可以看作是 FC-PGA 二代,是在 FC-PGA 的基础上添加了集成式散热器(IHS),在工厂生产时已经直接安装到 CPU 上。

FC-PGA2 封装的特点是:在 FC-PGA 的基础上,将 IHS 与片模直接接触,表面积的增加和直接传导的效果大大提升了散热性能。

13. OOI 封装

OOI 封装也叫基板栅格阵列(OLGA)。芯片使用反转芯片设计,其中处理器朝下附在基体上,有一个集成式导热器(IHS),能帮助散热器将热量传给正确安装的风扇散热器。

OOI 封装的特点是:更好的信号完整性、更有效的散热和更低的自感应效果。

提示:以上介绍并未完全囊括市场中所有的封装技术,许多主流的高性能产品也并不是单一的一种封装方式,而是集合多种封装技术以实现优化组合。

(六)CPU 的接口

CPU 需要通过某个接口与主板连接才能进行工作。CPU 经过这么多年的发展,采用的接口方式有引脚式、卡式、触点式、针脚式等。而目前 CPU 的接口都是针脚式接口,对应到主板上就有相应的插槽类型。CPU 接口类型不同,在插孔数、体积、形状都有变化,所以不能互相接插。

1. Socket 7

Socket 在英文里就是插槽的意思,Socket 7 的升级版是 Super 7。最初是英特尔公司为 Pentium MMX 系列 CPU 设计的插槽,后来英特尔放弃 Socket 7 接口转向 SLOT 1 接口,AMD、VIA、ALI、SIS 等厂商仍然沿用此接口,直至发展出 Super 7 接口。该插槽基本特征为 321 插孔,系统使用 66MHz 的总线。Super 7 主板增加了对 100MHz 外频和 AGP 接口类型的支持。

图 3-29 Socket 7 接口

2. SLOT 1

SLOT 1 是英特尔公司为取代 Socket 7 而开发的 CPU 接口,并申请了专利。这样其他厂商就无法生产 SLOT 1 接口的产品,也就使得 AMD、VIA、SIS 等公司不得不联合起来,对 Socket 7 接口升级,也得到了 Super 7 接口。后来随着 Super 7 接口的兴起,英特尔又将 SLOT 1 结构主板的制造授权提供给了 VIA、SIS、ALI 等主板厂商,所以这些厂商也相应推出了采用 SLOT 1 接口的系列主板,丰富了主板市场。

图 3-30 SLOT 1 接口

SLOT 1 是英特尔公司为 Pentium Ⅱ系列 CPU 设计的插槽，其将 Pentium Ⅱ CPU 及其相关控制电路、二级缓存都做在一块子卡上，多数 SLOT 1 主板使用 100MHz 外频。SLOT 1 的技术结构相对以前的接口比较先进，能提供更大的内部传输带宽和 CPU 性能。采用 SLOT 1 接口的主板芯片组有 Intel 的 BX、i810、i820 系列及 VIA 的 Apollo 系列，ALI 的 Aladdin Pro Ⅱ系列及 SIS 的 620、630 系列等。此种接口已经被淘汰，市面上已无此类接口的主板产品。

3. SLOT A

SLOT A 接口类似于英特尔公司的 SLOT 1 接口，但是与 SLOT 1 成 180 度反向。SLOT A 供 AMD 公司的 K7 Athlon 使用的。在技术和性能上，SLOT A 主板可完全兼容原有的各种外设扩展卡设备。它使用的并不是 Intel 的 P6 GTL+ 总线协议，而是 Digital 公司的 Alpha 总线协议 EV6。EV6 架构是种较先进的架构，它采用多线程处理的点到点拓扑结构，支持 200MHz 的总线频率。支持 SLOT A 接口结构的主板芯片组主要有两种，一种是 AMD 的 AMD 750 芯片组，另一种是 VIA 的 Apollo KX133 芯片组。此类接口已被 Socket A 接口全面取代。

4. SLOT 2

SLOT 2 用途比较专业，都被用于当时的高端服务器及图形工作站的系统。所用的 CPU 也是在当时很昂贵的 Xeon(至强)系列。SLOT 2 与 SLOT 1 相比，有许多不同。首先，SLOT 2 插槽更长，CPU 本身也都要大一些。其次，SLOT 2 能够胜任更高要求的多用途计算处理，这是进入高端企业计算市场的关键所在。在当时标准服务器设计中，一般厂商只能同时在系统中采用两个 Pentium Ⅱ处理器，而有了 SLOT 2 设计后，可以在一台服务器中同时采用 8 个处理器。而且采用 SLOT 2 接口的 Pentium Ⅱ CPU 都采用了当时最先进的 0.25 微米制造工艺。支持 SLOT 2 接口的主板芯片组有 440GX 和 450NX。

5. Socket 370

Socket 370 架构是英特尔开发出来代替 SLOT 架构，外观上与 Socket 7 非常像，也采用零插拔力插槽，对应的 CPU 是 370 针脚。

Socket 370 主板多为采用 Intel ZX、BX、i810 芯片组的产品，其他厂商有 VIA Apollo Pro 系列、SIS 530 系列等。最初认为，Socket 370 的 CPU 升级能力可能不会太好，所以 Socket 370 的销量总是不如 SLOT 1 接口的主板。但在英特尔推出的“铜矿”和“图拉丁”系列

CPU,Socket 370 接口的主板一改低端形象,逐渐取代了 SLOT 1 接口。

6. Socket 423

Socket 423 插槽是最初 Pentium 4 处理器的标准接口,Socket 423 的外形和前几种 Socket 类的插槽类似,对应的 CPU 针脚数为 423。Socket 423 插槽多是基于 Intel 850 芯片组主板,支持 1.3GHz ~ 1.8GHz 的 Pentium 4 处理器。不过随着 DDR 内存的流行,英特尔又开发了支持 SDRAM 及 DDR 内存的 i845 芯片组,CPU 插槽也改成了 Socket 478,Socket 423 插槽也就销声匿迹了。

7. Socket 462

Socket 462 接口,也叫 Socket A,是 AMD 公司 Athlon XP 和 Duron 处理器的插座标准。Socket A 接口具有 462 插孔,可以支持 133MHz 外频。如同 Socket 370 一样,降低了制造成本,简化了结构设计。

8. Socket 478

Socket 478 插槽是 Pentium 4 系列处理器所采用的接口类型,针脚数为 478 针。Socket 478 的 Pentium 4 处理器面积很小,其针脚排列极为紧密。采用 Socket 478 插槽的主板产品数量众多,是曾经应用最为广泛的插槽类型。现在已经开始淘汰!

9. Socket 479

Socket 479 的用途比较专业,是 2003 年 3 月发布的 Intel 移动平台处理器的专用插槽,具有 479 个 CPU 针脚插孔,支持 400MHz、533MHz、667MHz 前端总线频率。采用此插槽的有 Celeron M 系列和 Pentium M 系列,而此两大系列 CPU 已经面临被淘汰的命运。值得注意的是,虽然 Yonah 核心的 Core Duo、Core Solo 和 Celeron M 已经改用了不兼容于旧版 Socket 478 的新版 Socket 478 接口,但是为了保持移动平台的兼容性,其插槽却仍然采用 Socket 479 插槽。另外,来源于 Yonah 架构的服务器处理器——Sossaman 核心的 Xeon LV 也采用了 Socket 479 插槽。

10. Socket 603

Socket 603 的用途比较专业,应用于 Intel 平台当时的高端服务器/工作站主板,其对应的 CPU 是 Xeon MP 和早期的 Xeon。Socket 603 具有 603 个 CPU 针脚插孔,只能支持 100MHz 外频以及 400MHz 前端总线频率。Socket 603 插槽并不能兼容 Socket 604 接口的 Xeon。

11. Socket 604

与 Socket 603 相仿,Socket 604 仍然是应用于 Intel 平台高端的服务器/工作站主板,但与 Socket 603 的最大区别是增加了对 133MHz 外频以及 533MHz 前端总线频率的支持,2004 年随着 Intel64 位的支持 EM64T 技术的 Xeon 的发布,又增加了对 200MHz 外频以及 800MHz 前端总线频率的支持。Socket 604 插槽可以兼容 Socket 603 接口的 Xeon 和 Xeon MP。

12. Socket 754

Socket 754 是 2003 年 9 月 AMD64 位桌面平台最初发布时的标准插槽,具有 754 个 CPU 针脚插孔,支持 200MHz 外频和 800MHz 的 HyperTransport 总线频率,但不支持双通道内存技术。目前采用此种插槽的有面向桌面平台的 Athlon 64 的低端型号和 Sempron 的高端型号,以及面向移动平台的 Mobile Sempron、Mobile Athlon 64 以及 Turion 64。

随着 AMD 从 2006 年开始全面转向支持 DDR2 内存,今后桌面平台的 Socket 754 插槽逐渐被具有 940 根 CPU 针脚插孔、支持双通道 DDR2 内存的 Socket AM2 插槽所取代,从而使 AMD 的桌面处理器接口走向统一,而与此同时移动平台的 Socket 754 插槽也逐渐被具有 638 根 CPU 针脚插孔、支持双通道 DDR2 内存的 Socket S1 插槽所取代,在 2007 年底完成自己的历史使命。

13. Socket 775

Socket 775 又称为 Socket T,是应用于 Intel LGA775 封装的 CPU 所对应的接口,采用此种接口的有 LGA775 封装的 Pentium 4、Pentium 4 EE、Celeron D 等 CPU。与以前的 Socket 478 接口 CPU 不同,Socket 775 接口 CPU 的底部没有传统的针脚,取而代之的是 775 个触点,即并非针脚式而是触点式。

14. Socket 771

Socket 771 是 Intel 2005 年底发布的双路服务器/工作站 CPU 的插槽标准,目前采用此插槽的有采用 LGA 封装的 Dempsey 核心的 Xeon 5000 系列和 Woodcrest 核心的 Xeon 5100 系列。与以前的 Socket 603 和 Socket 604 明显不同,Socket 771 与桌面平台的 Socket 775 倒还基本类似,Socket 771 插槽非常复杂,没有 Socket 603 插槽和 Socket 604 插槽那样的 CPU 针脚插孔,取而代之的是 771 根有弹性的触须状针脚,通过与 CPU 底部对应的触点相接触而获得信号。与 Socket 775 插槽类似的还有,Socket 771 插槽同样为全金属制造,在插槽的盖子上也卡着一块保护盖。Socket 771 插槽支持 667MHz、1066MHz 和 1333MHz 前端总线频率。按照 Intel 的规划,除了 Xeon MP 仍然采用 Socket 604 插槽之外,Socket 771 插槽将取代双路 Xeon(即 Xeon DP)目前所采用的 Socket 603 插槽和 Socket 604 插槽。

15. Socket 939

Socket 939 是 AMD 公司 2004 年 6 月才发布的 64 位桌面平台插槽标准,具有 939 个 CPU 针脚插孔,支持 200MHz 外频和 1000MHz 的 HyperTransport 总线频率,并且支持双通道内存技术。目前采用此种插槽的有面向入门级服务器/工作站市场的部分 Opteron 1XX 系列以及面向桌面市场的 Athlon 64 以及 Athlon 64 FX 和 Athlon 64 X2,除此之外部分专供 OEM 厂商的 Sempron 也采用了 Socket 939 插槽。

随着 AMD 从 2006 年开始全面转向支持 DDR2 内存,Socket 939 插槽逐渐被具有 940 根 CPU 针脚插孔、支持双通道 DDR2 内存的 Socket AM2 插槽所取代,在 2007 年初完成自己的历史使命从而被淘汰。

16. Socket 940

Socket 940 是最早发布的 AMD64 位平台标准,具有 940 个 CPU 针脚插孔,支持 200MHz 外频和 800MHz 或 1000MHz 的 HyperTransport 总线频率,并且支持双通道内存技术。采用此种插槽的有服务器/工作站所使用的 Opteron 以及最初的 Athlon 64 FX。

17. Socket S1

图 3-31 Socket S1 接口

Socket S1 是 AMD 于 2006 年 5 月底发布的支持 DDR2 内存的 AMD64 位移动 CPU 的插槽标准。是 Mobile Sempron 和 Turion 64 X2 所对应的插槽标准，具有 638 个 CPU 针脚插孔，支持 200MHz 外频和 800MHz 的 HyperTransport 总线频率，并且支持双通道 DDR2 内存。按照 AMD 的规划，Socket S1 将逐渐取代原有的 Socket 754 从而成为 AMD 移动平台的标准 CPU 插槽。

18. Socket AM2

Socket AM2 是 AMD 2006 年 5 月底发布的支持 DDR2 内存的 AMD64 位桌面 CPU 的插槽标准，是低端的 Sempron、Athlon 64、中端的 Athlon 64 X2 以及 Athlon 64 FX 等全系列 AMD 桌面 CPU 所对应的插槽标准。Socket AM2 具有 940 个 CPU 针脚插孔，支持 200MHz 外频和 1000MHz 的 HyperTransport 总线频率，支持双通道 DDR2 内存，其中 Athlon 64 X2 以及 Athlon 64 FX 最高支持 DDR2 800，Sempron 和 Athlon 64 最高支持 DDR2 667。虽然同样都具有 940 个 CPU 针脚插孔，但 Socket AM2 与原有的 Socket 940 在针脚定义以及针脚排列方面都不相同，并不能互相兼容。按照 AMD 的规划，Socket AM2 将逐渐取代原有的 Socket 754 和 Socket 939，从而实现桌面平台 CPU 插槽标准的统一。广大主板厂商也迅速跟进，Socket AM2 的配套主板目前也在逐渐增多。

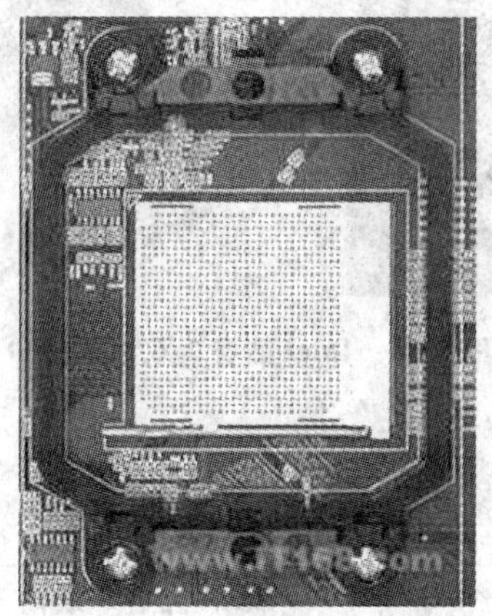

图 3-32 Socket AM2 接口

19. Socket F

Socket F 是 AMD 于 2006 年第三季度发布的支持 DDR2 内存的 AMD 服务器/工作站 CPU 的插槽标准，首先采用此插槽的是 Santa Rosa 核心的 LGA 封装的 Opteron。与以前的 Socket 940 插槽明显不同，Socket F 与 Intel 的 Socket 775 和 Socket 771 倒是基本类似，Socket F 插槽非常复杂，没有 Socket 940 插槽那样的 CPU 针脚插孔，取而代之的是 1207 根有弹性的触须状针脚，通过与 CPU 底部对应的触点相接触而获得信号。Socket F 插槽支持 200MHz 外频和 1000MHz 的 HyperTransport 总线频率，并且支持双通道 ECC DDR2 内存。按照 AMD 的规划，Socket F 插槽将逐渐取代 Socket 940 插槽从而成为 AMD 服务器/工作站 CPU 的标准插槽。

四、实现方法

(一)部分 CPU 介绍

CPU 的生产厂商主要有 Intel(英特尔)公司、AMD(超微)公司和 VIA(威盛)公司,其中 Intel 和 AMD 占据着大部分市场。目前 Intel 的主流产品则是基于 Core 架构的单核赛扬以及双核/四核 Core2 系列,不过由于 Intel 庞大的库存和一些升级需求等,PD/CD 系列依然有不少的货源。AMD 则是其 K8 架构的双核速龙以及闪龙系列,目前 AMD 的 K10 四核产品 9500 及 9550 已经登场,而且很多更新的产品也正在研发中。

提示:在 Cyrix 被 VIA 收购后,CPU 民用平台的竞争基本就是 Intel 和 AMD 之间展开,而竞争让 CPU 的发展非常迅速,到目前,双核、四核 CPU 市场上都能买到。

1. Intel 双核 CPU

图 3-33 Intel 酷睿 2 双核 E8300

其参数指标如下表所示:

产品名称	Intel 酷睿 2 双核 E8300		
总线频率	1333MHz	适用类型	台式机
主频	2830MHz	插槽类型	LGA 775
L2 缓存	6MB	制作工艺	45 纳米

2. Intel 四核 CPU

图 3-34 Intel 酷睿 2 四核 QX9650

其参数指标如下表所示：

产品名称	Intel 酷睿 2 四核 QX9650		
总线频率	1333MHz	适用类型	台式机
主频	3000MHz	插槽类型	LGA 775
L2 缓存	12MB	制作工艺	45 纳米

3. AMD 双核 CPU

图 3-35 AMD Athlon64 X2 6000⁺ AM2

其参数指标如下表所示：

产品名称	AMD Athlon64 X2 6000⁺ AM2		
总线频率	1000MHz	适用类型	台式机
主频	3000MHz	插槽类型	Socket AM2
L2 缓存	2MB	制作工艺	90 纳米

4. AMD 四核 CPU

图 3-36 AMD Phenom X4 9550

其参数指标如下表所示：

产品名称	AMD Phenom X4 9550(羿龙四核)		
总线频率	4000MHz	适用类型	台式机
主频	2200MHz	插槽类型	Socket AM2⁺
L2 缓存	2MB	制作工艺	65 纳米

5. Intel 奔腾四 CPU

图 3-37 Intel 奔腾 3.0E

其参数指标如下表所示：

产品名称	Intel 奔腾四 3.0E		
系列型号	Prescott	适用类型	台式机
主频	3000MHz	插槽类型	Socket 478
L2 缓存	1MB	制作工艺	90 纳米

提示：多内核是指在一枚处理器中集成两个或多个完整的计算引擎(内核)，多核处理器是单枚芯片(也称为"硅核")，能够直接插入单一的处理器插槽中，但操作系统会利用所有相关的资源，将它的每个执行内核作为分立的逻辑处理器。通过在两个执行内核之间划分任务，多核处理器可在特定的时钟周期内执行更多任务。

(二)安装 CPU-Z

CPU-Z 是一款家喻户晓的 CPU 检测软件，除了使用 Intel 或 AMD 自带的检测软件之外，我们平时使用最多的此类软件就数它了。它支持的 CPU 种类相当全面，软件的启动速度及检测速度都很快。另外，它还能检测主板和内存的相关信息，其中就有常用的内存双通道检测功能。当然，对于 CPU 的鉴别我们最好还是使用原厂软件。

双击运行 Setup. exe，选择"前进"按钮，执行下一步安装，如图 3-38 所示。

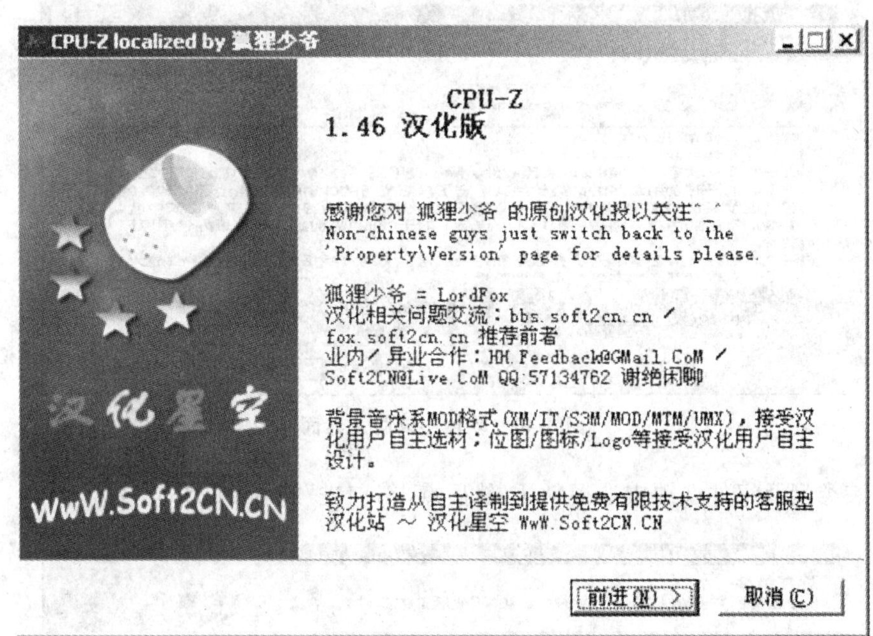

图 3-38　软件安装欢迎界面

点击第二个选项“我接受”,同意其约定的协议,如图 3-39 所示。

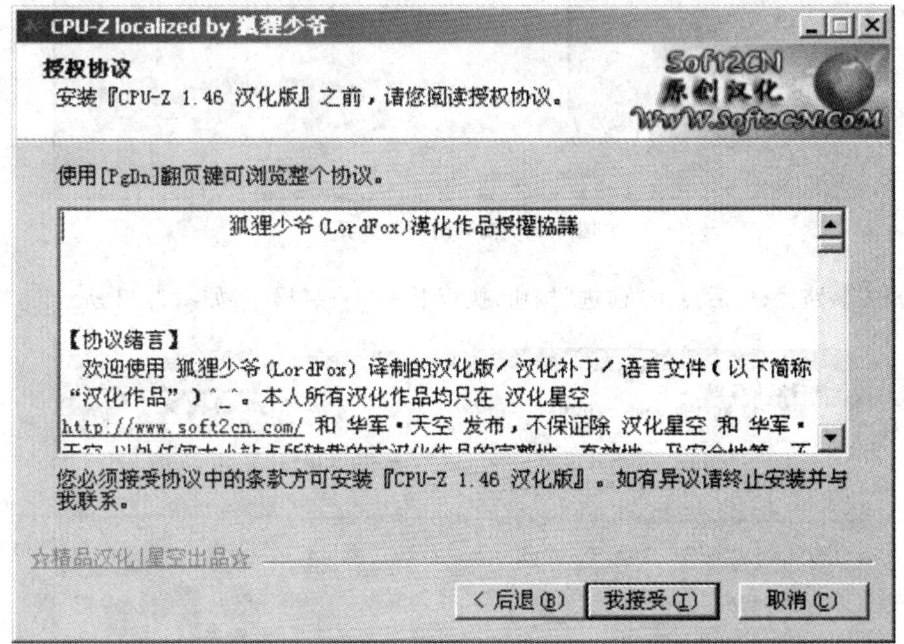

图 3-39　软件协议同意界面

在软件说明界面中选择“了解”选项,执行下一步操作,如图 3-40 所示。

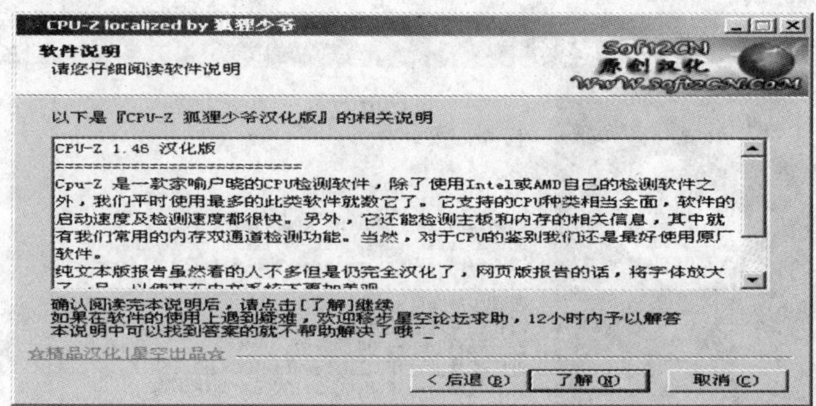

图 3-40　软件协议同意界面

在安装类型及组件选项中选择默认，然后点击“前进”按钮，如图 3-41 所示。

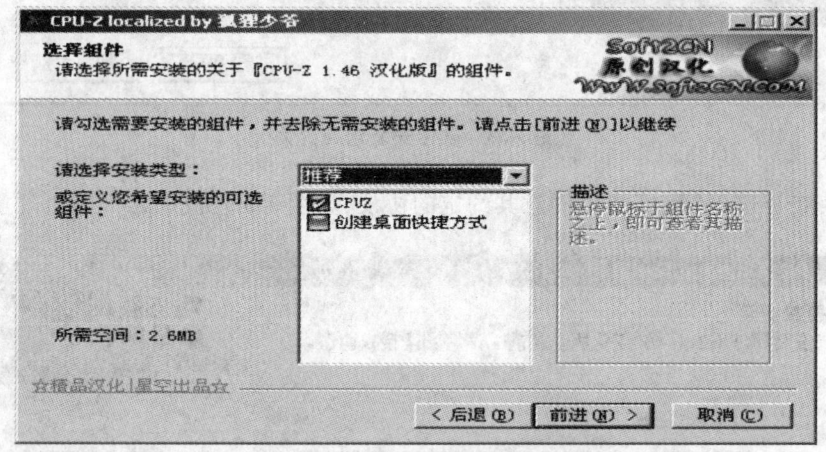

图 3-41　安装组件选择界面

选择安装路径，然后点击“前进”按钮，执行下一步安装操作，如图 3-42 所示。

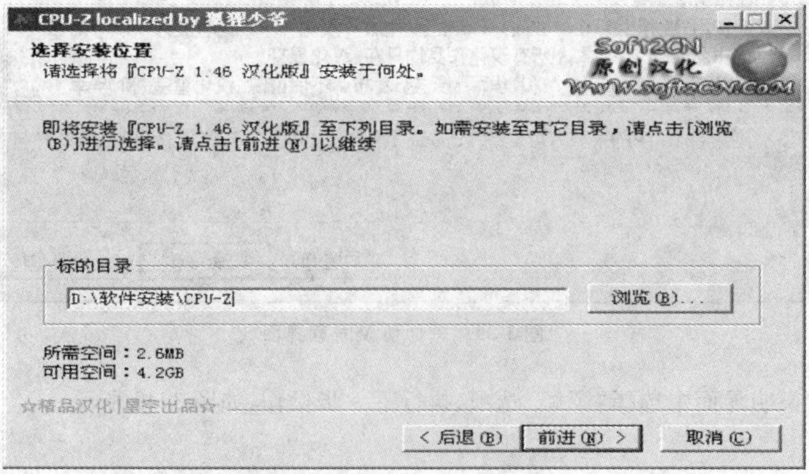

图 3-42　安装路径选择界面

接下来都选择“前进”按钮,直到安装完成,如图 3-43 所示。

图 3-43 软件安装完成界面

(三)参数检测

CPU-Z 是一个检测 CPU 信息的软件,这些信息包括:CPU 名称、封装方式、工艺、电压、内、外部时钟频率、缓存等。该软件可以测出 CPU 实际设计的 FSB 频率和倍频,对于超频使用的 CPU 可以非常准确地进行判断。

以 CPU-Z 汉化版在 Sony 笔记本 FJ57C/B 上运行为例,以 Windows XP 为软件使用环境,来介绍一下如何检测 CPU 的各种信息。运行 CPU-Z,会出现如图 3-44 所示的操作界面。

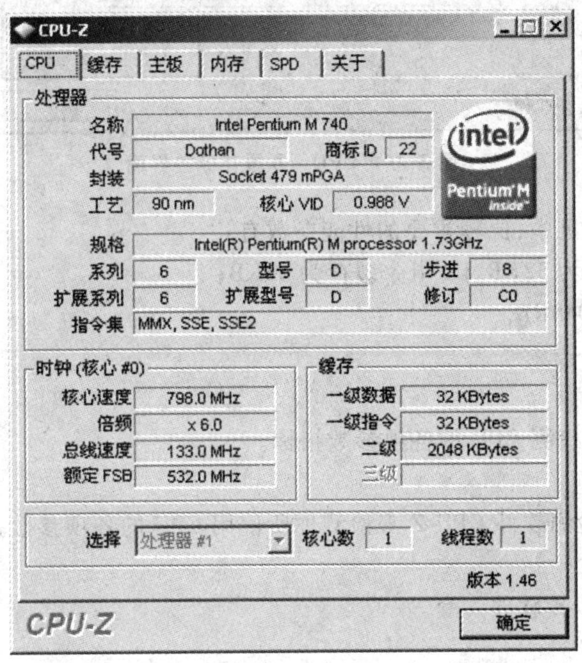

图 3-44 CPU-Z 工作界面

关于 CPU 的信息可以在 CPU-Z 的第一个标签页中看到,如图 3-44 所示,在 CPU 信息标签页中,比较重要的几个性能参数如下:

(1)名称:处理器名称;

(2)代号:处理器厂商对该处理器的内部代号;

(3)封装:处理器接口类型;

(4)工艺:生产该处理器的生产工艺,以纳米为单位,在图 3-44 中为 90 纳米;

(5)电压:处理器工作电压;

(6)指令集:该处理器所支持的指令集,如 X86-64 表示可以支持 64 位运算。

另外可以在"缓存"标签页来查看 CPU 的缓存信息,如图 3-45 所示。

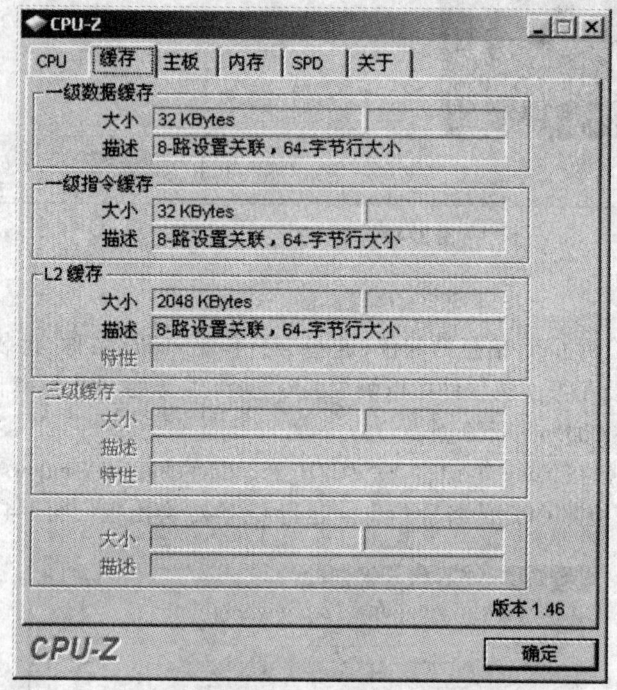

图 3-45 CPU－Z 缓存标签界面

在缓存信息标签页中,比较重要的性能参数有:

(1)L1 数据缓存为 32KB,L1 指令缓存为 32KB;

(2)L2 缓存为 2048KB。

(四)实践操作

1. 操作目的

能够通过软件来检测 CPU 的各项参数指标。

2. 操作内容

通过 CPU 参数检测软件 CPU-Z 来检测你所使用 CPU 的各项参数指标。

3. 使用设备

计算机一台、CPU-Z 软件一套。

4. 操作环境

Windows XP。

5. 操作步骤

(1)正常启动计算机 Windows XP 系统;

(2)安装 CPU 参数检测软件 CPU-Z;

(3)运行 CPU-Z,对你所使用的计算机的 CPU 进行参数检测;

(4)详细记录下你所检测的 CPU 参数指标,并将结果填入下表中。

表 3-1　CPU 参数检测表

CPU 名称		**封装方式**	
内核(代号)		工艺	
电压		时钟核心频率	
倍频		外部总线频率	
额定 FSB		一级缓存 L1	
二级缓存 L2		支持的指令集	

思考:根据你所检测的数据,想想 CPU 的时钟核心频率、倍频和外部总线频率之间有什么联系?

(五)CPU 性能参数介绍

CPU 的性能大致上反映出了它所配置计算机的性能,因此 CPU 的性能指标十分重要。接下来对 CPU 主要的性能指标做一个简单的介绍,使同学们对 CPU 有一个更深入的了解。

1. CPU 的位宽

位宽是指 CPU 一次执行指令的数据带宽。处理器的寻址位宽增长很快,从使用过的 4、8、16 位寻址再到目前的 32 位,而 64 位寻址浮点运算已经逐步成为 CPU 的主流产品。

受虚拟和实际内存尺寸的限制,目前 32 位 CPU 在性能执行模式方面存在一个严重的缺陷:当面临大量的数据流时,32 位的寄存器和指令集不能及时进行相应的处理运算。

32 位 CPU 一次只能处理 32 位,也就是 4 个字节的数据;而 64 位 CPU 一次就能处理 64 位即 8 个字节的数据。如果我们将总长 128 位的指令分别按照 16 位、32 位、64 位为单位进行编辑的话:旧的 16 位 CPU(如 Intel 80286 CPU)需要 8 个指令,32 位的 CPU 需要 4 个指令,而 64 位 CPU 则只要两个指令。显然,在工作频率相同的情况下,64 位 CPU 的处理速度比 16 位、32 位的更快。

传统 32 位 CPU 的寻址空间最大为 4GB,使得很多需要大容量内存的大规模的数据处理程序在这时都会显得捉襟见肘,形成了运行效率的瓶颈。而 64 位的处理器在理论上则可以达到 1670 多万个 TB(1TB = 1024GB),将能够彻底解决 32 位计算系统所遇到的瓶颈现象。

当然 64 位寻址空间也有一定的缺点:内存地址值随着位数的增加而变为原来的两倍,这样内存地址将在缓存中占用更多的空间,其他有用的数据就无法载入缓存,从而引起了整体性能一定程度的下降。

提示:为了处理数据,暂时储存结果,或者做间接寻址等动作,每个处理器都具备一些内建的内存,这些能够在不延迟的状态下存取的内存就称为“寄存器”,每个寄存器的大小都相同。

2. 主频

CPU 主频也叫时钟频率,是 CPU 内核(整数和浮点运算器)电路的实际运行频率,英文全拼为 CPU Clock Speed,时钟频率的单位是 MHz(兆赫)。一般来说,主频越高,CPU 在一个时钟周期里所能完成的指令数也就越多,CPU 的运算速度也就越快。CPU 主频的高低与 CPU 的外频和倍频有关,主频 = 外频 × 倍频。

3. 外频

CPU 外频也就是常说的 CPU 总线频率,是由主板为 CPU 提供的基准时钟频率,而 CPU 的工作主频则按倍频系数乘以外频而来。外频是指 CPU 与主板之间同步运行的速度,也可以理解为 CPU 的外频直接与内存相连通,实现两者间的同步运行状态。外频速度越高,CPU 就可以同时接受更多的来自外围设备的数据,从而使整个系统的速度进一步提高。

4. 倍频

倍频是指 CPU 外频与主频相差的倍数,三者有十分密切的关系,CPU 的工作主频是按外频乘以倍频系数而来的,用公式表示:外频 × 倍频系数 = 主频。如一块外频为 200MHz,倍频系数为 10 的 CPU,其主频即为:200MHz × 10 = 2000MHz。

5. 前端总线(FSB)频率

前端总线的英文名字是 Front Side Bus,通常用 FSB 表示,是将 CPU 连接到北桥芯片的总线。“前端总线”这个名称是由 AMD 在推出 K7 CPU 时提出的概念,但是一直以来都被大家误认为这个名词不过是外频的另一个名称。实际上我们所说的外频指的是 CPU 与主板连接的速度,这个概念是建立在数字脉冲信号震荡速度基础之上的,而前端总线的速度指的是数据传输的速度。目前 PC 机上所能达到的前端总线频率有 266MHz、333MHz、400MHz、533MHz、800MHz、1066MHz、1333MHz 几种,前端总线频率越大,代表着 CPU 与内存之间的数据传输量越大,更能充分发挥出 CPU 的功能。现在的 CPU 技术发展很快,运算速度提高很快,而足够大的前端总线可以保障有足够的数据供给 CPU。较低的前端总线将无法供给足够的数据,这样就限制了 CPU 性能的发挥,成为系统瓶颈。

6. 地址总线宽度

地址总线宽度决定了 CPU 可以访问的存储器物理地址空间。对于 486 以上的微机系统,地址总线的宽度为 32 位,CPU 最多可以直接访问 4GB 的物理空间。

7. 数据总线宽度

它决定了 CPU 与二级高速缓存、内存以及输入/输出设备之间一次性数据传输的信息量。对于 Pentium 系列以上级别的 CPU 来说,数据总线的宽度为 64 位,这时 CPU 一次可以同时处理 8 个字节的数据。

8. L1 高速缓存(L1 Cache)

即一级缓存,其容量一般为 16KB ~ 64KB,少数可达到 128KB,频率与 CPU 相同。内置高速缓存可以提高 CPU 的运行效率,L1 高速缓存的容量和结构对 CPU 的性能影响较大,内部高速缓存越大,系统性能提高就越明显。所以这也是目前一些公司力争加大 L1 Cache 高速缓存器容量的原因。不过高速缓存存储器运行在 CPU 的时钟频率上,是由静态 RAM 组成,结构比较复杂,在 CPU 管芯面积不能太大的情况下,L1 高速缓存的容量不可能做得太大。

9. L2 高速缓存(L2 Cache)

L2 高速缓存,也叫二级高速缓存。L2 高速缓存的容量和频率对 CPU 的性能影响也很大。L2 Cache 的时钟频率为 CPU 时钟频率的一半或者全速。L2 Cache 一般相当于 L1 Cache 容量的 4~16 倍左右。

10. 扩展总线速度

扩展总线速度(Expansion-Bus Speed),是指计算机的局部总线,如 ISA、PCI 和 AGP 总线。在计算机主板上总可以看见一些插槽,这些插槽就是扩展槽,可以连接声卡、显卡、网卡等功能器件,而扩展总线就是 CPU 用以联系这些设备的桥梁。由此可见,扩展总线的速度也影响计算机的整体运行速度。

11. 工作电压

工作电压是指 CPU 正常工作时所需的电压。早期 CPU 的工作电压一般为 5V,奔腾系列是 3.5V/3.3V/2.8V 等,随着 CPU 主频的提高,CPU 工作电压有逐步下降的趋势,以解决发热过高的问题。CPU 制造工艺越先进,则工作电压越低,CPU 运行时耗电功率就越小,例如 Intel 酷睿 2 四核 QX9650 的核心电压就只有 1.36V。

提示:工作电压有两种,分别是输入/输出(I/O)电压和内核电压。内核电压的高低主要取决于 CPU 的制造工艺。

12. 超流水线和超标量技术

流水线(pipeline)是 Intel 首次在 486 时代中开始使用的。流水线的工作方式就像工业生产上的装配流水线。在 CPU 中由 5~6 个不同功能的电路单元组成一条指令处理流水线,然后将一条 X86 指令分成 5~6 步后再由这些电路单元执行,这样就可以实现在一个 CPU 时钟完成一条指令,因此提高了 CPU 的运算速度。超流水线是指某些 CPU 内部的流水线超过通常的 5~6 步以上,例如在 Pentium Ⅱ 中的流水线就长达 14 步。流水线设计的步数越多,其完成一条指令的速度越快,因此才能适应工作主频更高的 CPU。

超标量(Super Scalar)是指在 CPU 中有 1 条以上的流水线,并且每个时钟周期内可以完成一条以上的指令,这种设计就称为超标量技术。

13. 生产工艺

早期的 CPU 大多采用 0.5 微米的制作工艺,Pentium CPU 的制造工艺是 0.35 微米,Pentium Ⅱ 和赛扬可以达到 0.25 微米,而现在的技术越来越先进,例如 Intel 酷睿 2 四核 QX9650 的制作工艺就达到了 45 纳米。一般来说“工艺技术”中的数据越小,表明 CPU 生产技术越先进。

更精细的工艺使得原有晶体管电路更大限度地缩小了,能耗越来越低,CPU 也就越来越省电,这样可以极大地提高 CPU 的集成度和工作频率。

14. CPU 的指令集

所谓指令集,就是 CPU 中用来计算和控制计算机系统的一套指令的集合,而每一种新型的 CPU 在设计时就规定了一系列与其他硬件电路相配合的指令系统。而指令集的先进与否,也关系到 CPU 的性能发挥,它也是 CPU 性能体现的一个重要标志。

从现阶段的主流体系结构讲,指令集可分为复杂指令集和精简指令集两部分,而从具体运用看,如 Intel 的 MMX(Multi Media Extended)、SSE、SSE2(Streaming-Single instruction multiple data-Extensions 2)和 AMD 的 3DNow! 等都是 CPU 的扩展指令集,增强了 CPU 的多媒体、图形图象和 Internet 等的处理能力。

活动 2 选购 CPU

一、教学目标

1. 能够根据实际需求选购出合适的 CPU;
2. 能够通过 CPU 的产品编号来辨别 CPU。

二、工作任务

通过对 CPU 性能参数的分析,能够根据实际需求选购出合适的 CPU,并要求能够通过对 CPU 的产品编号的认识来辨认 CPU。

三、相关知识点

(一)CPU 的选购方法

CPU 是计算机的核心部件,人们常用 CPU 的型号来标称一台计算机。因此,从某种意义上来说 CPU 决定了一台计算机的性能。在组装一台计算机之前,首先要确定选择什么样的 CPU,只有 CPU 确定了,才好选择与这种 CPU 搭配的主板和相应的其他配件。通常来说,可按下面的原则来选用 CPU。

1. 按需选择

在选购 CPU 的时候要依据使用目的及经济选择。

(1)普通家用型:普通用户选择高端的处理器,会造成资源的浪费。目前市场上的所有处理器基本上都能满足普通家庭用户对电脑性能的要求,比如文字处理、欣赏音乐、观看 DVD 影碟、玩普通 3D 游戏、上网等的应用,应该说只要 CPU 的频率达到了 1G 就没问题。

(2)办公应用型:一般来说,普通办公应用对 CPU 的频率要求不高,一般建议购买中低端的产品。如果追求性价比,建议购买因有升级产品出现而降价的 CPU,这类产品价格相对便宜,但是性能还是相当不错的。例如 AMD Athlon64 X2 4800,AMD Athlon64 X2 5000 等。若需要高强度的办公应用环境,比如数码打印,则选择中等档次的 CPU 就够用了。

(3)游戏玩家型:对于高端 3 D 效果有着极高要求的用户来说,CPU 的浮点性能至关重要,所以对 CPU 的性能要求比较高,而且要有好的显卡、主板和大容量内在的支持。面对这种类型的朋友,建议购买高端的主流多核处理器,如果资金不宽裕,而且追求性价比的话,可考虑购买中端的多核 AMD 处理器，例如 AMD 羿龙 X3 8450(盒装)。

(4)多媒体应用型：如果消费者是视频制作和网页设计的职业用户，对 CPU 性能要求比较高的话，而且出于很多相关软件都针对 SSE2 进行优化原因，建议购买高端酷睿 2 多核处理器，性能不错。相反，如果资金有限，如果只是满足普通图形设计的需要，建议购买价格在中端的 AMD 处理器即可，例如 AMD Athlon64 X2 6400⁺AM2。对于 3D 图形设计工作的高端用户，建议考虑购买 1333MHz 前端总线的 Intel 酷睿 2 四核 Q9300(盒装)处理器，它可以满足您的需要。

2. 综合考虑与周边设备的搭配

在微型机中，CPU 性能的发挥与周边部件的选用有着很密切的关系。因此，选用 CPU 时应与芯片组、内存的类型和容量、CPU 风扇、电源的功率以及其他相关部件的选用综合考虑，使它们能有较佳的搭配，这样不仅能使选用的 CPU 更好地发挥其性能，而且整机也能获得较佳的性价比。

3. 防范 Remark CPU

严格来讲，CPU 并没有“假货”，作为一种高科技产品，CPU 不可能被随意仿制。目前，世界上只有几家专业公司有能力设计、生产 CPU。但是 Remark CPU 现象确实存在，让人防不胜防。所谓 Remark CPU 就是用较低额定工作频率的 CPU 通过超频等手段冒充较高频率的 CPU。因此在选用 CPU 时应十分小心。选用 CPU 时，除了要选择声誉背景良好的，有较好售后服务的正规商家外，还可以使用以下几种方法进行真伪识别。

(1)观察法

正品 Intel CPU 封装盒上的水印采用了特殊工艺，无论用手怎么刮擦，即使把封装的纸刮破，也不会把字擦掉，而假货的只要用指甲轻刮，就可以刮掉一层粉末，字也就随之被刮掉。正品 CPU 的塑料封装纸上的 Intel 字迹清晰可辨，而且最重要的是所有的水印字都是工工整整的，无论 CPU 如何放置从正反两方面看都如此；而假货有可能从正面看是工整的，而从反面看字就斜了。还有，正品 CPU 包装盒正面左侧的蓝光是采用四重色技术印刷的，色彩清晰，与假货 CPU 一对比就可分辨出来。用拇指以适当的力量搓揉塑料封装纸，正品的不易出褶，而假货的包装盒纸软，一搓就出现褶皱。另外，正品 CPU 的塑料封线不可能出现在盒子右侧条形码处，出现在此处的一般可断定为假货。

(2)软件识别法

这是一种简单有效的识别办法，就是用一些专门的 CPU 的识别软件帮助辨别 CPU 的真假。例如前面介绍的 CPU-Z 软件就是一个很好的 CPU 识别工具。比较好的检测软件还有 SiSoftware Sandra。

提示：下面列出了目前比较有影响力的主要硬件资讯网站，大家在选购硬件时可以参考。

1. http://www.zol.com.cn	中关村在线
2. http://www.pconline.com.cn	太平洋电脑网
3. http://www.enet.com.cn	eNet 硅谷动力
4. http://www.myit365.com	小熊在线浙江站
5. http://www.pchome.net	电脑之家

(二)通过产品标识辨别 CPU

自处理器诞生起,处理器命名编号的变化便贯穿其中。早期处理器的命名方式相当直接、明了,比如 P3-933、P4-2.4GHz,让大家一看就知道处理器的规格及功能。不过,从 Athlon XP 时代开始,AMD 开始与大家玩起了数字游戏,一改以频率为处理器命名的方式,引入了新的"数字"命名规范。这项命名方式的改变主要是希望将处理器的重点不再只集中在"频率",AMD 希望借由新命名方式凸显出每个产品的性能差异。英特尔在 Prescott 核心时代也随波逐流,也全面采用"数字"命名规范。此类数字命名方式让人们选购处理器时面对所谓的数字型号往往是满头雾水。经过几年的发展,处理器性能突飞猛涨,处理器命名编号也更加复杂,似乎更无章可寻。即便是资深硬件玩家,当面对变化多端的处理器编号时,也常常不知所措,对新手而言则更显神秘。

因此非常有必要来介绍一下处理器命名编号,希望能帮大家真正了解处理器编号所对应的规格。

1. Celeron 赛扬系列

图 3-46 赛扬编号

第 1 行:"Celeron™"/MALAY,"Celeron™"就代表这款 CPU 的名字,中文名字叫"赛扬",如果换一块奔腾 3,那么上面的文字也会相应的改变成 Pentium Ⅲ,MALAY 表示产地,这块 CPU 的产地是马来西亚。当然相应的还会有"COSTARICA(哥斯达黎加)"、"Philippines(菲律宾)"、"Ireland(爱尔兰)"。

第 2 行:533A/128/66/1.5V,分别表示处理器工作频率/L2 缓存大小/前端总线频率/工作电压,因此这是一颗 533MHz、L2 缓存有 128KB、前端总线 66MHz、工作电压 1.5V 的赛扬。

第 3 行:Q013A307-0389 SL46S,其中"Q"代表的是产地,后面的 013 代表的是生产的年份和周次,这里面的 0 代表是 2000 年(依此类推 1,就是 2001 年……),13 代表第 13 周。接下来的那段 307-0389 是 CPU 的内部序列号,这个编号有点类似我们日常生活中用到的身份证号,它是全球唯一的一组数字,不会有重复,因此每款 CPU 的编号都不同。最后的"SL46S"代表的是 CPU 的制作工艺,其中利用 cC0 制作工艺的 CPU 超频能力明显强于 cB0 制作工艺的 CPU,其中大部分 cC0 制作工艺的 CPU 采用 SL4 作为其编号,当然也有早期的 cB0 制作工艺 CPU 采用这个编号。

2. Pentium 4

Pentium 4 编号与赛扬Ⅱ的编号含义相类似,但是在最新的 P4 编号与我们刚才介绍过的赛扬Ⅱ CPU 的编号在排列顺序有了一些变化,但是仔细看还是可以很清楚地看出它们的含义。

图 3-47　Pentium 4 编号

第 1、2 行：Intel Pentium 4，即 P4 处理器。

第 3 行：1.7GHz/256/400/1.75V，分别表示处理器工作频率/L2 高速缓存大小/前端总线频率/工作电压，因此这是一颗 1.7GHz、L2 高速缓存 256KB、前端总线 400MHz、工作电压 1.75V 的 P4。

第 4 行：SL57V MALAY，SL57V 表示处理器的 S-Spec 编号，从这个编号也可以查出处理器的其他指标，是否盒装也是靠这个编号来识别的。S-Spec 编号后面是生产的产地，这个处理器是马来西亚生产的。

第 5 行：L118A981-0023，表示产品的序列号，这是一个全球唯一的序列号，每个处理器的序列号都不相同，区域代理在进货时会登记这个编号，从这个编号也可以了解处理器到底是经过什么渠道进入零售或品牌机市场的。

第 6 行："I"表示产品注册标志（Intel）。

3. Core（酷睿）及 Core 2 系列

Core（酷睿）及 Core 2 系列 CPU 产品编号其实和 Pentium 4 编号相类似，接下来来看看 Intel Core 2 Duo E4500 的产品编号情况。

图 3-48　Intel Core 2 Duo E4500 编号

第 1 行:Intel 表示产品厂家。其中“E4500”中的“E”代表处理器 TDP(热设计功耗)的范围,主要针对桌面处理器,除此之外,还有 T、L 和 U 等几种类型,“T”开头的多见于移动平台,“L”和“U”分别代表低电压版本和超低电压版本,能耗更低。后面的四位数字“4500”由于新旧处理器的相继推出,已经变得较难识别。Intel 官方资料也只是对处理器进行了型号罗列没有进行细致解释,我们只能归纳一些目前适用的“非官方”规律:在前缀字母相同的情况下,这个数字越大表示产品系列的规格越高。

第 2 行:Intel Core 2 Duo,即英特尔酷睿Ⅱ双核处理器。

第 3 行:SLA95 MALAY,SLA95 表示处理器的 S-Spec 编号,从这个编号也可以查出处理器的其他指标,是否盒装也是靠这个编号来识别的。S-Spec 编号后面是生产的产地,这个处理器是马来西亚生产的。

第 4 行:2.2GHz/2M/800/06,分别表示处理器工作频率/L2 高速缓存大小/前端总线频率/核心步进号,因此这是一颗 2.2GHz、L2 高速缓存 2M、前端总线 800MHz,06 则代表其核心步进号为 L2。

第 5 行:L732AB74,表示产品的序列号,这是一个全球唯一的序列号,每个处理器的序列号都不相同,区域代理在进货时会登记这个编号,从这个编号也可以了解处理器到底是经过什么渠道进入零售或品牌机市场的。

4. AMD CPU

AMD 的 CPU 上面所记载的编号信息和 Intel 差不多,它们都是记载着诸如主频多少、是什么系列的 CPU、缓存容量多大、额定电压是多大、封装方式、产地、生产日期等信息,只是因为 CPU 所属公司的不同,AMD 的 CPU 和 Intel 的 CPU 在信息上缩记的方式也就不尽相同。下面用一块 AMD 的 CPU 来举例说明。

图 3-49 AMD Athlon 编号

第 1 行:AMD Athlon™,就是 AMD Athlon。

第 2 行:A1000AMT3C,A 代表这款 CPU 是 Thunderbird,如果是 D 则代表这款 CPU 是 Duron,如果是 AX 则代表这款 CPU 是 Athlon XP;后面的 1000 代表的是这款 CPU 的主频是 1G;1000 后面的 A 代表 CPU 的封装方式,A 是 PGA 封装;后面的 M 代表 CPU 的核心电压,其中 M 是 1.75V,其他的如 S 是 1.5V、U 是 1.6V、P 是 1.7V、N 是 1.8V;M 后面的 T 代表的是 CPU 的工作温度,其中 T 是 90℃、Q 是 60℃、X 是 65℃、R 是 70℃、Y 是 75℃、S 是 95℃;在 T 后面的 3 是二级缓存的容量,其中 3 代表 256K,如果是 1 则为 64K、2 是 128K;在 3 后面的 C 代表的是前端总线,其中 C 是 266MHz,如果是 A 或者 B 的话则为 200MHz。

第 3 行:AXIA0117MPMW,AMD CPU 生产线上的编号。

第 4 行：Y6278750317，这个 Y 大部分的用户认为与超频有关，Y 有可能被 9、F 和 Z 等字母或数字所代替，但是很多测试表明如果在 Y 的位置出现的是字母，那么这块 CPU 的超频能力应该很强。

(1) Duron 编号格式

例如 PGA 封装的 Duron 编号，如 AMD-D800AUT1B。

AMD-D：代表 AMD DURON 毒龙系列；

800：代表 CPU 的主频；

A：代表封装方式（M＝卡匣式，A＝PGA，其他为 TBD）；

U：代表工作电压（S＝1.5V；U＝1.6V；P＝1.7V；M＝1.75V；N＝1.8V）；

T：代表工作温度（Q＝60C；X＝65C；R＝70C；Y＝75C；T＝90C；S＝95C）；

1：代表二级缓存容量（1＝64KB；2＝128KB；3＝256KB）；

B：代表最大总线频率（A＝B＝200MHz；C＝266MHz）。

(2) Athlon 编号格式

例如 AMD-K7 800MPR52B A。

AMD-K7：代表 AMD Athlon 产品系列；

800：代表 CPU 的主频；

M：代表封装方式（M＝卡匣式，A＝PGA，其他为 TBD）；

P 或 T：代表工作电压（一般为 1.03－2.05V）；

R：代表工作温度（如果前面一个字母为 T，那么 R 的最大值是 70 摄氏度）；

5：代表二级缓存容量（5＝512KB，1＝1MB，2＝2MB）；

2：代表缓存分类（1＝全速，2＝1/2 速）；

B：代表最大总线频率（B＝200MHz）；

A：代表保留特性（前面有三个空格，A＝0.18 微米制造工艺，C＝0.25 微米制造工艺）。

(3) PGA 封装的 Athlon 编号

直接刻在 CPU 的内核表面上，例如 AMD-A0850APT3B。

AMD-A0：代表 AMD Athlon 雷鸟产品系列；

850：是 CPU 的主频；

A：代表封装方式（M＝卡匣式，A＝PGA，其他为 TBD）；

P：代表工作电压（S＝1.5V；U＝1.6V；P＝1.7V；M＝1.75V；N＝1.8V）；

T：代表工作温度（Q＝60C；X＝65C；R＝70C；Y＝75C；T＝90C；S＝95C）；

3：代表二级缓存容量（2＝128KB；3＝256KB）；

B：代表最大总线频率（A＝B＝200MHz；C＝266MHz）。

5. AMD 部分主流产品编号介绍

(1) Athlon X2 BE-2350

我们来看看其编号的含义，“Athlon”表示产品为速龙系列，“X2”字样表示核心数量为 2。

第一个字母代表市场定位，“B”为中端主流，另外“G”和“L”分别表示高端和入门级。

第二个字母表示 TDP，“E”表示 Energy Efficiency，代表低功耗，“P”代表大于 65W，“S”代表约 65W，从把功耗写进型号之中这个举措大家能够体会到 AMD 对于功耗的重视程度。

第三部分“2350”可以分成三个部分看，第一个数字代表了各个产品系列，从我们获得的 AMD 最新标示信息来看,1000 系列代表 Sempron/Athlon 单核心、6000 系列代表 Athlon 双核,目前代表 Athlon 双核的 2000 系列很可能会替换成 6000 系列、8000 系列代表 Phenom 三核、9000 代表 Phenom 四核。这和我们以前了解的标识方法不太相同。确定了 CPU 是哪个产品系列后,第二个数字则告诉了我们芯片的频率等级,余下的留作表示其他附加功能。

由此可见,Athlon X2 BE-2350 表示的就是一颗定位中端、TDP 低于 65W、速龙系列双核处理器。

(2) Athlon LE-1620

图 3-50 AMD Athlon LE-1620 编号

如图 3-50 所示,CPU 编码字符共分为四行。

第一行表示 AMD 商标、处理器类型,大家可以看到它是 Athlon 系列产品。

第二行为核心规格定义,从这行我们可以得到 CPU 的基本参数,如缓存、电压等规格。我们分为 8 段进行认识,第一段由两个字母组成,表示 CPU 属于哪个系列,AD/SD/OS,分别代表 Athlon(64)/Sempron/Opteron。第二段是用一个字母表示 TDP,A/O/D 分别代表标准/65W/35W,Athlon LE-1620 中的"H"没有得到官方证实,但我们可以大胆猜想它代表低功耗。"1620"则是第三段,它是产品型号"Athlon LE-1620"的一部分。第四段是接口,"I"就是主流的 Socket AM2 接口。第五段"A"和第六段"A"分别表示操作电压和外壳温度。第七段的二级缓存则是用数字表示,3/4/5/6 分别代表 128KB/256KB/512KB/1MB/2MB,需要提醒的,如果是双核产品,那么就需要除以 2。"5",表示有 1MB 二级缓存,每个核心缓存容量为 512KB。最后两位字母就是核心制成,比如"DH"则代表采用 65 纳米的 Lima 核心。

第三行的 CCBVF 0741CPMW 为核心周期定义,大家注意"0741",它表明此处理器生产日期为 07 年第 41 周。

最后一行表示产品序列号,如果你买的是盒装产品,这需要和盒包的校验编码一致,否则你就要考虑是否买到了假盒装产品。

四、实现方法

(一)按要求选购 CPU

1. 小明是一名在校大学生,他利用这个暑假进行了社会兼职,获得了 2500 元的酬劳。因为平时就喜欢浏览网页、听歌、看碟片等,所以他就计划用这些劳动所得给自己买一台电脑,配置要求不用太高,能够上网、看碟片、运行常用软件就可以了,另外小明偶尔还玩玩一些简单的网络游戏。请你根据小明的这些情况,给他推荐出 2~3 款适合的 CPU,并把结果填入下面的表格中。

表 3-2　CPU 选配方案

<table>
<tr><td rowspan="3">1</td><td>CPU 型号</td><td></td><td>理由分析</td></tr>
<tr><td>单价</td><td></td><td rowspan="2"></td></tr>
<tr><td>性能指标</td><td></td></tr>
<tr><td rowspan="3">2</td><td>CPU 型号</td><td></td><td>理由分析</td></tr>
<tr><td>单价</td><td></td><td rowspan="2"></td></tr>
<tr><td>性能指标</td><td></td></tr>
<tr><td rowspan="3">3</td><td>CPU 型号</td><td></td><td>理由分析</td></tr>
<tr><td>单价</td><td></td><td rowspan="2"></td></tr>
<tr><td>性能指标</td><td></td></tr>
</table>

2. 李先生是某著名广告公司的员工，平时的工作就是进行平面设计。现在他需要重新配置一台台式计算机，由于经常处理大型的图形图像，所以对 CPU 浮点运算能力有着很高的要求。请你根据李先生的这些要求，给他推荐出 2－3 款适合的 CPU，并把结果填入下面的表格中。

表 3-3　CPU 选配方案

<table>
<tr><td rowspan="3">1</td><td>CPU 型号</td><td></td><td>理由分析</td></tr>
<tr><td>单价</td><td></td><td rowspan="2"></td></tr>
<tr><td>性能指标</td><td></td></tr>
<tr><td rowspan="3">2</td><td>CPU 型号</td><td></td><td>理由分析</td></tr>
<tr><td>单价</td><td></td><td rowspan="2"></td></tr>
<tr><td>性能指标</td><td></td></tr>
<tr><td rowspan="3">3</td><td>CPU 型号</td><td></td><td>理由分析</td></tr>
<tr><td>单价</td><td></td><td rowspan="2"></td></tr>
<tr><td>性能指标</td><td></td></tr>
</table>

3. 陈刚是一名网络游戏的爱好者,平时就喜欢玩一些大型的网络游戏。但是由于收入有限,所以他的台式电脑配置并不是很符合他的要求。为了更好地运行大型网络3D游戏,现在他计划将CPU升级换代,其他的部件基本上保持不变。他电脑的具体配置如下:CPU是AMD Athlon 64 X2 4800+,主板是捷波悍马HA03-GT,显卡是双敏无极HD3850玩家版,内存是金士顿2G DDRⅡ800,电源是航嘉冷静王钻石版。请你根据这些情况,给他推荐出2~3款适合的CPU,并把结果填入下面的表格中。

表 3-4　CPU 选配方案

<table>
<tr><td rowspan="3">1</td><td>CPU 型号</td><td></td><td>理由分析</td></tr>
<tr><td>单价</td><td></td><td rowspan="2"></td></tr>
<tr><td>性能指标</td><td></td></tr>
<tr><td rowspan="3">2</td><td>CPU 型号</td><td></td><td>理由分析</td></tr>
<tr><td>单价</td><td></td><td rowspan="2"></td></tr>
<tr><td>性能指标</td><td></td></tr>
<tr><td rowspan="3">3</td><td>CPU 型号</td><td></td><td>理由分析</td></tr>
<tr><td>单价</td><td></td><td rowspan="2"></td></tr>
<tr><td>性能指标</td><td></td></tr>
</table>

习　题

一、简答题

1. CPU内部结构由几个主要部分组成?各部分的主要功能是什么?

2. CPU的主要性能指标有哪些?

3. CPU主频、外频、倍频三者之间的关系如何表示?

4. 谈一谈如何选购CPU?

5. 从互联网上查找资料,分析最新AMD、Intel公司CPU的技术特点,你认为哪些重要技术影响了各自CPU市场上的表现?

二、操作题

辨别下面CPU的编号,说出各个编号的含义。

图 3-51　Intel CPU 编号

图 3-52　AMD CPU 编号

项目四 认识内存

在计算机的组成结构中,内存是一个非常重要的部分。作为存储程序和数据的部件,有了它,计算机才有记忆功能,才能保证正常工作。本项目主要学习内存的相关知识。

一、教学目标

终极目标:掌握内存的组成结构、性能参数、技术规范及内存的识别方法。

促成教学目标:

1. 认识内存;
2. 学会安装内存;
3. 学会识别内存;
4. 掌握判断内存好坏的原则。

二、工作任务

1. 认识内存:了解当前流行使用的内存的外观特性和结构;
2. 安装内存:掌握内存的安装过程;
3. 识别内存:从外观识别内存的品牌和基本参数;
4. 内存性能的好坏判定:通过内存检测软件鉴别内存的好坏。

活动1 安装内存

一、教学目标

1. 掌握内存部分相关的性能参数;
2. 掌握内存的结构;
3. 学会安装内存条;
3. 了解内存的市场情况。

二、工作任务

1. 看图认识内存的结构；

2. 安装内存条。

三. 相关知识点

(一) 内存的存在形式

计算机的存储器的种类很多，按其用途可分为主存储器和辅助存储器，主存储器又称内部存储器(简称内存)，辅助存储器又称外部存储器(简称外存)。

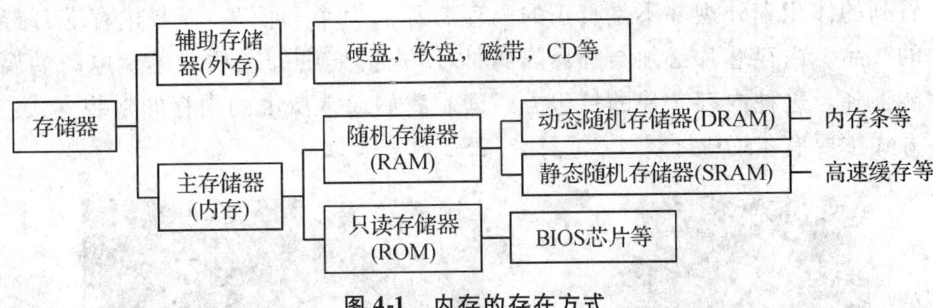

图 4-1　内存的存在方式

1. 随机存储器(RAM)：既可以从中读取数据，又可以写入数据。

(1) 动态随机存储器(DRAM)：一个电子管与一个电容器组成一个位存储单元，用电容的充放电来做储存动作，但因电容本身有漏电问题，因此必须每隔几微秒就要刷新一次，否则数据会丢失。存取时间和放电时间一致，约为 2 ~ 4ms。因为成本比较便宜，通常都用作计算机内的主存储器。

(2) 静态随机存储器(DRAM)：内部没有电容器，无须不断充电即可正常运作，因此它可以比一般的动态随机处理内存处理速度更快更稳定。

2. 只读存储器(ROM)：只读存储器在制造的时候，信息(数据或程序)就被存入并永久保存。这些信息只能读出，一般不能写入，即使机器掉电，这些数据也不会丢失。ROM 一般用于存放计算机的基本程序和数据，如 BIOS ROM。

(二) 内存的种类

内存发展到至今，大致有 FPM DRAM 内存、EDO DRAM 内存、SDRAM 内存、DDR SDRAM 内存、DDR2 SDRAM 内存、DDR3 SDRAM 内存、RDRAM(Rambus DRAM)内存等，FPM DRAM 内存和 EDO DRAM 内存太古老了，这里不作介绍。

SDRAM 内存(Synchronous DRAM，同步动态随机存储器)：与系统总线速度同步，也就是与系统时钟同步，这样就避免了不必要的等待周期，减少数据存储时间。SDRAM 在一个时钟周期内只传输一次数据，它是在时钟的上升期进行数据传输。

DDR SDRAM 内存(Double Data Rate SDRAM)：在 SDRAM 内存基础上发展而来的，DDR 内存在一个时钟周期内传输两次数据，它能够在时钟的上升沿和下降沿各传输一次数据，因此称为双倍速率同步动态随机存储器。

DDR2 SDRAM 内存:即第二代的 DDR 内存,也在时钟的上升/下降沿都进行数据传输,DDR2 内存拥有两倍于上一代 DDR 内存预读取能力(即:4bit 数据预读取)。换句话说,DDR2 内存每个时钟能够以 4 倍外部总线的速度读/写数据,并且能够以内部控制总线 4 倍的速度运行。

DDR3 SDRAM 内存:即第三代的 DDR 内存,也在时钟的上升/下降沿都进行数据传输,拥有 8bit 数据读预取,因此读写速度是 DDR2 内存的 2 倍。

RDRAM(Rambus DRAM)是美国的 RAMBUS 公司开发的一种内存。也是在一个时钟周期内传输两次数据,能够在时钟的上升期和下降期各传输一次数据,但与 DDR 和 SDRAM 不同,它采用了串行的数据传输模式。依靠高工作频率来提高数据传输速度,但工作频率容易导致不稳定、温度过高,始终没有成为主流。

(三)内存的封装方式

实际看到的体积和外观并不是真正的内存芯片的大小和面貌,而是内存芯片经过打包即封装后的产品。内存芯片必须与外界隔离,以防止空气中的杂质对芯片电路的腐蚀而造成电学性能下降。这种内存芯片的打包方式即是我们通常所说的内存的封装方式。现行内存的封装方式主要有 TSOP 封装、BGA 封装、CSP 封装等。

图 4-2 TSOP 封装方式

图 4-3 BGA 封装方式

图 4-4 CSP 封装方式

（四）内存的接口类型

内存条和主板之间的连接方式称为内存的接口类型，接口类型是根据内存条金手指上导电触片的数量来划分的，金手指上的导电触片也习惯称为针脚数（Pin）。不同的内存采用的接口类型各不相同，而每种接口类型所采用的针脚数各不相同。

对应于内存所采用的不同的针脚数，内存插槽类型也各不相同。目前台式机系统主要有 SIMM、DIMM 和 RIMM 三种类型的内存插槽。

SIMM 就是一种两侧金手指都提供相同信号的内存结构，它多用于早期的 FPM 和 EDO DRAM，在内存发展进入 SDRAM 时代后，SIMM 逐渐被 DIMM 技术取代。

DIMM 与 SIMM 相当类似，DIMM 的两面的金手指各自独立传输信号，广泛地应用于 SDRAM 内存、DDR SDRAM 内存、DDR2 SDRAM 内存、DDR3 SDRAM 内存。

RIMM 是 Rambus 公司生产的 RDRAM 内存所采用的接口类型，RIMM 内存与 DIMM 的外形尺寸差不多，金手指同样也是双面的。RIMM 也有 184 Pin 的针脚，在金手指的中间部分有两个靠得很近的卡口。由于 RDRAM 内存价格较高，此类内存在 DIY 市场很少见到，RIMM 接口也就难得一见了。

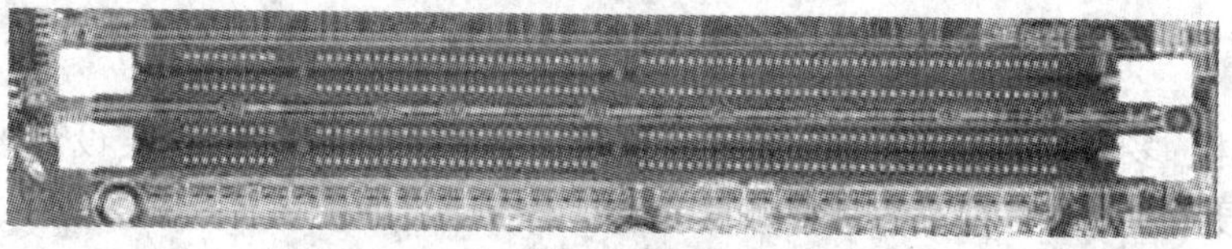

图 4-5 168 针 SIMM 插槽

图 4-6　168 针 SDRAM DIMM 插槽

图 4-7　184 针 DDR DIMM 插槽

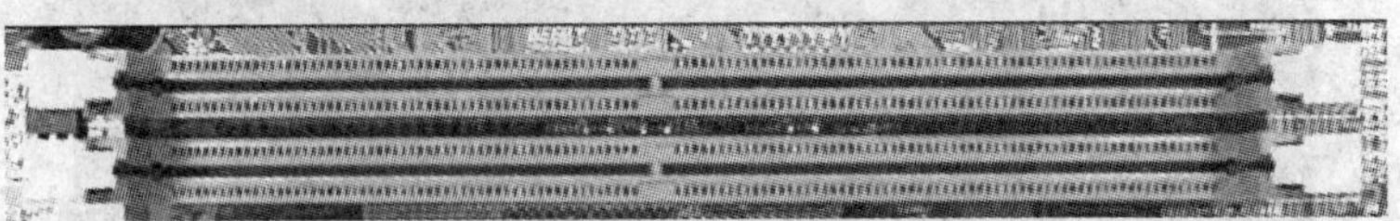

图 4-8　240 针 DDR2 DIMM 插槽

图 4-9　240 针 DDR3 DIMM 插槽

四、实现方法

(一)认识内存条的结构

通过图 4-10 认识 DDR2 内存的结构。

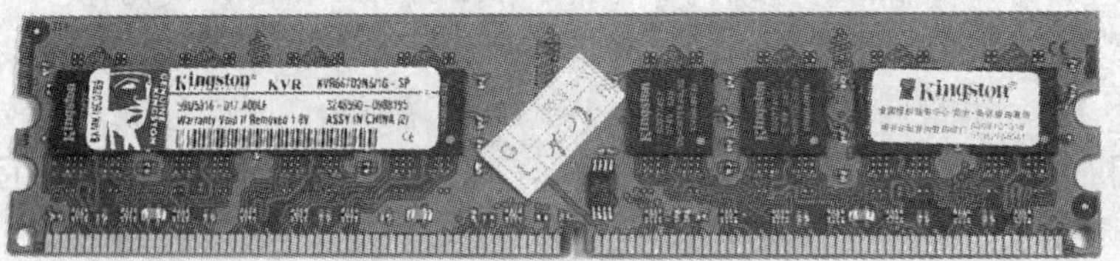

图 4-10　内存的结构

(1)PCB 板:多为绿色,4 层或 6 层的电路板,内部有金属布线,6 层设计要比 4 层的电气性能好,且更稳定,名牌内存多采用 6 层设计。外观见图 4-11。

图 4-11　PCB 板

（2）金手指：金黄色的触点，与主板连接的部分，数据通过“金手指”传输。金手指是铜质导线，易氧化，要定期清理表面的氧化物。外观见图 4-12。

图 4-12　内存的金手指

（3）内存颗粒位：预留的一片内存芯片位置，供其他采用这种封装模式的内存条使用。此处预留的是一个 ECC 校验模块位置。

（4）内存颗粒：即内存芯片。外观见图 4-13。

图 4-13　内存颗粒

（5）电容、电阻：是 PCB 板上必不可少的电子元件之一，一般采用贴片形式，可以提高内存条的稳定性，提高电气性能。见图 4-14。

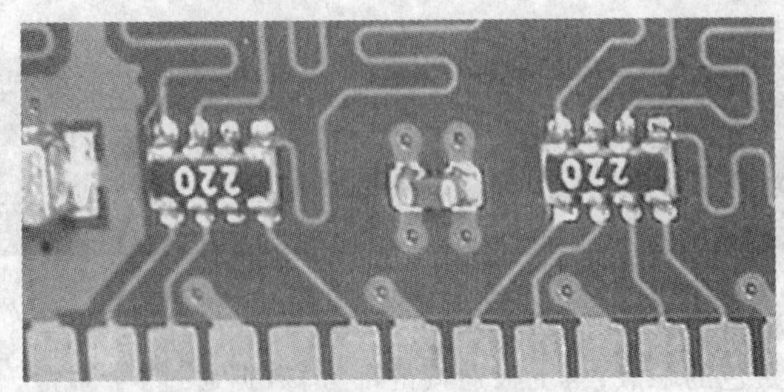

图 4-14 电容、电阻

(6)内存固定缺口:内存插到主板上后,主板内存插槽的两个夹子便扣入该缺口,可以固定内存条。

(7)内存脚缺口:防止反插,也可以区分以前的 SDRAM 内存条,以前的 SDRAM 内存有两个缺口。

(8)SPD:一个 8 脚小芯片,实际上是一个 EEPROM(可擦写存储器)。有 256 字节的容量,每一位都代表特定的意思,包括内存的容量、组成结构、性能参数和厂家信息。见图 4-15。

图 4-15 SPD 芯片

(9)品牌标签:用于标识内存的品牌、品牌标志及一些相关的参数。见图 4-16。

图 4-16 品牌标签

(10)防伪标签如图 4-17 所示。

图 4-17 防伪标签

(二)安装内存条

在安装内存条之前,大家不要忘了看看主板的说明书,看看主板支持哪些内存,可以安装的内存插槽位置及可安装的最大容量。不同内存条的安装过程其实都是大同小意的。

第一步:首先将需要安装内存对应的内存插槽两侧的塑胶夹脚(通常也称为“保险栓”)往外侧扳动,使内存条能够插入,如图 4-18 所示。

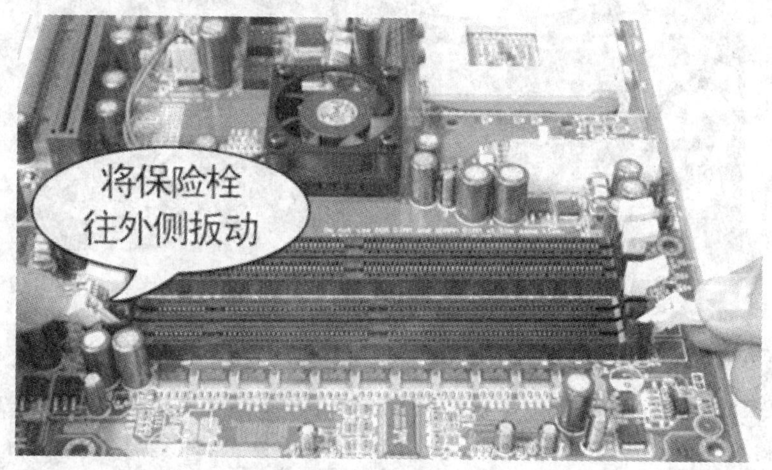

图 4-18　内存安装第一步

第二步:拿起内存条,然后将内存条的引脚上的缺口对准内存插槽内的凸起(如图 4-19 所示)或者按照内存条的金手指边上标示的编号 1 的位置对准内存插槽中标示编号 1 的位置。

图 4-19　内存安装第二步

第三步:最后稍微用点力,垂直地将内存条插到内存插槽并压紧,直到内存插槽两头的保险栓自动卡住内存条两侧的缺口,如图 4-20 所示。

图 4-20　内存安装第三步

提示:在任何一块支持 RDRAM 的主板上,你都能够看到 RIMM 内存插槽是成对出现。因为 RDRAM 内存条是不能够一根单独使用,它必须是成对出现的。RDRAM 要求 RIMM 内存插槽中必须都插满,空余的 RIMM 内存插槽中必须插上传接板(也称“终结器”),这样才能够形成回路,如图 4-21 所示。

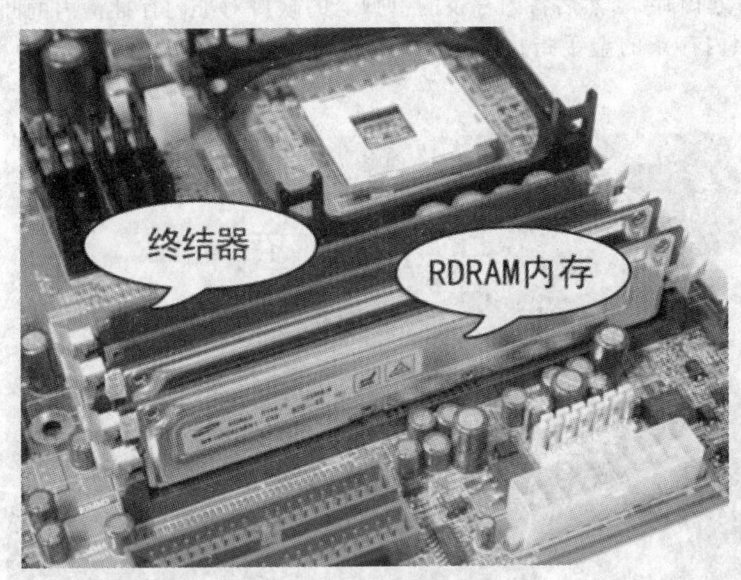

图 4-21　RDRAM 内存的安装

(三)了解内存品牌的市场情况

据统计,2007 年全球第三方 DRAM 销售额仅为 81 亿美元,相比 2006 年的 122 亿美元大幅萎缩 33.5%。但其中排名榜首的金士顿不但收入增长 1.1%,市场份额更是从 18.1% 大幅增长到 27.5%,表 4-1 为 2007 年全球第三方 DRAM 内存供应商收入排行榜。

表 4-1　2007 年全球十大第三方 DRAM 内存供应商收入排行榜

2007 年排名	2006 年排名	厂商	2007 年收入	2007 年市场占有率	2006 年收入	2006 年市场占有率	年收入增长率
1	1	金士顿	$2,235	27.5%	$2,210	18.1%	1.1%
2	2	Smart Modular Technologies	$645	7.9%	$668	5.5%	-3.5%
3	3	威刚	$621	7.6%	$618	5.1%	0.5%
4	4	Ramaxel Technology	$561	6.9%	$602	4.9%	-6.8%
5	6	创见	$478	5.9%	$476	3.9%	0.4%
6	9	宇瞻	$474	5.8%	$381	3.1%	24.4%
7	5	MALabs	$468	5.8%	$494	4.0%	-5.3%
8	7	Crucial Technology	$398	3.4%	$431	3.5%	-7.7%
9	8	海盗船	$380	4.7%	$425	3.5%	-10.6%
10	11	PQl	$258	3.2%	$278	2.3%	-7.1%
		其他	$1,615	19.9%	$5,646	46.2%	-71.4%
		合计	$8,133	100.0%	$12,229	100.0%	-33.5%

2008 年 2 月份中关村在线的互联网消费调研中心（ZDC）公布的内存品牌关注排行榜如图 4-22 所示。

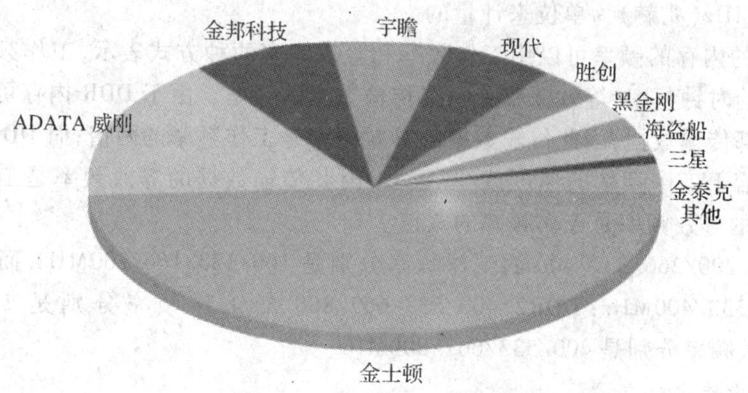

图 4-22　2008 年 2 月份（ZDC）内存品牌关注排行榜

提示：关注排行是由 ZDC 通过对用户关注行为的跟踪，将消费者对特定商品、服务信息在网上的点击数量进行采集、筛选、统计分析，得出有效点击数量。该排行榜主要反映在一定时期内网络用户对特定品牌或产品的关注程度，具有一定的品牌参考价值，但并不能完全真实地反应该种品牌或产品的市场情况。

活动2　识别内存

一、教学目标

1. 掌握与内存识别相关的性能参数;
2. 会从外观识别内存的类型、品牌及一些性能参数;
3. 会用检测软件检测内存的性能参数,评价内存的好坏。

二、工作任务

1. 通过查看不同类型的内存,了解各种类型内存的特性;
2. 用 CPU-Z 检测内存的性能参数;
3. 了解内存性能优劣的判断原则。

三、相关知识点

(一)内存的工作频率

内存的工作频率用来表示内存的工作速度,它代表着该内存所能达到的最高工作频率,工作频率是以 MHz(兆赫)为单位来计量的。

DDR 系列的内存的频率可以用工作频率和等效频率两种方式表示,工作频率是内存颗粒实际工作时的时钟频率,等效频率是内存传输数据的频率。由于 DDR 内存可以在脉冲的上升和下降沿都传输数据,因此传输数据的等效频率是工作频率的两倍;而 DDR2 内存每个时钟能够以四倍于工作频率的速度读/写数据,因此传输数据的等效频率是工作频率的四倍;DDR3 内存的等效频率是工作频率的八倍。

例如:DDR 200/266/333/400 的工作频率分别是 100/133/166/200MHz,而等效频率分别是 200/266/333/400MHz; DDR2 400/533/667/800 的工作频率分别是 100/133/166/200MHz,而等效频率分别是 400/533/667/800MHz。

(二)内存的传输标准

传输标准代表着对内存速度方面的标准。不同类型的内存,无论是 SDRAM、DDR SDRAM,还是 RDRAM 都有不同的规格,每种规格的内存在速度上是各不相同的。

SDRAM 传输标准有:PC100、PC133 两种,其中 100 和 133 代表的是内存工作频率可达 100MHz 和 133MHz。

DDR 传输标准有:PC1600、PC2100、PC2700、PC3200 等,分别代表该种内存的数据传输速度为:1600MB/s、2100MB/s、2700MB/s、3200MB/s。

DDR2 传输标准有:PC2 3200、PC2 4300、PC2 5300、PC2 6400 等等,分别代表该种内存的数据传输速度为:3200MB/s、4300MB/s、5300MB/s、6400MB/s。

(三)内存的 CAS 延迟时间

CAS 延迟时间是指内存纵向地址脉冲的反应时间。内存和 CPU 在数据传输前双方必须要进行必要的通信,而这种就会造成传输的一定延迟时间。CAS 延迟时间一定程度上反映出了该内存在接到读取数据的指令后,到正式开始读取数据所需的等待时间。CAS 延迟时间用 CL 来表示,CL = 3 表示内存在 CPU 接到读取指令后,到正式开始读取数据需等待 3 个时钟周期。

四、实现方法

(一)从外观识别内存

1. 识别内存的类型

从计算机诞生开始,内存形态的发展真可谓千变万化。常见的内存有:FPM RAM、EDO RAM、SDRAM、DDR RAM、DDR2 RAM、Rambus DRAM,由于 FPM RAM、EDO RAM 是很早期的内存,这里就不多作介绍。如图 4-23 ~ 4-27 所示。从外观上看,SDRAM、DDR RAM、DDR2 RAM、DDR3 RAM、Rambus DRAM 之间的差别主要在于长度和引脚的数量,以及引脚上对应的缺口。

图 4-23　SDRAM 内存

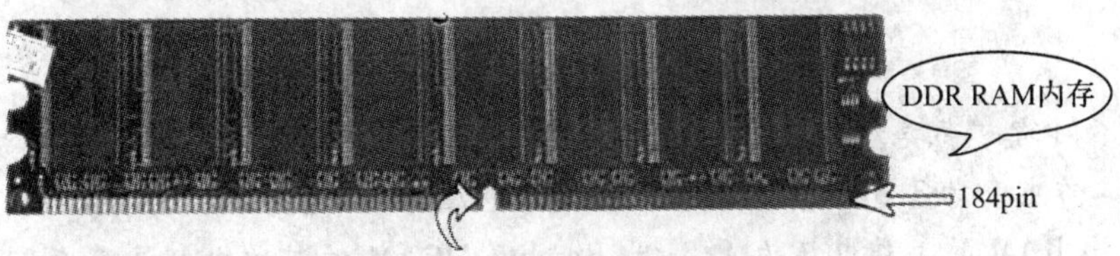

图 4-24　DDR RAM 内存

图 4-25　DDR2 RAM 内存

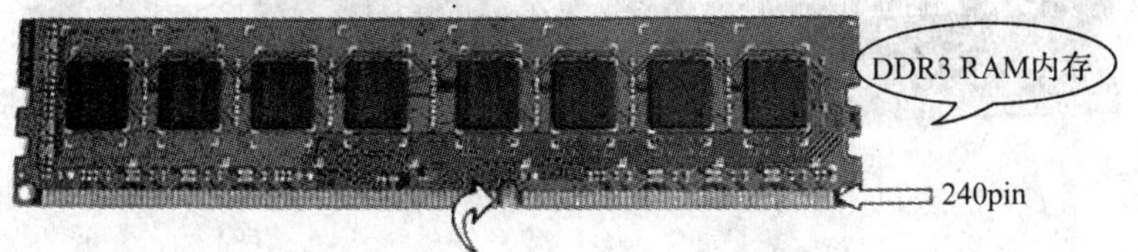

图 4-26　DDR3 RAM 内存

图 4-27 Rambus DRAM 内存

总结:从接口上看,DDR RAM 内存具有 184 个引脚,引脚上也只有一个小缺口。另外,在 DDR RAM 内存的两侧,各有两个缺口

表 4-2 内存的外观区别

类型	金手指个数	缺口个数	封装方式	说明
SDRAM	168	2	TSOP	内存颗粒为长方形
DDR	184	1	TSOP	内存颗粒为长方形
DDR2	240	1	FBGA	
DDR3	240	1	FBGA	
Rambus DRAM	184	2	mBGA	表面有金属散热片

提示:不同的内存类型除了在外观上有所不同外,其各自的工作电压也是不同的:SDRAM 的工作电压为 3.3 伏;DDR RAM 的工作电压为 2.5 伏;DDR2 RAM 的工作电压为 1.8 伏;DDR3 RAM 的工作电压为 1.5 伏;Rambus DRAM 的工作电压为 2.5 伏。内存的工作电压越低,则内存的功耗越低,工作时其发热量也越小。

2. 识别内存的品牌

新买的内存条一般在表面都贴有品牌标签,如图 4-28 所示,可以通过查看内存条表面所贴有的品牌标签,轻松地识别内存的品牌。

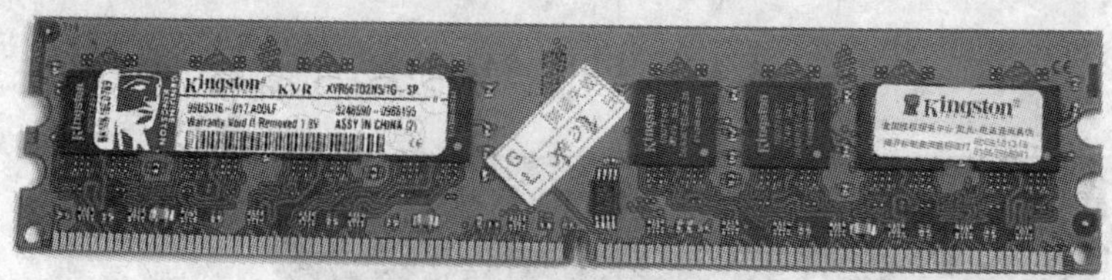

图 4-28 金士顿内存

图 4-29 是几款常见的内存品牌的品牌标志。

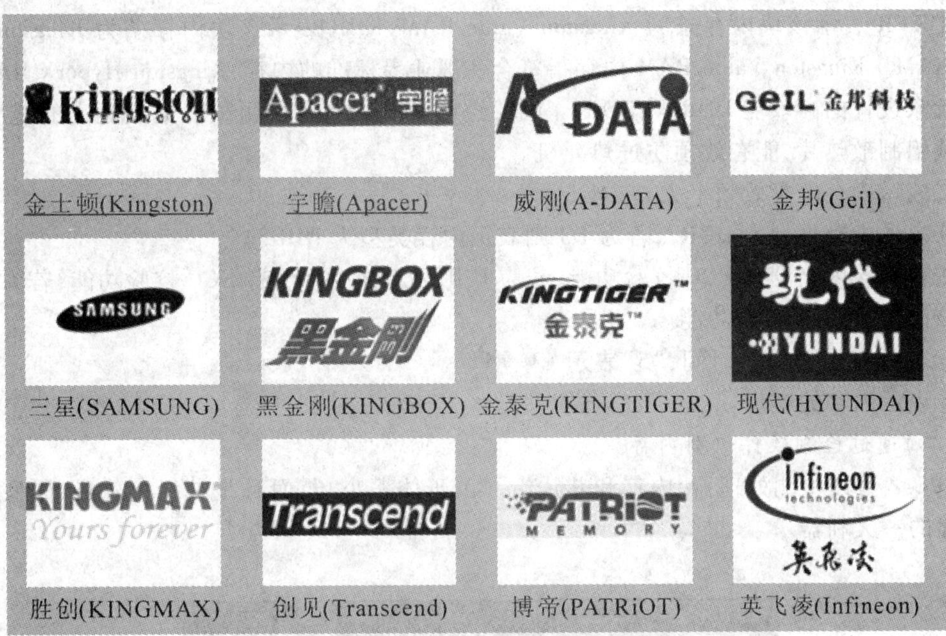

图 4-29　内存的品牌标志

提示:有些内存品牌的标志并不是唯一的,可能有好几种样式,上面列举的可能只是其中的一种标志。

3. 识别内存条的标签

一般品牌内存条的表面都贴有品牌标签,可以通过标签来查看该内存条的一些相关信息。不同品牌内存的标签,其标识的格式和含义都是不同的,

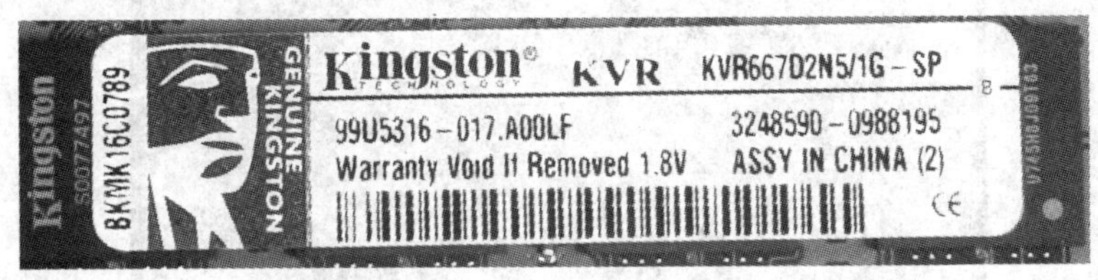

图 4-30　金士顿内存标签

在上面的金士顿内存的标签中有一串字符序列:KVR667D2N5/1G,其含义如图 4-31 所示。

KVR　667　D2　N　5　/　1G

①　②　③　④　⑤　⑥

图 4-31　金士顿内存的规格编号

①KVR 表示该块内存条为 Kingston Value RAM，KHR 表示该块内存条为 Kingston HyperX RAM。Kingston Value RAM 内存指符合一般业界标准的内存；Kingston HyperX RAM 指专为玩家设计的高效能 DDR 与 DDR2 内存，经特殊设计与完整测试能提供更高的速度，同时搭载铝制散热片，能有效预防过热死机。

②表示内存的等效频率为 667MHz。

③表示内存类型为 DDR2，若为 D3 则表示内存类型为 DDR3。

④表示该内存没有 ECC 校验功能，若为 U 则表示该内存没有 ECC 校验功能，若为 E 则表示该内存有 ECC 校验功能。

⑤表示内存的 CAS 时间，“5”表示 CL = 5。

⑥表示内存的容量。

（二）通过检测软件识别内存

CPU-Z 可以检测处理器、内存和芯片组。由于体积小巧，而且是纯绿色软件，是我们检测内存的一大利器。

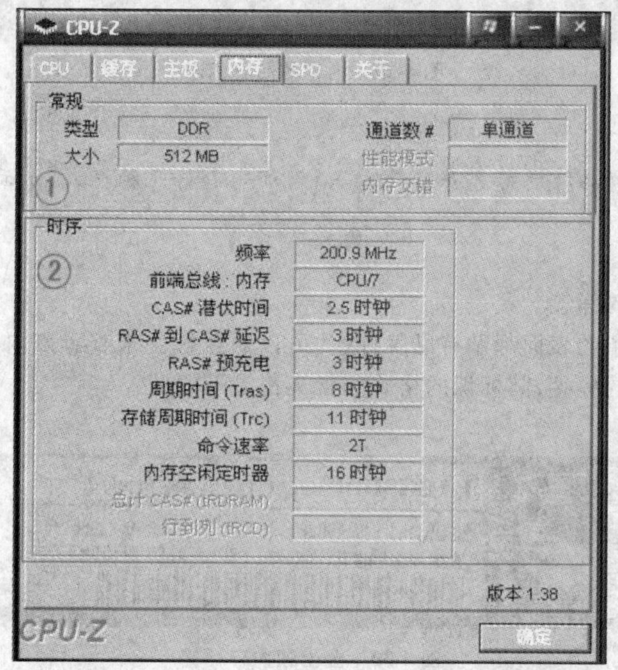

图 4-32 内存的总体信息

图 4-32 为 CPU－Z 检测内存的界面，图中①区域显示的是所检测到的内存的类型，总大小和通道方式，这里是一根 512MB 的 DDR 内存，所以是单通道。如果是两根一样的 512MB，则会显示 1024MB，双通道。

②是内存的时序特性，可以和内存生产商公布的数据比较。

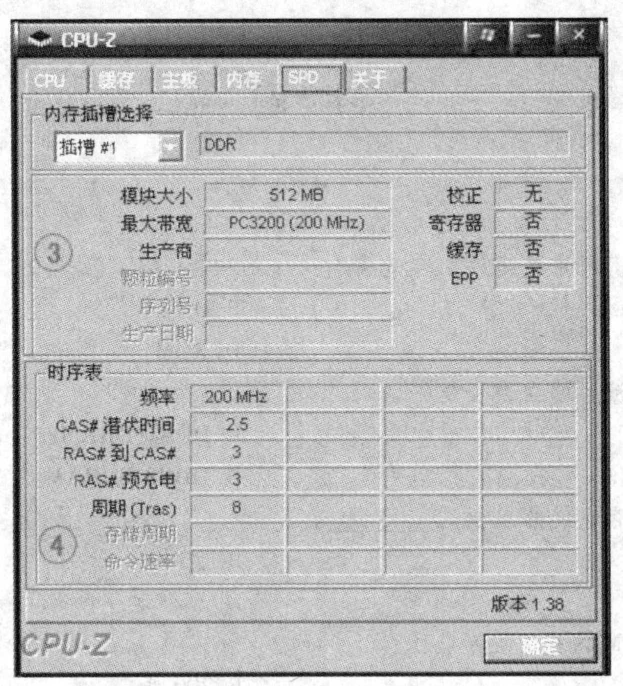

图 4-33 内存的 SPD 信息

③中插槽#1 表示 1 号插槽中插有一根 DDR 内存条,模块大小即内存大小为 512M,最大带宽 PC3200(200MHz)表示这是一根 DDR400 的内存,3200 代表它的最大带宽能达到 3.2G,200MHz 是它的工作频率,即 PC3200 就是 DDR400 = 200 ×2。

④中显示频率为 200MHz,可见内存工作正常。如果有两根内存,则在②区域会显示两栏信息。

(三)判断内存的好坏

1. 内存的类型:总的来说,新一代的内存要比前一代的内存性能要好,即内存性能从好到差依次为:DDR3. DDR2、DDR、SDRAM(RDRAM 内存不是很常用,这里不考虑在内)。

2. 传输标准:内存的传输标准直接反映了内存的数据传输快慢。PC2 3200 和 PC2 4300 的内存相比肯定是后者的数据传输快些。

3. CAS 延迟时间:从总的延迟时间来看,CAS 延迟时间的大小起到了很关键的作用。同种类型同样工作频率的内存中,CAS 延迟时间较小的内存,读取数据速度较快,因而性能也较好。

4. 看内存的品牌:和其他产品一样,内存芯片也有品牌的区别,不同品牌的芯片质量自然也是不同。一般来说,一些久负盛名的内存芯片在出厂的时候都会经过严格的检测。目前市场上较为知名的内存品牌主要有:金士顿、威刚、金邦、宇瞻、海力士、黑金刚等。

5. 查看内存的外观:看 PCB 电路板的层数和芯片焊接质量,电路板质量好坏会对内存条和主板的兼容性和稳定性有不小的影响,好的内存 PCB 多采用 6 层板,PCB 板上的布线也很有讲究。查看是否有 SPD 芯片,其焊接是否整齐,从这些细节中可以看出内存质量好坏。

习 题

一、选择题

1. 现行台式计算机中使用的内存是属于(　　)内存。

A. FLASH　　B. DRAM

C. SRAM　　D. ROM

2. 现在市场上流行的内存条是(　　)。

A. SDRAM　　B. DDR SDRAM

C. DDR2 SDRAM　　D. DDR3 SDRAM

3. 通常衡量内存速度的单位是________。

A. 纳秒　　B. 秒

C. 十分之一秒　　D. 百分之一秒

4. DDR2 SDRAM 内存的金手指有(　　)线。

A. 240 线　　B. 200 线

C. 184 线　　D. 168 线

5. DDR SDRAM 内存采用的封装方式为(　　)。

A. DIP 封装　　B. TSOP 封装

C. mBGA 封装　　D. FBGA 封装

6. DDR3 SDRAM 内存采用的封装方式为(　　)。

A. DIP 封装　　B. TSOP 封装

C. mBGA 封装　　D. FBGA 封装

7. 一条标有 PC3200 的 DDR 内存，其属于下列的(　　)类型内存的传输规范。

A. DDR200MHz　　B. DDR266MHz

C. DDR333MHz　　D. DDR400MHz

8. DDR2 的内存工作电压是(　　)。

A. 3.3V　　B. 2.5V

C. 1.8V　　D. 1.5V

9. DDR3 的内存工作电压是(　　)。

A. 3.3V　　B. 2.5V

C. 1.8V　　D. 1.5V

10. 目前使用的 DDR2 的内存使用插槽是(　　)。

A. RDRAM 插槽　　B. SIMM 插槽

C. SDRAM 插槽　　D. DIMM 插槽

二、操作题

1. 查看下图后说明该内存条的品牌、等效频率、内存类型等参数。

2. 用 CPU-Z 软件测试计算机所使用内存的性能参数。

项目五　认识硬盘

作为外存储设备中最主要的存储介质,硬盘存储着计算机中大量数据,包括计算机操作系统。硬盘的发展速度非常快。虽然出现了不少新的存储设备,但硬盘在存储设备中的霸主地位始终没有动摇。硬盘以速度快、价格便宜、体积小、容量大等优点成为计算机系统中不可缺少的一个部件之一。

一、教学目标

终极目标:了解硬盘的结构、型号、参数、性能等,熟悉硬盘的技术指标,掌握硬盘分区和格式化方法。

促成教学目标:

1. 了解硬盘的结构;
2. 了解硬盘的工作原理;
3. 了解硬盘的分类;
4. 熟悉硬盘的技术指标;
5. 熟悉硬盘的接口类型与跳线;
6. 掌握硬盘的分区和格式化方法。

二、工作任务

1. 假设要组装一台新的计算机,请选购一块适用于学生用的硬盘;
2. 用适当的工具和方法,给一台裸机分区。

活动1　认识硬盘

一、教学目标

了解硬盘的结构、硬盘的工作原理、硬盘的分类,熟悉硬盘的技术指标,熟悉硬盘的接口类型与跳线。

二、工作任务

假设要组装一台新的计算机，选购一块适用于学生用的硬盘。综合考虑到价格、容量等技术指标，同时熟悉市场上硬盘的品牌。

三、相关知识点

硬盘的结构究竟是怎么样的呢？所谓的磁头、盘片、主轴电机又是什么样子呢？硬盘的读写原理又是什么呢？估计多数人就不清楚了。接下来就向大家讲解一下硬盘的结构，希望各位能够对硬盘有一个更深的认识。

（一）硬盘的结构

一般说来，无论哪种硬盘，都是由盘片、磁头、盘片主轴、控制电机、磁头控制器、数据转换器、接口、缓存等几个部分组成。所有的盘片都固定在一个旋转轴上，这个轴即盘片主轴。而所有盘片之间是绝对平行的，在每个盘片的存储面上都有一个磁头，磁头与盘片之间的距离比头发丝的直径还小。所有的磁头连在一个磁头控制器上，由磁头控制器负责各个磁头的运动。磁头可沿盘片的半径方向动作，而盘片以每分钟数千转到上万转的速度在高速旋转，这样磁头就能对盘片上的指定位置进行数据的读写操作。由于硬盘是精密设备，尘埃是其大敌，所以必须完全密封。

在硬盘的正面都贴有硬盘的标签，标签上一般都标注着与硬盘相关的信息，例如产品型号、产地、出厂日期、产品序列号等，图 5-1 所示的就是 WD200BB 的产品标签。在硬盘的一端有电源接口插座、主从设置跳线器和数据线接口插座，而硬盘的背面则是控制电路板。从图 5-2 中可以清楚地看出各部件的位置。

图 5-1 硬盘

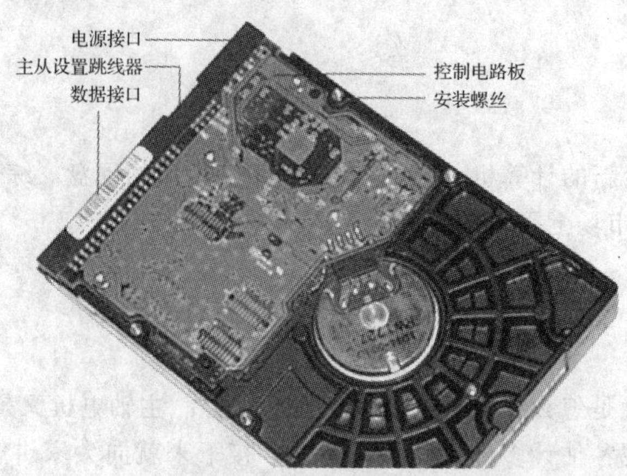

图 5-2 硬盘背面

(1)接口部分:接口包括电源接口插座和数据接口插座两部分,其中电源插座就是与主机电源相连接,为硬盘正常工作提供电力保证。数据接口插座则是硬盘数据与主板控制芯片之间进行数据传输交换的通道,使用时是用一根数据电缆将其与主板 IDE 接口或与其他控制适配器的接口相连接,经常听说的 40 针、80 芯的接口电缆就是指数据电缆。数据接口主要分成 IDE 接口、SATA 接口和 SCSI 接口三大派系。

(2)控制电路板:大多数的控制电路板都采用贴片式焊接,它包括主轴调速电路、磁头驱动与伺服定位电路、读写电路、控制与接口电路等。在电路板上还有一块 ROM 芯片,里面固化的程序可以进行硬盘的初始化,执行加电和启动主轴电机,加电初始寻道、定位以及故障检测等。在电路板上还安装有容量不等的高速数据缓存芯片,在此块硬盘内结合有 2MB 的高速缓存。

(3)固定面板:就是硬盘正面的面板,它与底板结合成一个密封的整体,保证了硬盘盘片和机构的稳定运行。在面板上最显眼的莫过于产品标签,上面印着产品型号、产品序列号、产品、生产日期等信息。除此,还有一个透气孔,它的作用就是使硬盘内部气压与大气气压保持一致。

图 5-3 硬盘面板

硬盘内部结构由固定面板、控制电路板、磁头、盘片、主轴、电机、接口及其他附件组成，其中磁头盘片组件是构成硬盘的核心，它封装在硬盘的净化腔体内，包括浮动磁头组件、磁头驱动机构、盘片、主轴驱动装置和前置读写控制电路部分。将硬盘面板揭开后，内部结构即可一目了然。

图 5-4　硬盘内部结构

表 5-1　硬盘内部组件说明

编号	组成部分名称	说明
1	浮动磁头组件	浮动磁头组件是硬盘中最精密的部件之一，由读磁头、传动手臂和传动轴三部分组成（如图 5-4 所示）。磁头是硬盘技术中最重要、最关键的元件，它类似于“笔尖”。硬盘磁头采用非接触式头、盘结构，它的磁头是悬在盘片上方的，加电后可在高速旋转的盘片表面移动，与盘片的间隙（飞高）只有 0.08～0.3 微米。硬盘磁头其实是集成工艺制造的多个磁头的组合，每张盘片的上、下方都各有一个磁头。磁头不能接触高速旋转的硬盘盘片，否则会破坏盘片表面的磁性介质而导致硬盘数据丢失和磁头损坏，因此硬盘工作时不要搬运主机。
2	磁头驱动机构	硬盘磁头驱动机构由音圈电机和磁头驱动小车组成，能对磁头进行正确的驱动和定位，并在很短时间内精确定位于系统指令指定的磁道，保证数据读写的可靠性。
3	盘片	盘片是硬盘存储数据的载体，一般采用金属薄膜磁盘，记录密度高。硬盘盘片通常由一张或多张盘片叠放组成。
4	主轴驱动装置	盘片主轴驱动机构由轴承和马达等组成。硬盘工作时，通过马达的转动将盘片上用户需要的数据所在的扇区转动到磁头下方供磁头读取。马达转速越快，用户存取数据的时间就越短，从这个意义上讲，马达的转速在很大程度上决定了硬盘最终的速度。我们常说的 5400 转、7200 转就是指硬盘马达的转速。轴承是用来把多个盘片串起来固定的装置。
5	前置读写控制电路	用来控制磁头感应的信号、主轴电机调速、磁头驱动和定位等操作的。

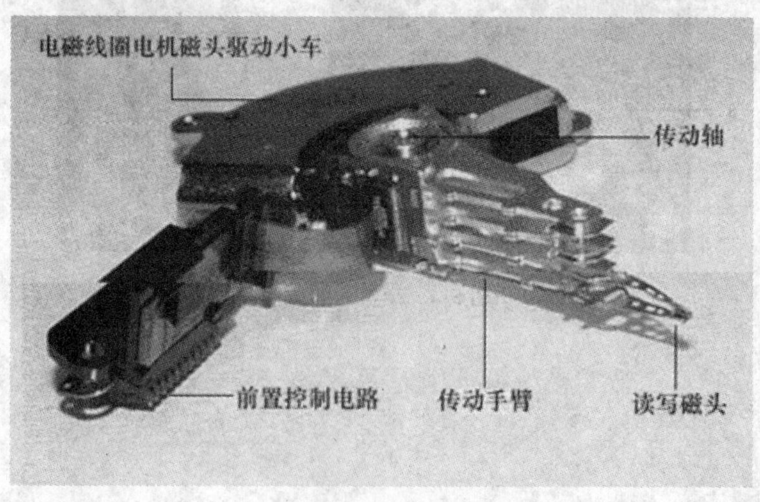

图 5-5　磁头的组成

（二）硬盘的分类

1. 按硬盘尺寸分类

按硬盘尺寸分类，目前的硬盘产品内部盘片有：5.25，3.5，2.5 和 1.8 英寸（后两种常用于笔记本及部分袖珍精密仪器中，现在台式机中常用 3.5 英寸的盘片）；

1.8寸硬盘

2.5寸硬盘

3.5寸硬盘

5.25寸硬盘

图 5-6　不同尺寸的硬盘

2. 按接口的类型分类

如果按硬盘与电脑之间的数据接口类型分，可将硬盘分为 IDE 接口硬盘、SCSI 接口硬盘、USB 接口硬盘、串行 ATA（Serial ATA）接口硬盘等。

SCSI 接口硬盘

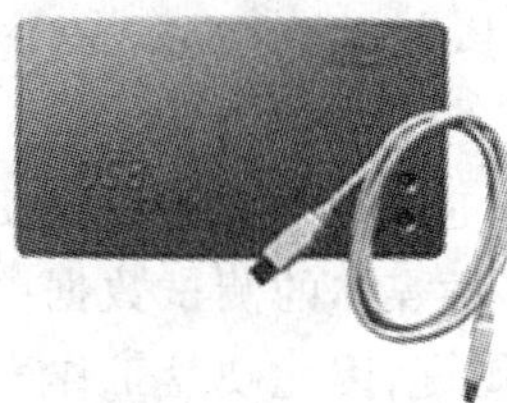

USB 接口硬盘

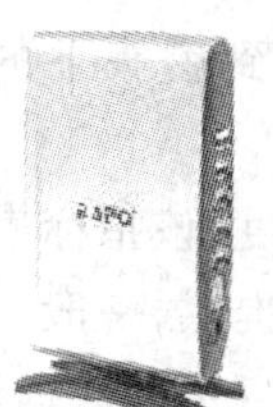

1394 接口硬盘

SATA 硬盘

IDE 接口硬盘

图 5-7　不同接口的硬盘

（三）衡量硬盘性能的技术参数

通过以上的介绍，相信对硬盘的结构与组成有了大致的概念了。下面接着介绍常见的与硬盘性能指标有关的参数，以便了解各参数意味着什么。

主轴转速：硬盘的主轴转速是决定硬盘内部数据传输率的决定因素之一，它在很大程度上决定了硬盘的速度，同时也是区别硬盘档次的重要标志。从目前的情况来看，7200rpm 的硬盘具有性价比高的优势，是国内市场上的主流产品，而 SCSI 硬盘的主轴转速已经达到 10000rpm 甚至 15000rpm 了，但由于价格原因让普通用户难以接受。

寻道时间：该指标是指硬盘磁头移动到数据所在磁道而所用的时间，单位为毫秒（ms）。平均寻道时间则为磁头移动到正中间的磁道需要的时间。注意它与平均访问时间的差别。硬盘的平均寻道时间越小则性能越高，现在一般选用平均寻道时间在 10ms 以下的硬盘。

单碟容量：单碟容量是硬盘相当重要的参数之一，一定程度上决定着硬盘的档次高低。硬盘是由多个存储碟片组合而成的，而单碟容量就是一个存储碟所能存储的最大数据量。硬盘厂商在增加硬盘容量时，可以通过两种手段：一个是增加存储碟片的数量，但受到硬盘整体体积和生产成本的限制，碟片数量都受到限制，一般都在 5 片以内；而另一个办法就是增加单碟容量。目前的 IDE 和 SATA 硬盘最多只有四张碟片，靠增加碟片来扩充容量满足不断增长的存储容量的需求是不可行的。只有提高每张碟片的容量才能从根本上解决这个问题。现在的大容量硬盘都采用的是新型 GMR 巨阻型磁头，磁碟的记录密度大大提高，硬盘的单碟容量也相应提高了。目前主流硬盘的单碟容量大都在 80GB 以上，而最新的希捷酷鱼 7200.9 系列硬盘的最高单碟容量更是达到 160GB，使硬盘总容量可以达到 500GB 以上。

单碟容量的一个重要意义在于提升硬盘的数据传输速度，而且也有利于生产成本的控制。硬盘单碟容量的提高得益于数据记录密度的提高，而记录密度同数据传输率是成正比的，并且新一代 GMR 磁头技术则确保了这个增长不会因为磁头的灵敏度的限制而放慢速度。在下面的测试中，你将会发现单碟容量越高，它的数据传输率也将会越高，其中希捷酷鱼 7200.9 系列硬盘就是一个明显的例证。

潜伏期：该指标表示当磁头移动到数据所在的磁道后，等待所要的数据块继续转动（半圈或多些、少些）到磁头下的时间，其单位为毫秒（ms）。平均潜伏期就是盘片转半圈的时间。

硬盘表面温度：该指标表示硬盘工作时产生的温度使硬盘密封壳温度上升的情况。这项指标厂家并不提供，一般只能在各种媒体的测试数据中看到。硬盘工作时产生的温度过高将影响薄膜式磁头的数据读取灵敏度，因此硬盘工作表面温度较低的硬盘有更稳定的数据读、写性能。

道至道时间：该指标表示磁头从一个磁道转移至另一磁道的时间，单位为毫秒（ms）。

高速缓存：该指标指在硬盘内部的高速存储器。目前硬盘的高速缓存一般为 2MB ~ 8MB，SCSI 硬盘的缓存更大。购买时最好选用缓存为 8M 以上的硬盘。

全程访问时间：该指标指磁头开始移动直到最后找到所需要的数据块所用的全部时间，单位为毫秒（ms）。而平均访问时间指磁头找到指定数据的平均时间，单位为毫秒。通常是平均寻道时间和平均潜伏时间之和。现在不少硬盘广告之中所说的平均访问时间大部分都指平均寻道时间。

最大内部数据传输率:该指标名称也叫持续数据传输率(sustained transfer rate),单位为Mbps。它是指磁头至硬盘缓存间的最大数据传输率,一般取决于硬盘的盘片转速和盘片线密度(指同一磁道上的数据容量)。注意,在这项指标中常常使用Mb/s或Mbps为单位,这是兆位/秒的意思,如果需要转换成MB/s(兆字节/秒),就必须将Mbps数据除以8(一字节8位数)。例如,某硬盘给出的最大内部数据传输率为683Mbps,如果按MB/s计算就只有85.37MB/s左右。

连续无故障时间(MTBF):该指标是指硬盘从开始运行到出现故障的最长时间,单位是小时。目前大部分硬盘的MTBF都在300000小时以上。不过,对于该项指标要客观地看待!

外部数据传输率:该指标也称为突发数据传输率,它是指从硬盘缓冲区读取数据的速率。在广告或硬盘特性表中常以数据接口速率代替,单位为MB/s。目前主流的硬盘已经全部采用SATA150接口技术,外部数据传输率可达150MB/s。

S.M.A.R.T:该指标的英文全称是Self-Monitoring Analysis and Reporting Technology,中文含义是自动监测分析报告技术。这项技术指标使得硬盘可以监测和分析自己的工作状态和性能,并将其显示出来。用户可以随时了解硬盘的运行状况,遇到紧急情况时,可以采取适当措施,确保硬盘中的数据不受损失。采用这种技术以后,硬盘的可靠性得到了很大的提高。

(四)硬盘接口方式

硬盘接口是硬盘与主机系统之间的连接部件,作用是硬盘缓存与主机内存之间传输数据。不同的硬盘接口决定着硬盘与主机之间的连接速度。目前主要有IDE接口、SATA接口、SCSI接口、IEEE1394接口、USB接口和光纤通道等几种。下面介绍几种常见的接口。

1. IDE接口

IDE即Integrated Drive Electronics,它的本意是指把控制器与盘体集成在一起的硬盘驱动器,我们常说的IDE接口,也叫ATA(Advanced Technology Attachment)接口,现在PC机使用的硬盘大多数都是IDE兼容的,只需用一根电缆将它们与主板或接口卡连起来就可以了。

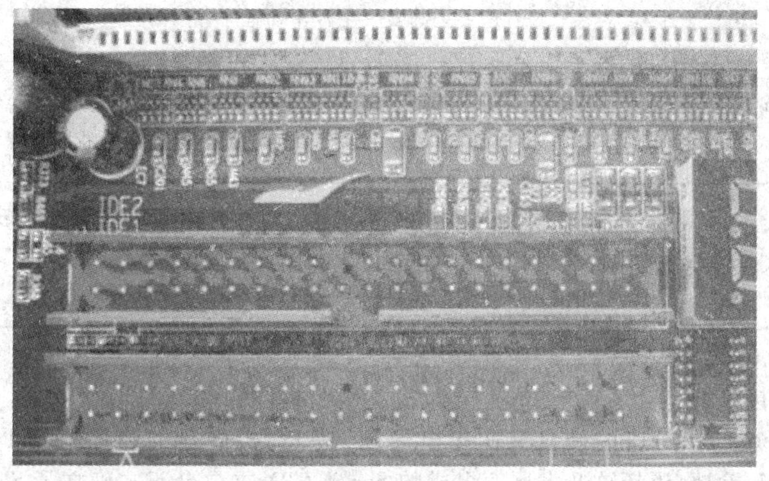

图5-8　主板上IDE接口

(1)IDE 接口有两大优点:易于使用与价格低廉,问世后成为最为普及的磁盘接口。到目前为止,它已先后经历了 ATA-1、ATA-2、ATA-3 和 Ultra ATA 33/66/100/133 等几种标准。它们的技术指标见表 5-2。

(2)IDE 接口的缺点:速度慢;只能内置使用;对接口电缆的长度有很严格的限制。

表 5-2 ATA 接口技术指标

接口标准	最大传输速率	说明
ATA-1	8.3MB/s	第一代 IDE 接口标准,支持 PIO-0、PIO-1、PIO-2 传输模式,最大支持 504MB 以内的硬盘,硬盘尺寸为 5.25 英寸,使用 40 芯连线。
ATA-2 (EIDE 或 Fast ATA)	16.6MB/s	1994 年开发,主要解决了 ATA-1 标准与 BIOS 的容量限制,支持容量达到 8.4GB 的硬盘。相对于 ATA-1 来说,它又增加了两种 PIO 模式和两种 DMA 模式,对应主板上的接口也变为两个 IDE 口,可分别连接一个主盘和一个从盘共四个 IDE 设备。
ATA-3	16.6MB/s	没有在 ATA-2 的基础提高传输速率,但引入了密码保护机制,对电源管理方案进行了修改,引入了 S.M.A.R.T(硬盘自我监测、自我分析和报告)技术,是一个划时代的重大改进。
ATA-4 (Ultra ATA 33)	33.3MB/s	该标准是 1996 年由 Intel、昆腾公司合作开发的,从 ATA-4 开始,硬盘开始支持 DMA(直接内存存取)技术。微软的 Windows98 系统正式支持这一接口技术。
ATA-5 (Ultra ATA 66)	66.6MB/s	该标准是 1998 年由昆腾公司率先推出的,将普通的 40 芯排线改为了 80 芯排线,并继承 Ultra ATA 33 标准的核心技术—冗余校验技术 CRC,保证了高速传输数据的安全性。在 Windows98 下使用时,除用 DMA 66 专用数据线连接硬盘与主板外,还要正确安装主板驱动程序,这样才能识别 Ultra ATA 66 硬盘。
ATA-6 (Ultra ATA 100)	100 MB/s	2000 年 6 月推出的一种接口标准,传输速率从上一代的 66MB/s 提高到了 100MB/s,是目前主流的接口标准。
ATA-7 (Ultra ATA 133)	133 MB/s	ATA 系列中最新的版本,2001 年 7 月由迈拓公司推出,但除了迈拓公司外,它并没有得到其他广大厂商的支持,因为一种新型的接口类型:串行方式接口硬盘出现了。

2. SATA 接口

SATA(Serial ATA)口的硬盘又叫串口硬盘,是 PC 机硬盘的趋势。2001 年,由 Intel、APT、Dell、IBM、希捷、迈拓这几大厂商组成的 Serial ATA 委员会正式确立了 Serial ATA 1.0

规范。2002 年,虽然串行 ATA 的相关设备还未正式上市,但 Serial ATA 委员会已抢先确立了 Serial ATA 2.0 规范。Serial ATA 采用串行连接方式,串行 ATA 总线使用嵌入式时钟信号,具备了更强的纠错能力,与以往相比其最大的区别在于能对传输指令(不仅仅是数据)进行检查,如果发现错误会自动矫正,这在很大程度上提高了数据传输的可靠性。串行接口还具有结构简单、支持热插拔的优点。

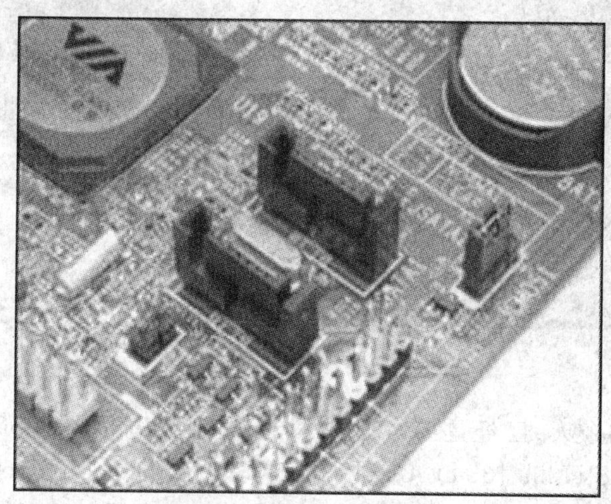

图 5-9　主板上 SATA 接口

串口硬盘是一种完全不同于并行 ATA 的新型硬盘接口类型,由于采用串行方式传输数据而知名。相对于并行 ATA 来说,就具有非常多的优势。Serial ATA 的起点高、发展潜力更大,Serial ATA 1.0 定义的数据传输率可达 150MB/s,这比最快的并行 ATA(即 ATA/133)所能达到 133MB/s 的最高数据传输率还高,而在 Serial ATA 2.0 的数据传输率达到 300MB/s,最终 SATA 将实现 600MB/s 的最高数据传输率。

SATA Ⅱ是在 SATA 的基础上发展起来的,其主要特征是外部传输率从 SATA 的 1.5Gbps(150MB/s)进一步提高到了 3Gbps(300MB/s),此外还包括 NCQ(Native Command Queuing,原生命令队列)、端口多路器(Port Multiplier)、交错启动(Staggered Spin-up)等一系列的技术特征。单纯的外部传输率达到 3Gbps 并不是真正的 SATA Ⅱ。

值得注意的是,部分采用较早的仅支持1.5Gbps的南桥芯片(例如 VIA VT8237 和 NVIDIA nForce2 MCP-R/MCP-Gb)的主板在使用 SATA Ⅱ硬盘时,可能会出现找不到硬盘或蓝屏的情况。不过大部分硬盘厂商都在硬盘上设置了一个速度选择跳线,以便强制选择 1.5Gbps或 3Gbps 的工作模式(少数硬盘厂商则是通过相应的工具软件来设置),只要把硬盘强制设置为 1.5Gbps,SATA Ⅱ硬盘照样可以在老主板上正常使用。

3. SCSI 接口

SCSI(Small Computer System Interface)是一种专门为小型计算机系统设计的存储单元接口模式,可以对计算机中的多个设备进行动态分工操作,对于系统同时要求的多个任务可以灵活机动地适当分配,动态完成。

图 5-10　SCSI 接口

SCSI 规范发展到今天,已经是第六代技术了,从刚创建时候的 SCSI(8bit)、Wide SCSI(8bit)、Ultra Wide SCSI(8bit/16bit)、Ultra Wide SCSI 2(16bit)、Ultra 160 SCSI(16bit)到今天的 Ultra 320 SCSI,速度从 1.2MB/s 到现在的 320MB/s,有了质的飞跃。目前的主流 SCSI 硬盘都采用了 Ultra 320 SCSI 接口,能提供 320MB/s 的接口传输速度。

图 5-11　SCSI 接口

SCSI 硬盘也有专门支持热拔插技术的 SCA2 接口(80-pin),与 SCSI 背板配合使用,就可以轻松实现硬盘的热拔插。目前在工作组和部门级服务器中,热插拔功能几乎是必备的。

4. Fibre Channel(光纤通道)

光纤通道是一种跟 SCSI 或 IDE 有很大不同的接口,它很像以太网的转换开头。以前它是专为网络设计的,后来随着存储器对高带宽的需求,慢慢移植到现在的存储系统上来了。光纤通道通常用于连接一个 SCSI RAID(或其他一些比较常用的 RAID 类型),以满足高端工作或服务器对高数据传输率的要求。

光纤现在能提供100Mbps的实际带宽，而它的理论极限值为1.06Gbps。不过现在有一些公司开始推出2.12Gbps的产品，它支持下一代的光纤通道（即Fibre Channel Ⅱ）。不过为了能得到更高的数据传输率，市面的光纤产品有时是使用多光纤通道来达到更高的带宽。

不像SCSI，光纤通道的配线非常柔韧。如果带有光纤光学电缆（Fiber Optic Cabling），它支持最长的长度超过了10公里，所以可以说SCSI在接口电缆长度的限制上跟光纤是没法比的，因为SCSI最长接口电缆不得超过12米。

四、实现方法

根据以上学到的知识，分析市场上几个品牌主流硬盘的价格、参数、技术指标。选择一款硬盘作为装机使用。具体参数填写在下面表格中：

硬盘参数			
产品系列			
适用类型			
产品容量（GB）			
缓存大小（MB）			
接口类型			
外部数据传输率			
转速			
单碟容量			
市场参考价			

活动2　分区与格式化硬盘

一、教学目标

学会几种常用的分区方法，熟悉常用分区软件的使用方法。

二、工作任务

1. 用FDISK命令将总共6400MB的磁盘分区：主分区2000MB，扩展分区4400MB；第一个逻辑分区1500MB，第二个逻辑分区2900MB。

2. 用PQMAGIC软件实现分区、格式化分区、创建系统分区等操作。

三、相关知识点

(一)文件系统解析

1. FAT16

FAT 的全称是"File Allocation Table"(文件分配表系统),FAT 文件系统 1982 年开始应用于 MS-DOS 中。FAT 文件系统主要的优点是它可以被多种操作系统访问,如 MS-DOS、Windows 所有系列和 OS/2 等。这一文件系统在使用时遵循 8.3 命名规则(即文件名最多为 8 个字符,扩展名为 3 个字符)。同时 FAT 文件系统无法支持系统高级容错特性,不具有内部安全特性等。

2. VFAT

在 Windows 95 中,通过对 FAT 文件系统的扩展,长文件名问题得到妥善解决,这也就是人们所谓的扩展 FAT(VFAT)文件系统。它对 FAT16 文件系统进行扩展,并提供支持长文件名功能,文件名可长达 255 个字符,VFAT 仍保留有扩展名,而且支持文件日期和时间属性,为每个文件保留了文件创建日期/时间、文件最近被修改的日期/时间和文件最近被打开的日期/时间这三项内容。

3. FAT32

FAT32 是 FAT16 文件系统的派生,比 FAT16 支持更小的簇和更大的分区,这就使得 FAT32 分区的空间分配更有效率。FAT32 主要应用于 Windows 98 及后续 Windows 系统(实际从未正式发布的 Windows 97,即 OSR2 就开始支持了),它可以增强磁盘性能并增加可用磁盘空间,同时也支持长文件名。

4. NTFS

NTFS(New Technology File System)是 Microsoft Windows NT 的标准文件系统,它也同时应用于 Windows 2000 /XP/2003。与旧的 FAT 文件系统相比,主要区别体现在 NTFS 支持元数据(metadata),并且可以利用先进的数据结构提供更好的性能、稳定性和磁盘的利用率。NTFS 有三个基本版本:在 NT 3.51 和 NT 4 中的 1.2 版,Windows 2000 中的 3.0 版和 Windows XP 中的 3.1 版。这些版本后来被升级为 4.0 版、5.0 版和 5.1 版。更新的版本添加了额外的特性,比如 Windows 2000 引入了配额。在兼容性方面,Windows 9x 的各种版本都不能识别 NTFS 文件系统。

5. Ext2

这是 Linux 中使用最多的一种文件系统,是专门为 Linux 设计的,拥有最快的速度和最小的 CPU 占用率。现在已经有新一代的 Linux 文件系统如 SGI 公司的 XFS、ReiserFS、Ext3 文件系统等出现。

表 5-3 Windows 常用文件系统比较

文件系统	Win95	Win98	WinNT	Win2K/XP/2003	簇最大数量	最大容量(理论值)
FAT16	支持	支持	支持	支持	65535	4GB
FAT32	不支持	支持	不支持	支持	4177918	2TB
NTFS	不支持	不支持	支持	支持	4294967296	16EB

表 5-3 中的相关说明:

(1)表中的“最大容量”为理论值,“可实现最大分区容量”为目前 OS 可支持的最大容量;

(2)Windows NT 必须先升级到 server pack4 或以上的版本才能识别 FAT32 和 Windows 2000/XP/2003 的 NTFS 新版本文件系统;

(3)FAT32 只是在理论上支持 2TB 的最大空间,在实现时,Windows 98(OSR2/ME)最大只能支持 127.53GB,而 Windows 2000/XP/2003 只支持 32GB;

(4)16EB 等于 2 ~64 字节,或等于 16384TB;

(5)FAT16 在 Windows 2000/XP/2003 系统下可实现的最大格式化容量为 4GB(可实现每簇最大容量 64KB)。

表 5-4　Windows 常用文件功能支持

文件系统	容错性	长文件名	配额管理	访问权限	加密	更多特性
FAT16	较差	不支持	不支持	不支持	不支持	少
FAT32	较差	支持	不支持	不支持	不支持	一般
NTFS	好	支持	支持	支持	支持	丰富

(二)硬盘分区软件介绍

硬盘分区原则:目前对硬盘分区的软件很多,但对新硬盘分区一般可以按照下列步骤进行:建立基本分区→建立扩展分区→再分成若干个逻辑驱动器;对于已经进行分区的硬盘,重新进行分区则需要按下列步骤进行:删除逻辑分区→删除扩展分区→删除主分区→重新分区。

(1)FDISK 是一个基于 DOS 用于管理 DOS 分区的程序,一般的 Windows 98 启动盘都包含这个程序。用软盘启动到纯 DOS 命令行状态,输入一个简单的命令:FDISK 便可运行。

(2)在国内流行一种叫“DM 万用版”的 DM 改进程序,它有令人惊叹的分区速度、对大容量硬盘的强有力支持、很好的硬盘适应性以及其他高级的综合能力,堪称最强大、最通用的硬盘初始化工具。

进入 DM 主界面后(见图 5-12),将光标移到“Advanced Disk Installation”上,这时弹出一个二级菜单,在二级菜单上选择“(A)dvanced Disk Installation”进行分区的工作。这时会显示硬盘的列表,直接按回车键即可。

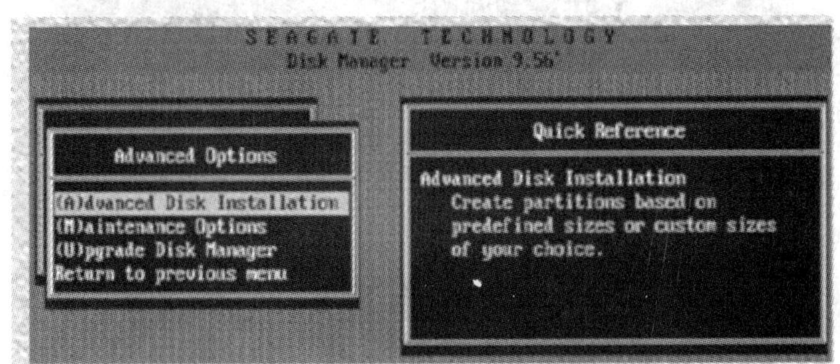

图 5-12　选择(A)dvanced Disk Installation 选项

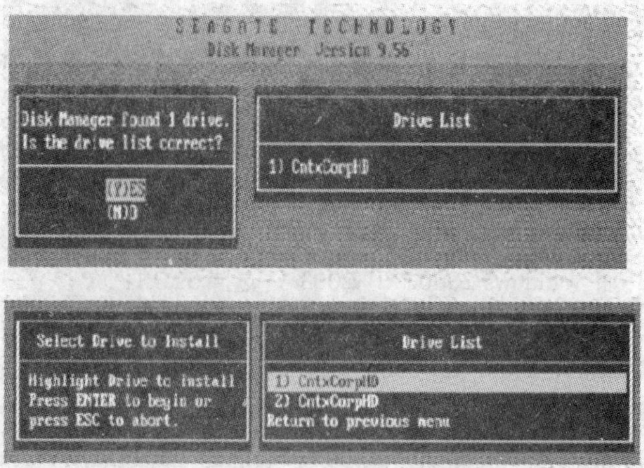

图 5-13 选择硬盘列表

如果你有多个硬盘,回车后会让你选择需要对哪个硬盘进行分区工作如图 5-13。然后是分区格式的选择,如图 5-14,可以按照操作系统的需要进行选择,不过一般来说选择 FAT32 的分区格式。

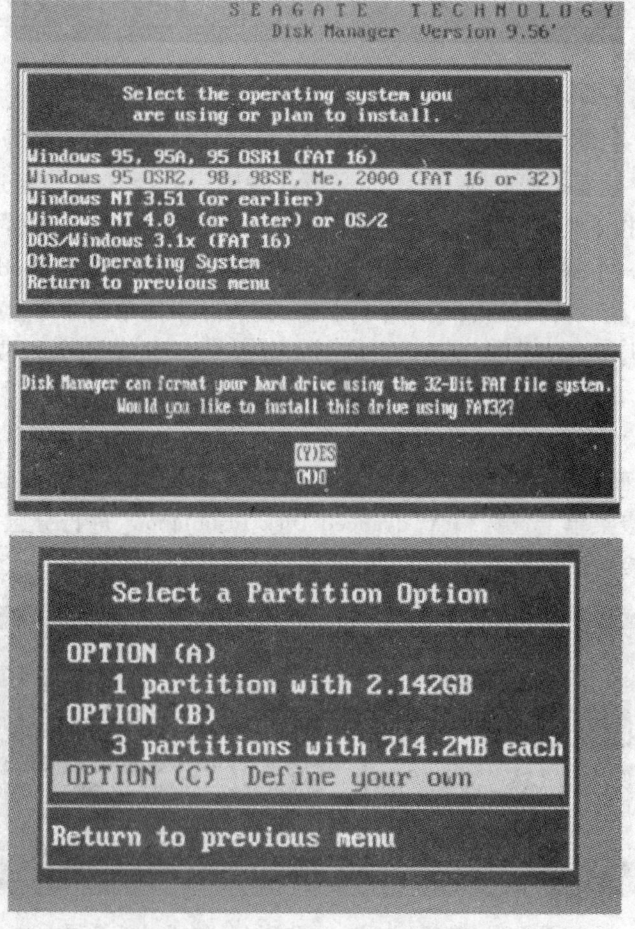

图 5-14 DM 分区软件界面

选择“Windows 95/OSR2/98/98SE/Me/2000,(FAT 16 OR 32)”,接下来是一个确认是否使用 FAT32 的窗口,选中“YES”后,单击回车键,弹出一个新的窗口,这里可以进行分区大小的选择。DM 提供了一些自动的分区方式让你选择,如果你需要按照自己的意愿进行分区,请选择“OPTION (C) Define your own”并回车。

在图 5-15 中,对主分区的容量进行分配。完成分区数值的设定后,会显示最后分区详细的结果。此时如果对分区不满意,还可以通过下面一些提示的按键进行调整。例如“Del”键删除分区,“N”键建立新的分区。

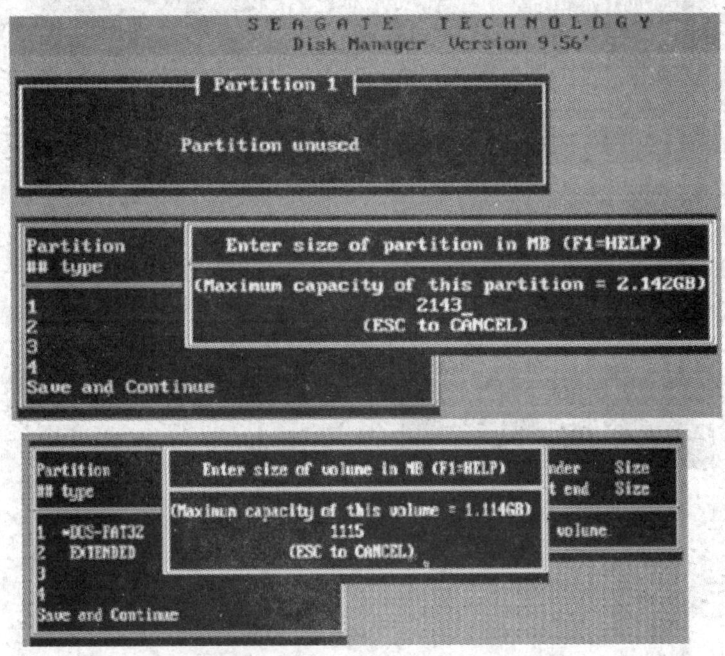

图 5-15 DM 分区软件界面

设定完成后要选择“Save and Continue”保存设置的结果,如图 5-16 所示,此时会出现提示窗口,再次确认所做的设置,如果确认无误后按“Alt + C”继续,否则按任意键回到主菜单。接下出现询问是否进行快速格式化的提示窗口,除非硬盘有问题,否则建议选择“(Y)ES”,并按回车键。接着在出现以询问分区是否按照默认簇进行的提示窗口中,选择“(Y)ES”继续。选择“(Y)ES”选项,并按回车键,出现最终确认的窗口,选择确认即可开始分区的工作。

此时 DM 就开始分区的工作,速度很快,一会儿就可以完成。完成分区工作后会出现一个提示窗口,可以按任意键继续进行操作。下面就会出现重新启动的提示。这样就完成了硬盘分区工作,虽然在这里介绍的步骤比较多,但实际上有几次操作的经验后会很熟练的。

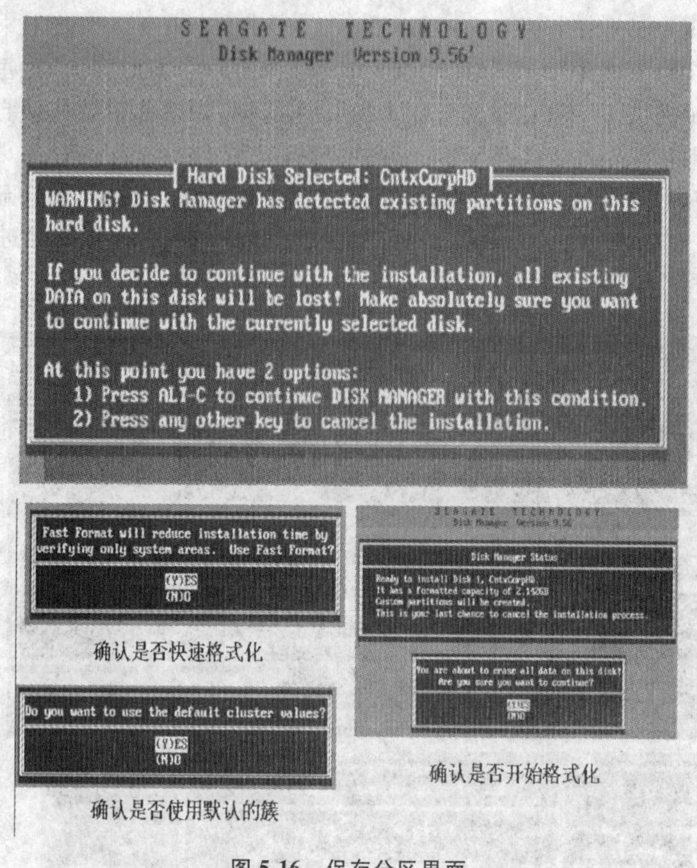

图 5-16 保存分区界面

四、实现方法

(一)用 FDISK 命令分区

用软盘启动到纯 DOS 命令行状态,输入一个简单的命令:FDISK 便可运行。

如果硬盘大于 2GB,将会看到一个说明界面,选择“Y”则使用 FAT32 格式分区,选择“N”则使用 FAT16 格式进行分区。然后会出现如图 5-17 所示的 FDISK 主界面。从这个界面中,你可以创建分区、激活分区、删除主分区与逻辑分区和查看分区信息。下面重点来看看如何创建分区。

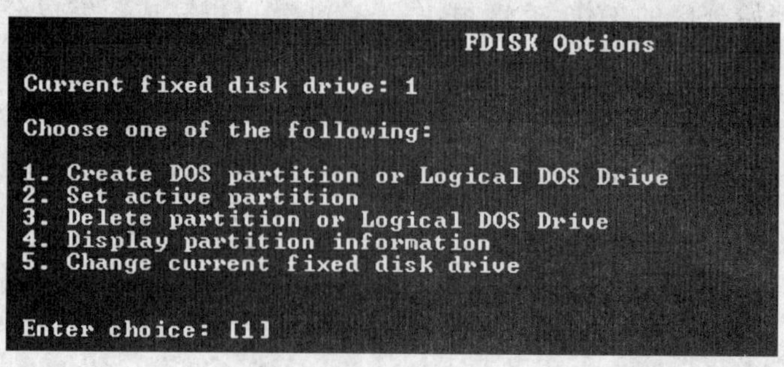

图 5-17 FDISK 操作界面

可以在硬盘中未用的、未格式化过的区域中任意创建主分区与扩展分区。在扩展分区中，可以创建逻辑分区。但如果使用的是 FAT16 格式，则最大只能创建 2GB 的分区。

建立硬盘分区的规则是：建立基本分区→建立扩展分区→再分成 1 ~ X 个逻辑驱动器。因此建立分区必须严格按照 1→2→3 的顺序进行。

提示：这里我们假设硬盘是从未格式化过的，如果已经有分区了，则必须先删除后再重新进行创建。

在图 5-17 中输入“1”，回车，出现如图 5-18 所示界面。

```
Create DOS Partition or Logical DOS Drive
Current fixed disk drive: 1
Choose one of the following:
1. Create Primary DOS Partition
2. Create Extended DOS Partition
3. Create Logical DOS Drive(s) in the Extended DOS Partition
```

图 5-18　FDISK 操作界面

输入“1”，回车，创建主分区。主分区将被标志为 C 盘。

程序提示是否要将整个硬盘的大小都作为主分区，界面如图 5-19 所示。输入“N”，回车，然后会出现主分区容量设置界面，我们在输入框中输入 C 盘的容量大小，比如输入 2000（单位 MB），回车确认。

```
Create Primary DOS Partition
Current fixed disk drive: 1
Do you wish to use the maximum available size for a Primary DOS Partition
and make the partition active (Y/N)......................? [N]
```

图 5-19　FDISK 操作界面

完成后会出现主分区分配情况界面，按“Esc”键返回到 FDISK 主菜单，输入“1”再次进入创建分区界面。输入“2”，选择创建扩展分区，出现如图 5-20 所示界面。（注：逻辑分区是建立在扩展分区之上的，必须先创建扩展分区，再创建逻辑分区。）

```
Create Primary DOS Partition
Current fixed disk drive: 1

Total disk space is  6400 Mbytes (1 Mbyte = 1048576 bytes)
Maximum space available for partition is  6400 Mbytes (100% )

Enter partition size in Mbytes or percent of disk space (%) to
create a Primary DOS Partition.................................: [ 2000]
```

图 5-20　FDISK 操作界面

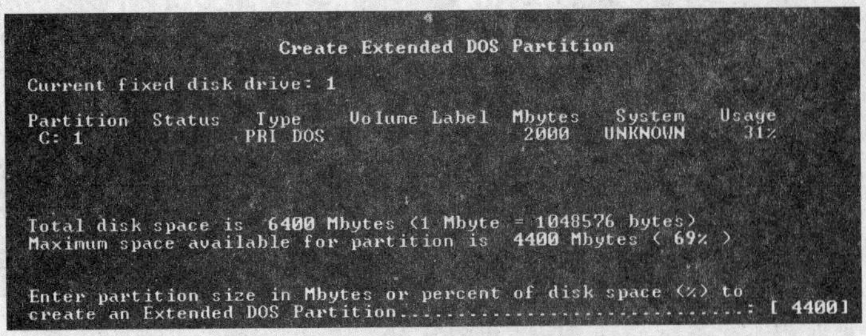

```
Create Extended DOS Partition

Current fixed disk drive: 1

Partition  Status   Type    Volume Label  Mbytes   System   Usage
 C: 1              PRI DOS                 2000   UNKNOWN     31%

Total disk space is  6400 Mbytes (1 Mbyte = 1048576 bytes)
Maximum space available for partition is  4400 Mbytes ( 69% )

Enter partition size in Mbytes or percent of disk space (%) to
create an Extended DOS Partition.................................: [ 4400]
```

图 5-21　FDISK 操作界面

输入扩展分区的大小,这里一般将主分区外的所有剩余空间都分配给扩展分区,比如本例中的 4400MB。回车确认后出现主分区和扩展分区的容量分配比例界面,然后按"Esc"键。

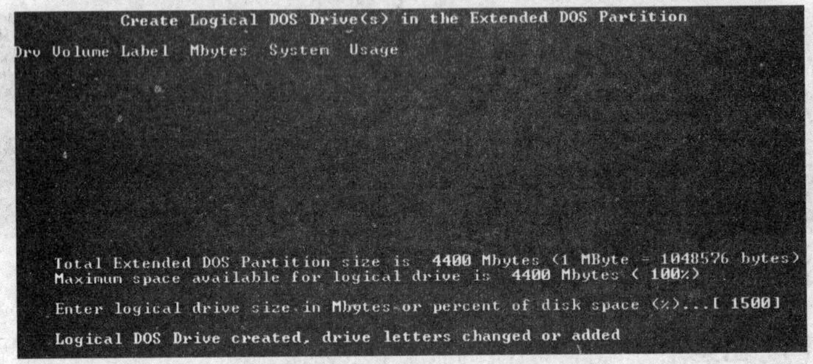

```
Create Logical DOS Drive(s) in the Extended DOS Partition
Drv Volume Label  Mbytes  System  Usage

Total Extended DOS Partition size is  4400 Mbytes (1 MByte = 1048576 bytes)
Maximum space available for logical drive is  4400 Mbytes ( 100%)

Enter logical drive size in Mbytes or percent of disk space (%)...[ 1500]

Logical DOS Drive created, drive letters changed or added
```

图 5-22　FDISK 操作界面

输入第一个逻辑分区的大小(例如 1500MB),回车确认。

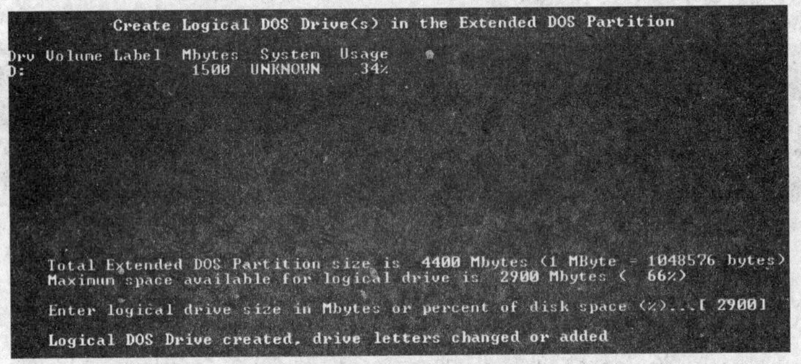

```
Create Logical DOS Drive(s) in the Extended DOS Partition
Drv Volume Label  Mbytes  System  Usage
D:                 1500  UNKNOWN    34%

Total Extended DOS Partition size is  4400 Mbytes (1 MByte = 1048576 bytes)
Maximum space available for logical drive is  2900 Mbytes (  66%)

Enter logical drive size in Mbytes or percent of disk space (%)...[ 2900]

Logical DOS Drive created, drive letters changed or added
```

图 5-23　FDISK 操作界面

图 5-23 显示的是第二个逻辑分区的容量设置情况,在这个界面可看到第一个逻辑分区(D 盘)的容量和比例。界面出现后,在右下角输入框里输入第二个逻辑分区的大小(比如 2900MB),回车确认,再按"Esc"退回 FDISK 主菜单,输入"2",回车,出现如图 5-24 所示界面。

提示:在本例中,总共 6400MB 的磁盘,主分区分了 2000MB,扩展分区 4400MB,第一个逻辑分区 1500MB,第二个逻辑分区 2900MB,如果第二个逻辑分区没有分配完剩余的扩展分区空间的话,还会反复出现图 5-22 的界面,直到扩展分区空间被分完为止。

最后,进行分区激活,会出现成功激活主分区的界面。完成后按"Esc"键两次,退出 FDISK,将出现提示界面提醒重新启动系统。

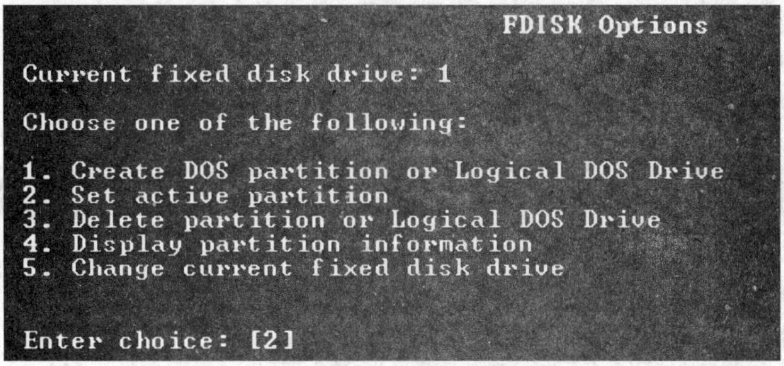

```
                              FDISK Options

Current fixed disk drive: 1

Choose one of the following:

1. Create DOS partition or Logical DOS Drive
2. Set active partition
3. Delete partition or Logical DOS Drive
4. Display partition information
5. Change current fixed disk drive


Enter choice: [2]
```

图 5-24 FDISK 操作界面

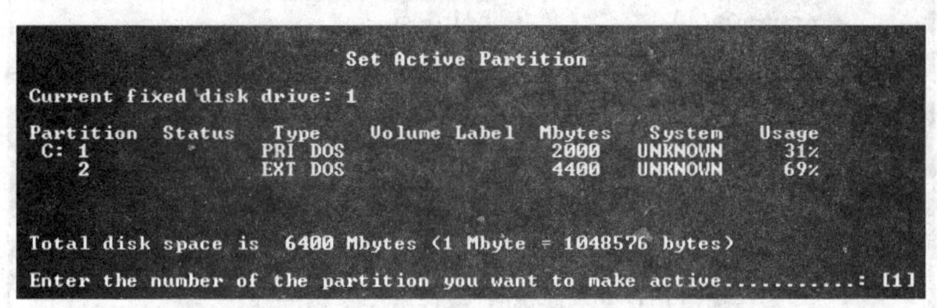

图 5-25 FDISK 操作界面

用 Windows 启动软盘重新启动计算机。启动完成后，输入“format c:”，回车，输入“format d:”，回车，输入“format e:”，回车，即可格式化 C、D、E 三个分区。

(二)分区魔术师 PQmagic

1. 调整分区容量

启动 PQ8.0，在程序界面中我们看到硬盘没有调整前的一个分区，调整分区时首先先从当前分区中划分一部分空间。方法很简单，只要在分区列表中选中当前分区并单击右键，在右键菜单中选择“调整容量/移动分区”命令(如图 5-26)。

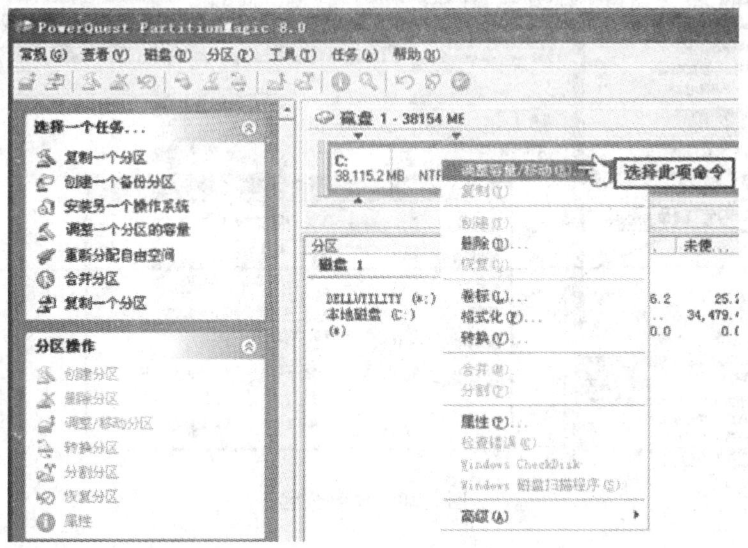

图 5-26 调整分区

打开“调整容量/移动分区”对话框。在该对话框中的“新建容量”设置框中输入该分区的新容量。随后在“自由空间之后”设置框中会自动出现剩余分区的容量，该剩余容量即是我们划分出来的容量，调整后单击“确定”按钮即可（如图5-27）。

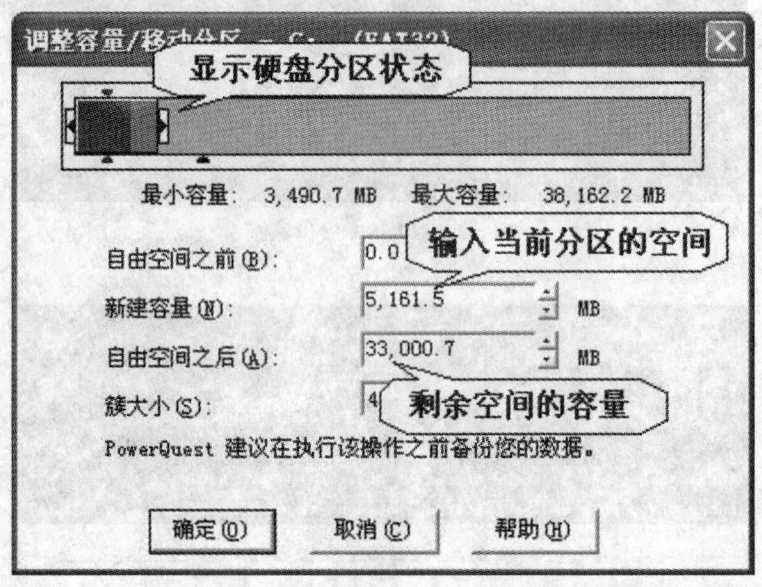

图5-27 调整分区

这时看到PQ已经划出了一段未分配的空间，要想使用这块剩余空间，单击左侧“分区操作”项中的“创建分区”命令，随后弹出一个“创建分区”对话框。在“分区类型”中选择分区格式，在“卷标”处输入该分区的卷标。在“容量”中输入配置分区的容量（如图5-28）。

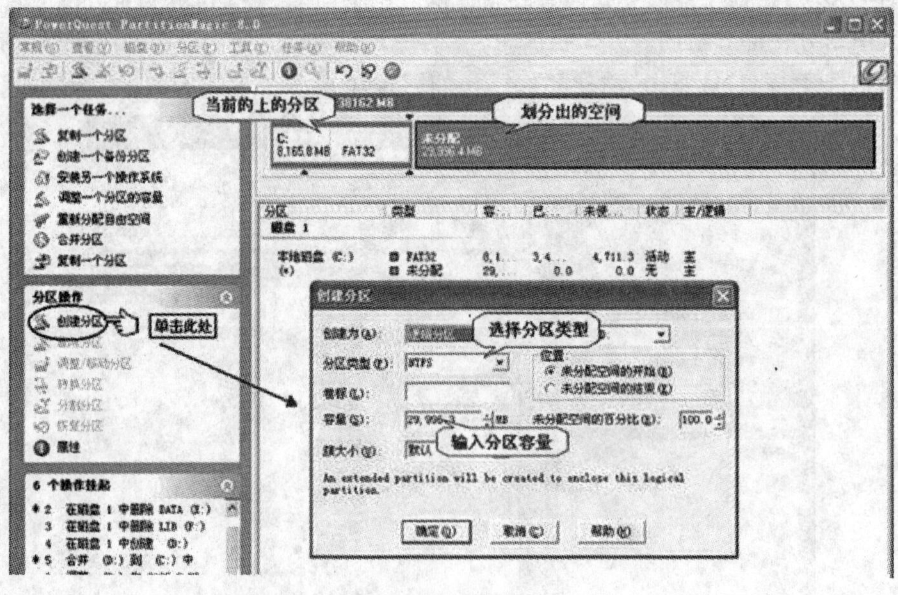

图5-28 调整分区

最后,单击"确定"按钮即可新创建一个分区(如图5-29),按照此方法可以继续创建其他分区。

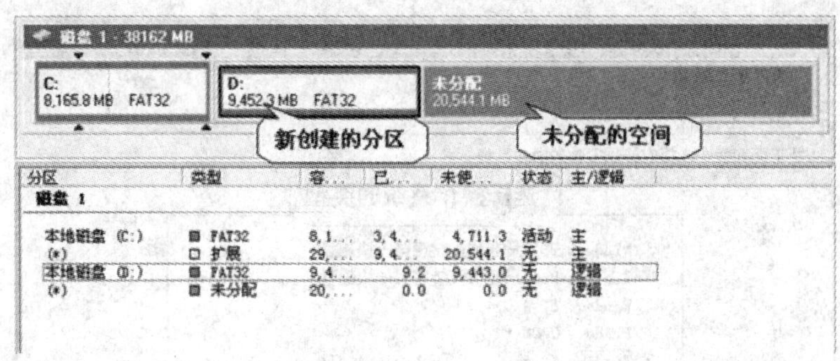

分区	类型	容...	已...	未使...	状态	主/逻辑
磁盘 1						
本地磁盘 (C:)	FAT32	8,1...	3,4...	4,711.3	活动	主
(*)	扩展	29,...	9,4...	20,544.1	无	主
本地磁盘 (D:)	FAT32	9,4...	9.2	9,443.0	无	逻辑
(*)	未分配	20,...	0.0	0.0	无	逻辑

图5-29　调整分区

2. 格式化分区

分区创建成功后,新创建的分区要进行格式化才能使用,格式化时选择需格式化的分区,随后单击右键选择"格式化"命令,弹出一个"格式化分区"对话框,在此选择分区类型和卷标,随后单击"确定"即可(如图5-30)。

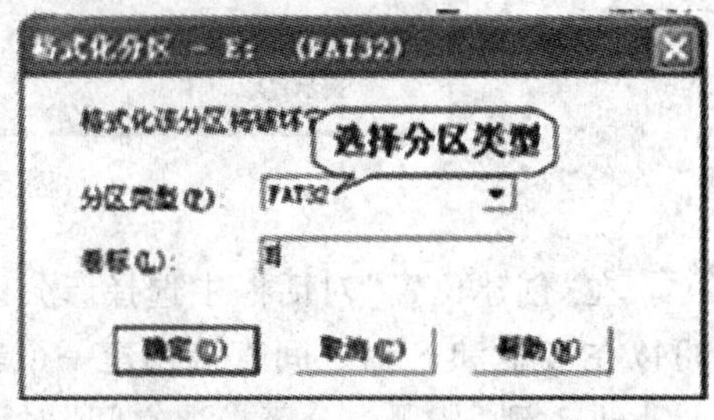

图5-30　格式化分区

3. 创建系统分区

分区调整后,有时我们还需要多安装一个操作系统,在PQ中我们可以为该系统重新划分一个新的分区,并确保它有正确的属性来支持该操作系统。下面以安装XP系统为例,来看看如何为操作系统划分分区。

首先单击左侧菜单栏中的"选择一个任务"选项,然后在该对话框中单击"安装另一个系统"命令,之后会弹出一个安装向导对话框(如图5-31)。单击"下一步"继续。

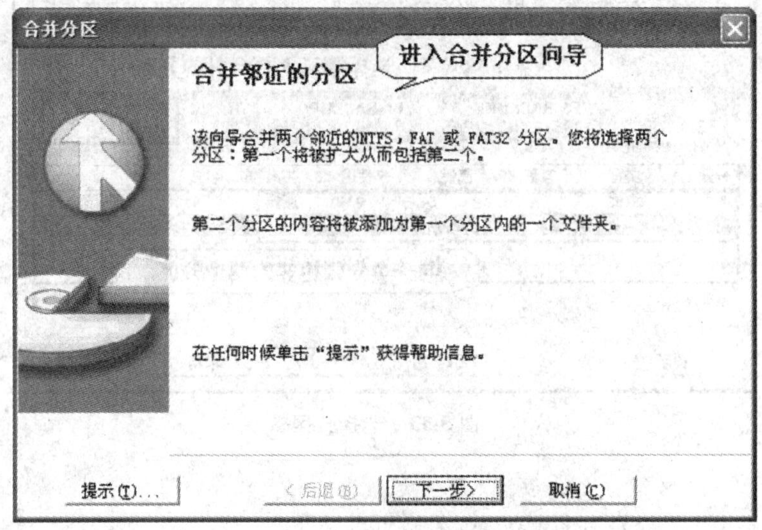

图5-31　合并向导

在我们进入到“选择操作系统”对话框中之后,我们需要在多种操作系统类型中先选择所需要安装的操作系统类型,比如 Windows XP(如图 5-32)。然后再单击“下一步”继续。

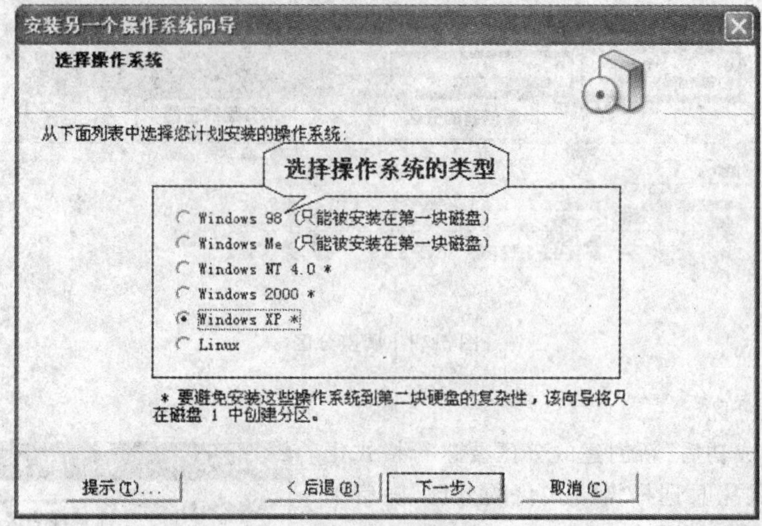

图 5-32 选择系统类型

在“创建位置”对话框中选择新分区所在位置,如:“在 C:之后但在 E:之前”等,主要就可以在 C 盘和 E 盘之间直接创建一个新的系统分区(如图 5-33)。单击“下一步”继续。

进入到“从哪个分区提取空间”对话框之后,需要在下面的复选框中勾选所需要提取空间的分区,而且,程序支持同时从多个分区中提前空间(如图 5-34)。选择好后,单击“下一步”继续。

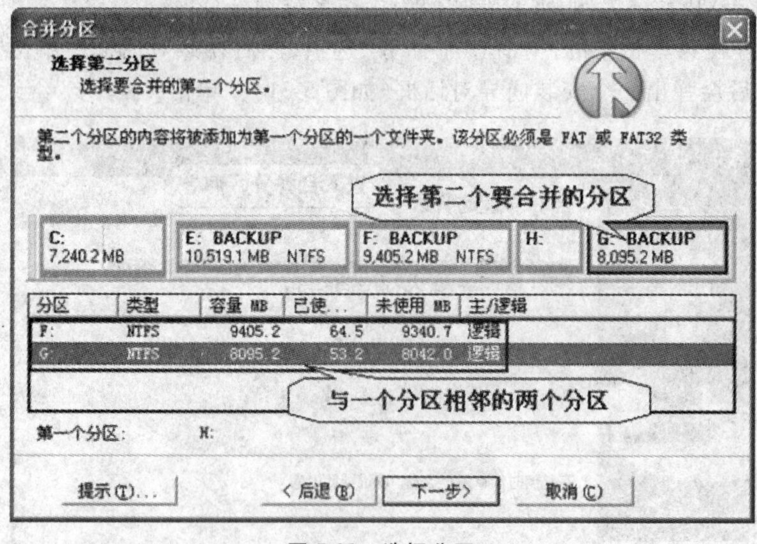

图 5-33 选择分区

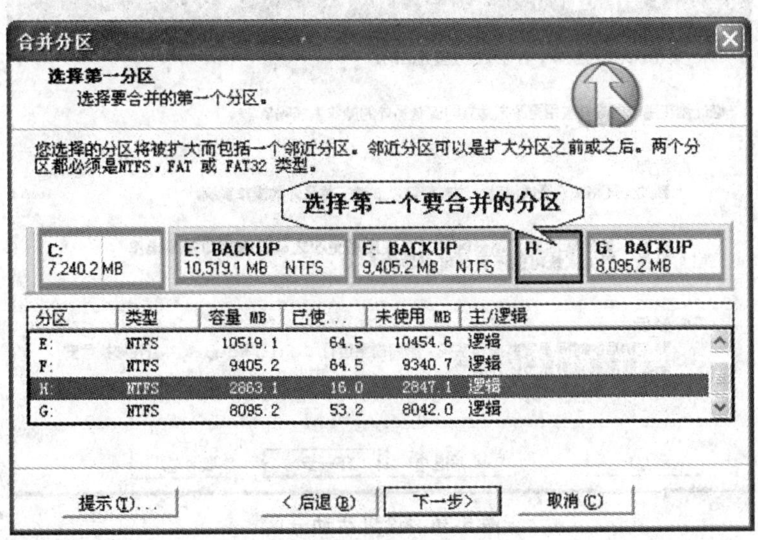

图 5-34　提取空间

在“分区属性”窗口中对分区的大小，卷标、分区类型等项进行设置(如图 5-35)。单击“下一步”继续。

如果现在就需要安装操作系统在此选择“立即”单选项，如果以后在安装系统，在此选择“稍后”项即可(如图 5-36)。单击“下一步”继续。

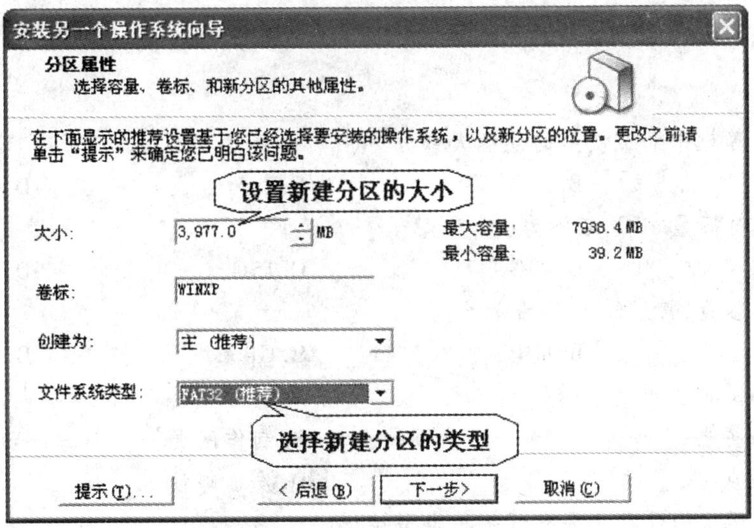

安装另一个操作系统向导

分区属性

选择容量、卷标、和新分区的其他属性。

在下面显示的推荐设置基于您已经选择要安装的操作系统，以及新分区的位置。更改之前请单击“提示”来确定您已明白该问题。

设置新建分区的大小

大小: 3,977.0 MB　最大容量: 7938.4 MB　最小容量: 39.2 MB

卷标: WINXP

创建为: 主 (推荐)

文件系统类型: FAT32 (推荐)

选择新建分区的类型

提示(I)...　< 后退(B)　下一步>　取消(C)

图 5-35　分区属性

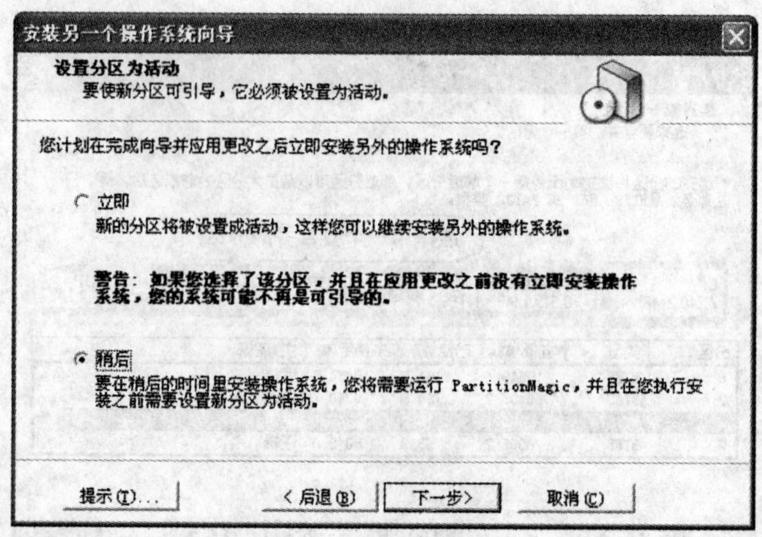

图 5-36 设置活动分区

进入"确认选择"窗口,在此程序给出了分区创建前后硬盘分区的对比图,确认无误后单击"完成"即可创建一个新的分区。以后就可以在该分区中安装系统了。以上几项设置后,单击 PQ 界面下面的"应该"按钮,重启计算机以上设置即可生效。

习 题

一、选择题

1. 台式计算机中经常使用的硬盘大部分为(　　)英寸。

A. 5.25　　B. 3.5　　C. 2.5　　D. 1.8

2. 硬盘标称容量 40G,实际为(　　)。

A. 39.06G　　B. 40G　　C. 15G　　D. 35G

3. 硬盘的容量,常用(　　)为单位。

A. KB　　B. MB　　C. GB　　D. MHz

4. FrontPage 的主要功能是(　　)。

A. 连接服务器　　B. 制作网页

C. 建立站点　　D. 发送邮件

5. 目前市场上的硬盘主要有哪两种类型接口(　　)。

A. SATA　　B. IDE

C. PCI　　D. AGP

6. 购买硬盘时,主要参考的指标有(　　)。

A. 容量　　B. 转速

C. 缓存大小　　D. 接口类型

二、填空题

1. 硬盘是计算机主要的存储设备，它具有__________、__________、__________、__________等优点。

2. 硬盘浮动磁头组件是硬盘中最精密的部件之一，由__________、__________、__________三部分组成，__________是硬盘技术中最重要、最关键的一环。

3. 硬盘数据传输率是硬盘读写数据的速度，一般用__________作为计算单位，它又可分为__________和__________。

三、简答题

1. 硬盘分区常用的方法有哪些？如何操作？

2. 用什么软件进行分区比较好，为什么？

项目六　认识显卡与显示器

显卡又称为显示卡、显示适配器，它是微型机系统必备的部件之一。显卡的主要作用是负责将CPU送来的影像数据处理成显示器可以接受的格式，再送到显示屏上形成影像。显卡一般是一块独立的板卡，通过扩展槽插接在主板上，也有的显卡是直接集成在主板上。显卡可以分为专业和一般用途两类。专业显卡主要应用在CAD平面设计、3D制图以及视频合成等专业领域，其价值十分昂贵。一般用途的显卡在性能上远不及专业显卡，但是它们价格低廉，而且能够满足一般用途的需要。我们通常所说的显卡就是指这类。

显示器是微型机与用户沟通的窗口，是微型机必备的外部设备。随着多媒体技术的发展，要显示器传递给用户的信息越来越多，显示器性能的优劣，不仅关系到计算机整机性能的发挥，而且关系到人的眼睛和健康。了解显示器的基本知识是组装和使用计算机所必需的。

一、教学目标

终极目标：能够检测显卡性能参数指标，独立选购显卡和显示器，对显卡和显示器的常见故障进行处理。

促成教学目标：

1. 掌握显卡、显示器的性能指标；
2. 对显卡、显示器的市场行情与发展状况有一定的掌握；
3. 能够使用检测软件对显卡、显示器进行参数测试；
4. 能够根据显卡、显示器的性能指标而作出合适的选购；
5. 能够对常见显卡、显示器故障进行诊断和排除。

二、工作任务

通过检测软件对显卡、显示器性能参数进行检测，从而掌握检测软件的使用方法及显卡、显示器的性能参数，并能够对显卡、显示器常见故障进行诊断和排除。

活动 1　识别与选购显卡、显示器

一、教学目标

1. 对市场主流显卡和显示器有一定的了解；
2. 能够运用测试软件对显卡性能进行测试；
3. 掌握显卡、显示器的分类与组成；
4. 掌握显卡、显示器的工作原理；
5. 能够通过对显卡、显示器性能参数的了解作出合适的选购。

二、工作任务

运用显卡检测软件对显卡性能进行检测，从而对显卡的性能参数有一定的了解，并能够通过对显卡、显示器性能参数的了解而对显卡、显示器作出合适的选购。

三、相关知识点

（一）主流显卡介绍

1. 微星 N9600GSO-T2D384-OC 显卡

微星 N9600GSO-T2D384-OC 采用 G92 显示核心，基于 65nm 工艺制造，它采用 DX10 规范的统一渲染架构，没有了传统意义上渲染管线的概念，统一称为单一的 Streaming Processor 单元。显卡内建 96 个 Streaming Processor 处理单元。硬件方面，支持 DirectX 10 与 Shader Moder 4.0 技术。

图 6-1　微星 N9600GSO－T2D384－OC 显卡

做工方面，微星 N9600GSO-T2D384-OC 显卡采用了核心与显存独立的供电模块，用料上采用了豪华的电容，为显卡的稳定性提供了保障。

散热部分,微星 N9600GSO-T2D384-OC 使用了热管显卡散热器,提供了出色的散热效果。显存部分,该显卡搭载了 1.0ns GDDR3 显存颗粒,组成 384/192bit 的显存规格,显卡的默认频率为 600/1800MHz。

输出方面,微星 N9600GSO-T2D384-OC 提供了双 DVI + S-Video 的接口设计,配合 nVIDIA 的 PureVideo 以及 H.264 硬件解码,能够轻松组建高清家庭影音平台。

评价:微星 N9600GSO-T2D384-OC 做工豪华,其散热风扇设计也别具特色,不仅在规格设定上要比其他品牌来得高,同时采用的是 nVIDIA 公版标准的 PCB 设计,真正做到了低价不缩水,这款显卡值得消费者考虑。

2. 影驰 9600GT 中将版

影驰 9600GT 中将版核心代号 G94-300,采用 65nm 工艺制造,其核心与 Shader 频率分别为 700/1625MHz,流处理器数目为 64 个,12 个像素输出单元,GPU 核心的功耗为 70W。显卡支持 DirectX10 和 SM4.0,具备 PureVideo HD Ⅱ的视频解码引擎,支持 HDCP 和 HDMI,支持 SLI 双卡互联技术与最新的 PCI-Express 2.0 总线标准。

图 6-2 影驰 9600GT 中将版显卡

供电方面,影驰 9600GT 中将版采用加强型的 2+1 相供电配置,大量采用贴片电容和陶瓷电感以及大量优质 MOSFET,保证显卡稳定工作,同时提供了 6Pin 外接电源加强供电。

显存方面,影驰 9600GT 中将版采用了三星 1.0ns GDDR3 显存颗粒,8 颗构建了 512M/256bit的显存规格,默认核心/显存频率为 650/1800MHz。

接口方面,显卡采用 DVI/HDMI/TV-OUT 的设计配备上齐全的各种转接头,用户可以实现各种显示设备的接驳。

评价:低噪音温控强散热、加强全固态供电、超频出色、全部通过 QC 日本化工固态电容、第三代双 BIOS、电压跳线、HDMI 接口等设计,影驰 9600GT 中将版异常诱惑,性能强劲。

3. 铭鑫 GF9600GSO-384D3 显卡

铭鑫视界风同心版 GF9600GSO-384D3 显卡采用绿色 PCB 大板,搭载酷冷至尊"龙骨"散热器。基于先进 65nm 工艺制造 G92-150 核心,统一流处理器个数达到 96 个,显卡支持 DirectX10 和 Shader Model 4.0 硬件特效,具备 PureVideo HD Ⅱ的高清视频解码引擎,完美支持 HDCP/HDMI,支持 SLI 双卡互联技术,支持 PCI-Express 2.0 总线标准。

图 6-3　铭鑫 GF9600GSO－384D3 显卡

供电方面,显卡采用了核心、显存独立供电设计,豪华的全固态富士通电容配备了全封闭式电感,MOS 管上覆盖了纯铜散热片,并且还提供了一个 6Pin 的外接电源接口,满足显卡长时间工作的电流需求。

散热方面,显卡采用了豪华的龙骨热管散热器,搭配滚珠风扇,保证为显卡提供出色的散热效果。

显存方面,显卡搭载了三星 1.0ns GDDR3 显存颗粒,组成了 384MB/192bit 的显存规格,显卡的默认频率为 615/1900MHz,提供了出色的 3D 性能表现。还有一定的提升空间。

输出接口方面,显卡提供了双 DVI + S-Video 的接口设计,配合 nVIDIA 的 PureVideo 以及 H.264 硬件解码,能够轻松组建高清家庭影音平台。

评价:铭鑫视界风 9600GSO-384D3 同心版显卡核心 3 相,显存 2 相的豪华供电系统,以及酷冷热管散热设计,615/1900MHz 默认频率,提供了出色的性能表现。

4. 祺祥 HD3850 512M DDR3 独孤求败

祺祥 HD3850 512M DDR3 独孤求败显卡基于 55nm 制程的 RV670 核心,核心频率为 750MHz,显存频率 1658MHz。采用统一渲染架构,拥有 320 个统一着色器,完整支持 DirectX 10.1、Shader Model 4.1 以及 PCI-E 2.0 技术。对 H.264 和 VC-1 提供硬件解码,并支持 ATI Powerplay 自动节能技术。

图 6-4　祺祥 HD3850 512M DDR3 独孤求败显卡

显卡采用 3 + 1 相核心/显存分离供电设计，选用了日系全固态电容，辅以全封闭式电感，保证了显卡核心和显存供电的稳定。

显卡搭载三星 1.0ns DDR3 显存颗粒，8 颗构成 512M/256bit 的显存规格，默认频率达到了 725/20000MHz，并完全被散热片覆盖，保证显存的散热。

散热方面采用半开放式大型散热器设计，核心热量通过散热片，由大口径风扇散热，同时又兼顾了供电部分和显存的散热。

评价：祺祥 HD3850 512M DDR3 独孤求败采用了 3 + 1 相供电设计，使用了日系全固态电容，再加上出色的散热设计、三星 1.0ns 512M 显存，显卡拥有双 DVI + TV-Out 的接口，是中端显卡中性价比很高的一款，值得关注。

5. 七彩虹镭风 3650-GD3 UP 烈焰战神显卡

七彩虹镭风 3650-GD3 UP 烈焰战神显卡采用了 ATI 的 RV635 图形核心，使用了最新的 55nm 工艺制造，显卡核心集成了 3.78 亿个晶体管，采用了统一渲染架构设计，拥有 120 个流处理器、8 个 ROPS，支持 DirectX10.1、Shader Model 4.1 等特效。并且支持 PowerPlay 节能技术。显卡集成了全新 UVD 引擎，整合 AVIVO HD 技术，支持 H.264 和 VC-1 的全硬件视频解码。

七彩虹"UP 烈焰战神"系列，不仅仅拥有豪华的用料设计，如全日系高品质固态电容、三星 1.0ns 显存、铜铝结合压固式散热器、原生 HDMI 接口等，而且还具有"一卡双频、一档调频"的个性化独特设计，以及仅见于顶级声卡上的防电磁干扰屏蔽铜片设计。

"一卡双频、一档变频"指的是显卡具备两个 BIOS，但与主板双 BIOS 概念不同的是，显卡两个 BIOS 互不相同，从而使显卡具备两个不同的频率，另外显卡还无需拆卸机箱、插拔跳线，只要拨动显卡挡板上的切换开关就可以在两种频率之间自由切换，即当开关拨至 Turbo 挡位时该卡可以稳定运行在 800MHz/2000MHz 的超高频率下，以应对复杂游戏场景需求，如玩大型 3D 游戏或执行 3D 设计等；当拨至 Normal 挡位时显卡可以运行在 725MHz/1600MHz的标准频率下，以降低显卡功耗和发热量，延长显卡使用寿命，如浏览网页、文字处理、上网聊天等。

图 6-5　七彩虹镭风 3650 – GD3 UP 烈焰战神显卡

评价:这款七彩虹镭风 3650-GD3 UP 烈焰战神显卡的做工用料出色,并且设置了超频跳线开关,轻轻一拨即可实现超频,给用户带来了方便,同时价格适中,是主流用户的不错选择。

6. 盈通 8800GS

盈通 8800GS 型号为 G8800GS-384M GD3,使用非公版 PCB 构建,金黄色的散热器占据了整个 PCB 大概 1/3 的位置。显存上也加上了被动散热器,较之公版 8800GT 一体化散热器更为灵活。

图 6-6　盈通 8800GS 显卡

盈通 G8800GS-384M GD3 散热器使用超大面积铝片,而非公版 8800GT 的铜心散热片,庞大的散热器虽然十分威武,但实际效能表现并不能让人十分满意,除了噪音较大这个缺点之外,其实际降温效能比起公版 8800GT 来说优秀不少,不过由于目前还没有软件可以侦测此 G92 核心的温度数据,因此我们没有进行温度测试。同时我们可以看到,显存部分使用了全被动的散热方式,并通过三颗螺丝固定。

显存方面,8800GS 的显存规格比较独特,采用了 6 颗奇梦达的 GDD3 显存颗粒组成 384M/192bit 规格,FBGA 显存封装技术,显存潜伏期为 1.0ns(BF-XP),显存默认频率为 1700MHz,shader 频率为 1438MHz。

接口方面,DVI/HDMI/TV-OUT 三种组合,通过 HDMI 接口便可以实现一线输出视频音频,因此用户可以很方便连接各种显示设备。

评价:虽然 8800GS 是 8800GT 的精简版,但是参数方面依然非常强悍,拥有 96 个流处理器和 384MB/192bit 显存规格的盈通 G8800GS-384GD3 标准版运行频率为575MHz/1438MHz/1700MHz,极具竞争力。

(二)主流显示器介绍

显示器分为 CRT 阴极射线管显示器和 LCD 液晶显示器,目前市场主流是 LCD 液晶显示器。

1. LG W2242T

性能上 LG W2242T 绝对是超主流的,采用 16.2M 色宽屏面板,最大分辨率 1680 × 1050,亮度为 300 流明,动态对比度升级为 8000 ∶ 1,响应时间也只有 5ms。输入接口方面,这款产品采用 S-Sub + DVI 双输入接口,并且提供了对 HDCP 协议的支持。

在外观上,LG W2242T 比同尺寸的价高品更加偏向务实,黑色的主色调虽然不算时尚,但也是永远不过时的,磨砂质感的外壳在美观方面虽然比不上高亮钢琴烤漆工艺,但也没有烤漆容易沾上指纹的麻烦。

LG W2242T 的 OSD 按键设置在显示器右下角,取消了 EZ-Zooming 按键,取而代之的是 4 : 3 分辨率切换按键。

评价:相对旗舰级的产品来说,LG W2242T 身上少了很多时尚的元素,不过在性能上却非常扎实,1680 × 1050 的分辨率观看全高清影视足够了,而较低的价格无疑是这款产品在市场上的杀手锏。

2. 美格 WE223DK

图 6-7　美格 WE223DK 显示器

黑色边框与银灰色外框搭配,简约时尚,磨砂表面抗磨耐用。OSD 控制按键在显示器边框的下方,使用方便而且美观,不影响整体布局搭配。性能方面,WE223DK 拥有 16 : 10 的显示比例,采用 8bit 液晶面板,能够提供最大 16.7M 的发色数,画面效果鲜艳细腻,提供最佳 1680 × 1050 的分辨率,具备 300 流明的显示亮度以及 3000 : 1 的屏幕对比度,响应速度方面提升到了 5 毫秒响应时间,其水平与垂直可视角度分别达到了 170 度和 160 度。

美格 WE223DK 的输入接口拥有两个 VGA 接口和一个 DVI 接口,输入接口设计非常独特,能够满足用户应用的多元化需求。

评价:同样价位与其他品牌相比,在性能上有很大的优势。多接口设计与丰富的 OSD 菜单能满足广大用户们的需求。

3. 三星 T220

T 系列也被三星称为“绝色”系列,外型方面,三星 T220 使用了钢琴烤漆工艺,特别是边框部分,采用了双层琉晶边框,给产品增添了水晶般的透明效果。这款产品采用了 TOC 技术,这项技术全称为“Touch of Colour”,被誉为“国际高端流行色”,通过向有机玻璃材料注入色彩分子的手段,配合黑色后板过渡,制作出具有内涵流动般色彩的琉晶边框。三星 T220 目前除了冰醇红外,还有泼墨蓝、韵彩绿两种颜色。

性能方面,它采用了 16.7M 色 TN 面板制造,点距为 0.282mm,最佳分辨率为 1680 ×

1050，亮度为300流明，动态对比度为20000：1，响应时间为2ms，显示器水平、垂直可视角度分别为170度和160度，视频信号输入接口为VGA+DVI。

评价：在22英寸显示器领域，三星拥有多款经典机型，包括226BW，2232GW等。这款名为T220的产品，赋予了22英寸显示器的最高性能！也就是高达20000：1超高对比度，性能非常优异。

图6-8　三星T220显示器

4. 飞利浦190SW8

外观方面，飞利浦190SW8显示器采用了圆弧形的边框设计在飞利浦的众多产品中可谓独树一帜了，而且内边框微微向里凹陷，OSD按键也被设计成平滑的方形，均匀地分布在屏幕的右下角，按键较底部边框为高，触感清晰柔软，双层的边框设计最大限度地避免了操作上的错误，最左侧的SmartImage按键在开机后会发出蓝光，显得十分优雅。

底座使用了内方外圆的独特造型，张力十足，可上下调节的突破式结构也满足用户的各种需求。飞利浦190SW8显示器的背面同样采用了圆滑的设计，电路部分在背面形成一个形同底座的凸起。

飞利浦190SW8显示器采用了TN规格液晶面板，有效可视范围为410.4×256.5mm，最大显示颜色为16.7M色，水平/垂直扫描频率分别为30～83kHz/56～75Hz，支持1440×900最大分辨率。

拥有300流明亮度和800：1对比度，5ms的极速响应时间，动态对比度达到3500：1，最大水平/垂直角度分别为176°/170°。符合TCO03/Lead Free以及Windows Vista认证，配备了15针D型模拟接口和DVI-D数字接口两种类输入接口。

评价：拥有“SMART”技术的飞利浦最新的第8代液晶显示器190SW8除了外观设计、做工用料出色外，显示效果也在市场上的同规格产品中处于较好的水平。飞利浦190SW8从型号上可以了解其定位于入门市场的19寸宽屏液晶显示器。190SW8具有很高的性价比，值得关注。

5. 优派VA2216W

它拥有新一代智慧型ClearMotiv动画清晰显像技术，5ms的快速反应时间，可大幅改善液晶屏幕动态显示画质，使动态画面流畅不迟滞，更加顺畅自如。此外，这款产品还具有

Auto Tune 自动调整功能,能使显示影像更准确地呈现在屏幕上,并使显示器设定在最佳化的状态。

在性能参数方面,它们和以前的产品相比,有了较大的提升。借助全新“速锐”技术,它具备 300cd/m^2 的亮度、2000:1 的对比度、5ms 响应时间,水平/垂直可视角度分别为 170°/160°。具备 1680×1050 的最佳分辨率,其中对比度的大幅提升将为用户带来最直观的视觉提升。此外,它们通过了 Windows Vista Basic 的兼容性认证。

评价:VA2216W 定位娱乐范畴,黑色窄边框配以银灰色底边框的组合,给人一种更显轻灵、简洁之感。

6. 冠捷 210V

210V 一改 203VW 的侧边框按键设计,将 6 个 OSD 菜单按键重新安置到了屏幕下方的边框之上,十分利于惯用右手的用户对其进行操控。实际上,210V 整个机身最引人注目的,还要属它那具有钢琴漆工艺的宽大底座。尽管此种设计远不如镂空或搭建站立式的底座时尚、前卫,但其却为 210V 提供了更加牢固的根基。从侧面来看,210V 的机身还是较为纤薄的,没有给人以任何的拖沓、累赘之感。30°俯仰角调配设计,也能够满足一般用户的视角调节需求。

机身背部大部分的空间,都被繁多的散热栏栅所占据,有效解决了大尺寸液晶面板散热难的问题。隐藏式的接口设计也是大大提高了机身背部的整体美观程度。支架的背部,造型独特理线夹,也为以简洁、时尚为主题的机身设计风格增添了一丝新意。支持 HDCP 加密协议的 DVI 数字接口,可以让用户在今后使用 AOC 210V 观看带有 HDCP 加密的高清影像文件。

AOC 210V 出色的做工,并且支持 HDCP,5ms 的响应时间,高达 2000:1 的动态对比度,以及支持 AOC 最新的 DCB 活彩技术,同时产品的颜色还原准确性、均匀性、颜色浓度都不错。

评价:作为 AOC 首款 22″宽屏液晶显示器,AOC 210V 的命名风格与市面大部分其他品牌的 22″宽屏液晶显示器截然不同,并且产品规格亮点众多,支持 HDCP,通过 TCO03,高达 2000:1 的动态对比度,以及支持 AOC 最新的 DCB 活彩技术,是一款性价比突出的 22″宽屏液晶显示器。

(三)显卡的分类

1. 按连接方式分类

显卡按照连接方式可以分为 PCI 显卡、AGP 显卡、PCI-Express 显卡与集成显卡。

PCI 显卡是指与主板的 PCI 总线插槽进行连接的显示卡。AGP 显卡是指与主板的 AGP 总线插槽进行连接的显示卡。PCI-Express 显卡是指与主板的 PCI-Express 插槽进行连接的显示卡。PCI 显卡现在已经被淘汰,只存在于早期的 486 和 586 电脑中。而 AGP 显卡的应用就非常普遍。

AGP(Accelerated Graphics Port)是在 PCI 总线基础上发展起来的,主要针对图形显示方面进行优化,专门用于图形显示卡。AGP 标准也经过了几年的发展,从最初的 AGP 1.0、AGP2.0,发展到 AGP 3.0,如果按倍速来区分的话,主要经历了 AGP 1X、AGP 2X、AGP 4X、AGP PRO,最高版本就是 AGP 3.0,即 AGP 8X。AGP 8X 的传输速率可达到 2.1GB/s,是 AGP 4X 传输速度的两倍。AGP 插槽通常都是棕色,还有一点需要注意的是它不与 PCI、ISA

插槽处于同一水平位置,而是内进一些,这使得 PCI、ISA 卡不可能插得进去,当然 AGP 插槽结构也与 PCI、ISA 完全不同,根本不可能插错的。随着显卡速度的提高,AGP 插槽已经不能满足显卡传输数据的速度,目前 AGP 显卡已经逐渐淘汰,取代它的是 PCI Express 显卡。

PCI-Express 是最新的总线和接口标准,这个新标准将全面取代现行的 PCI 和 AGP,最终实现总线标准的统一。它的主要优势就是数据传输速率高,目前最高可达到 10GB/s 以上,而且还有相当大的发展潜力。PCI Express 也有多种规格,从 PCI Express 1X 到 PCI Express 16X,能满足现在和将来一定时间内出现的低速设备和高速设备的需求。目前 PCI-Express 显卡逐渐普及起来。

集成显卡是指图形处理芯片和外设连接端口都被集成到主板上的显示卡,因此显示器和电视机等外设可以直接与主板连接。如果观察到主板上有显示器和电视机等外设的插座,就能判断主板上有集成显示卡。这种显示卡成本较低,价格便宜,但是显示效果只能满足普通用户的需求。最大的问题是,由于没有配备专门的显示内存,在工作时必须占用一定的电脑主内存,从而使电脑整机运算速度略有下降。因此,对图形显示效果要求比较高的专业用户和电脑游戏爱好者不宜采用。

2. 按应用领域分类

显示卡按应用领域分为普通显示卡(个人 PC 级)与专业显示卡(工作站级)。

普通显示卡就是普通台式机内所采用的显示卡产品,也就是 DIY 市场最为常见的显示卡产品。之所以称为普通显示卡,是相对于应用于图像工作站上的专业显示卡产品而言的。普通显示卡更多注重于民间级应用,强调的是在用户能够接受的价位下提供更强大的娱乐、办公、游戏、多媒体等方面的性能;而专业级显示卡则强调的是强大的性能、稳定性、绘图的精确性。

目前设计制造普通显示卡芯片的厂家主要有 nVIDIA、ATI、SIS 等,但主流的产品都采用 nVIDIA、ATI 的显示芯片。

专业显示卡是指运用于图形工作站的显示卡,它是图形工作站的核心。从某种程度上讲,在图形工作站上它的重要性甚至超过了 CPU。与针对游戏、娱乐和办公市场为主的消费类显卡相比,专业显卡主要针对的是三维动画软件(如 3DS Max、Maya、Softimage3D 等)、渲染软件(如 LightScape、3DS VIZ 等)、CAD 软件、模型设计以及部分科学应用等专业应用市场。专业显示卡针对这些专业图形图像软件进行必要的优化,都有着极佳的兼容性。

普通家用显示卡主要针对 Direct 3D 加速,而专业显示卡主要针对 OpenGL 来加速的。OpenGL(Open Graphics Library,开放图形库)是目前科学和工程绘图领域无可争议的图形技术标准。

3. 按功能分类

按显示卡其图形芯片的功能分为 2D 显示卡、3D 显示卡与 2D + 3D 显示卡。

纯二维(2D)显示卡由于使用的是只计算 X 轴和 Y 轴像素的处理芯片,并且配合低速显示存储器,因此在处理高分辨率的图形资料时,就会出现严重的闪烁现象,对人的眼睛伤害很大,且处理数据速度很慢,它的优势在于低廉的价格。

纯三维(3D)显示卡在专业 3D 领域中有个极强的优势。其优势在于与相应的专业 3D 软件配合使用时,可以实时观察到复杂的 3D 模型的运行处理变化。一般在军用/民用企业在组装/运行大规模或者复杂的模型时使用得比较多。

二维＋三维(2D＋3D)显示卡，目前在计算机领域的主流就是2D＋3D显示卡。

4. 其他分类方法

按显示卡上存储器采用的内存种类可以分为SGRAM(Synchronous Graphics RAM，高速同步显示内存)显示卡、WDRAM(Windows DRAM，Windows内存)显示卡、MDRAM(Multi-bank DRAM，多存储体内存)显示卡、RDRAM(Rambus DRAM，随即存储总线内存)显示卡和EDO(扩展数据输出内存)显示卡等。

按照视频性能还可以分为带视频输出和不带视频输出显示卡。

(四)显示器的分类

从早期的黑白世界到现在的色彩世界，显示器走过了漫长而艰辛的历程，随着显示器技术的不断发展，显示器的分类也越来越明细，目前主要分为CRT显示器、LCD液晶显示器和PNP等离子显示器三种。

1. CRT显示器

一直以来，更完美的视觉享受都是我们的追求，传统的CRT显示器就经历了从黑白到彩色，从球面到柱面再到平面直角，直至纯平的发展。在这段加速度前进的历程中，显示器的视觉效果不断得到提高，色彩、分辨率、画质、带宽和刷新率等各项指标均有大幅度的提升。目前纯平显示器画面清晰、色彩真实，图像无扭曲、视角更广阔，而且在设计上还充分考虑了人类视觉构造的原理，好的纯平显示器具有长时间使用眼睛不感到疲劳等一系列优势。

可以说纯平显示器是CRT显示器发展的最高水平，不过，由于CRT显示器的基本工作原理是依靠高电压激发的游离电子轰击显示屏而产生各种各样的图像，技术已经十分成熟，没有太多的发展余地。受限于此，传统CRT显示器在体积、重量、功耗等方面露出自己的劣势，然而其自身的优势也同样非常明显，清晰逼真的色彩还原、高画质大视角、快速显示无抖动、长寿命结实耐用，很多产品通过更严格的TCO 99认证，更加体现环保健康的人文科技。

2. LCD液晶显示器

液晶显示器以其体积小、厚度薄、重量轻、耗能少、无电磁辐射、画面无闪烁、避免几何失真、抗干扰等诸多优点被业界和用户一致看好。随着关键技术的突破、成本的大幅削减，使它的价格也变得平易近人。目前液晶显示器已经成为市场的主流。

LCD是利用液晶的光电效应，通过外部的电压控制和液晶分子的折射特性，以及对光线的旋转能力来获得明、暗效果，从而产生丰富多彩的颜色和图像，达到显像的目的。它是一种典型的受光型显示器，工作原理的完全不同使得LCD与CRT显示器有了明显的性能差异，同时也使得它轻而易举地解决了CRT显示器无法克服的在体积、重量、功耗、环保等方面的缺点。并且随着网络环境和移动办公需求的发展，液晶显示器更加迎合了便携、环保、节能等更现代化的要求了。

3. PNP等离子显示器

等离子显示器是一种视频显示器。等离子显示器屏幕上的每一个像素都由少量的等离子或者充电气体照亮，有点像微弱的霓虹灯光。等离子显示器的体积比较阴极射线管(CRT)显示器小，色彩要比液晶显示器鲜艳、明亮。等离子显示器有时也被称为平板显示器，即可以用来显示模拟视频信号，也可以用来显示VGA数字信号。

除了具有“体格苗条”这一优势之外，等离子显示器的屏幕要比阴极射线管显示器更平展，因此，显示的图像不会出现扭曲变形的情况。而和许多液晶显示器不同，等离子显示器提供了很大的观察视角。等离子显示器的显示尺寸既可和传统电脑显示器的大小一样，也可以达到60英寸，用于家庭影院和高清晰度电视。

（五）显卡的构成

每一块显示卡基本上都是由“显示主芯片”、“显示缓存”（简称显存）、“显示BIOS芯片”、数字模拟转换器（RAMDAC）、“显卡的接口”以及卡上的电容、电阻等组成。多功能显卡还配备了视频输出以及输入，供特殊需要。随着技术的发展，目前大多数显卡都将RAMDAC集成到主芯片上。

显卡的性能主要取决于显卡上所使用的图形处理芯片（即显示芯片），显示主芯片自然是显示卡的核心，如nVIDIA公司的TNT2、GeForce2、GeForce 8400、GeForce 9600、ATI Radeon HD 2600Pro等。它们的主要任务就是处理系统输入的视频信息并将其进行构建、渲染等工作。显示主芯片的性能直接决定这显示卡性能的高低，不同的显示芯片，不论从内部结构还是其性能，都存在着差异，而其价格差别也很大。一般来说，越贵的显卡，性能自然越好。

显示内存VRAM就是存储显示数据的内存芯片，它的存储容量大小直接影响到显示卡可以显示的颜色数量和可以支持的最高分辨率。一般来说显存越大显卡的性能就越好。

显示BIOS芯片是固化在显卡所带的一个专门存储器中，其中存储了显示卡的硬件控制程序和相关信息。因此可以说，显示BIOS芯片是显示卡的“神经中枢”。

（六）显卡的工作原理

显卡是负责计算机图形最终输出的重要部件。它接受从CPU发送来的显示数据和控制命令，然后将处理过的图像信号发送给显示器。

显卡本身是一个智能的嵌入式系统，其核心是图形处理芯片（GPU），负责完成大量的图像运算和内部控制工作。显示所需的相关数据存放在显存中。

显卡处理图像数据的过程如下所示。

1. CPU到显卡

CPU将有关作图的指令和数据通过总线传送给显卡。对于显卡，由于需要传送大量的图像数据，因而显卡接口在不断改进，从最早的ISA接口到PCI、流行的AGP接口，以及正在普及的PCI-E接口，其数据吞吐能力不断增强。

2. 显卡内部图像处理

GPU根据CPU的要求，完成图像处理过程，并将最终图像数据保存在显存中。

3. 最终图像输出

对于普通显卡，RAMDAC从显存中读取图像数据，转换成模拟信号传送给显示器。

对于具有数字输出接口的显卡，则直接将数据传递给数字显示器。

（七）显示器的工作原理

1. CRT显示器工作原理

CRT（阴极射线管）显示器的核心部件是CRT显像管，其工作原理和我们家中电视机的显像管基本一样，我们可以把它看作是一个图像更加精细的电视机。经典的CRT显像管使用电子枪发射高速电子，经过垂直和水平的偏转线圈控制高速电子的偏转角度，最后高速电子击打屏幕上的磷光物质使其发光，通过电压来调节电子束的功率，就会在屏幕上形成明暗不同的光点形成各种图案和文字。

彩色显像管屏幕上的每一个像素点都由红、绿、蓝三种涂料组合而成，由三束电子束分别激活这三种颜色的磷光涂料，以不同强度的电子束调节三种颜色的明暗程度就可得到所需的颜色，这非常类似于绘画时的调色过程。倘若电子束瞄准得不够精确，就可能会打到邻近的磷光涂层，这样就会产生不正确的颜色或轻微的重像，因此必须对电子束进行更加精确的控制。

最经典的解决方法就是在显像管内侧，磷光涂料表面的前方加装荫罩（Shadow Mask），这个荫罩只是一层凿有许多小洞的金属薄板（一般是使用一种热膨胀率很低的钢板），只有正确瞄准的电子束才能穿过每个磷光涂层光点相对应的屏蔽孔，荫罩会拦下任何散乱的电子束以避免其打到错误的磷光涂层，这就是荫罩式显像管。

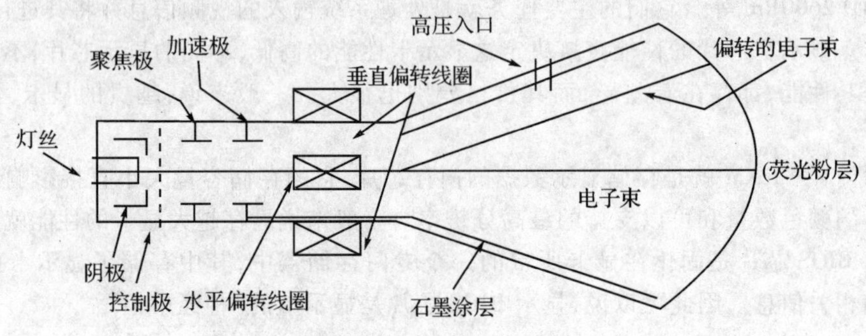

图 6-9 CRT 的工作原理

相对的，有些公司开发荫栅式显像管，它不像以往把磷光材料分布为点状，而是以垂直线的方式进行涂布，并在磷光涂料的前方加上相当细的金属线用以取代荫罩，金属线用来阻绝散射的电子束，原理和荫罩相同，这就是所谓的荫栅式显像管。

2. LCD 液晶显示器工作原理

（1）液晶的物理特性

液晶的物理特性是当通电时导通，排列变得有秩序，使光线容易通过；不通电时排列混乱，阻止光线通过。让液晶如闸门般地阻隔或让光线穿透。从技术上简单地说，液晶面板包含了两片相当精致的无钠玻璃素材，称为 Substrates，中间夹着一层液晶。当光束通过这层液晶时，液晶本身会排排站立或扭转呈不规则状，因而阻隔或使光束顺利通过。大多数液晶都属于有机复合物，由长棒状的分子构成。在自然状态下，这些棒状分子的长轴大致平行。将液晶倒入一个经精良加工的开槽平面，液晶分子会顺着槽排列，所以假如那些槽非常平行，则各分子也是完全平行的。

（2）单色液晶显示器的原理

LCD 技术是把液晶灌入两个列有细槽的平面之间。这两个平面上的槽互相垂直（相交成 90 度）。也就是说，若一个平面上的分子南北向排列，则另一平面上的分子东西向排列，而位于两个平面之间的分子被强迫进入一种 90 度扭转的状态。由于光线顺着分子的排列方向传播，所以光线经过液晶时也被扭转 90 度。但当液晶上加一个电压时，分子便会重新垂直排列，使光线能直射出去，而不发生任何扭转。

LCD 是依赖极化滤光器（片）和光线本身。自然光线是朝四面八方随机发散的。极化滤光器实际是一系列越来越细的平行线。这些线形成一张网，阻断不与这些线平行的所有光线。极化滤光器的线正好与第一个垂直,所以能完全阻断那些已经极化的光线。只有两个滤光器的线完全平行,或者光线本身已扭转到与第二个极化滤光器相匹配,光线才得以穿透。

LCD 正是由这样两个相互垂直的极化滤光器构成,所以在正常情况下应该阻断所有试图穿透的光线。但是,由于两个滤光器之间充满了扭曲液晶,所以在光线穿出第一个滤光器后,会被液晶分子扭转 90 度,最后从第二个滤光器中穿出。另一方面,若为液晶加一个电压,分子又会重新排列并完全平行,使光线不再扭转,所以正好被第二个滤光器挡住。总之,加电将光线阻断,不加电则使光线射出。

然而,可以改变 LCD 中的液晶排列,使光线在加电时射出,而不加电时被阻断。但由于计算机屏幕几乎总是亮着的,所以只有"加电将光线阻断"的方案才能达到最省电的目的。

从液晶显示器的结构来看,无论是笔记本电脑还是桌面系统,采用的 LCD 显示屏都是由不同部分组成的分层结构。LCD 由两块玻璃板构成,厚约 1mm,其间由包含有液晶(LC)材料的 5μm 均匀间隔隔开。因为液晶材料本身并不发光,所以在显示屏两边都设有作为光源的灯管,而在液晶显示屏背面有一块背光板(或称匀光板)和反光膜,背光板是由荧光物质组成的可以发射光线,其作用主要是提供均匀的背景光源。背光板发出的光线在穿过第一层偏振过滤层之后进入包含成千上万水晶液滴的液晶层。液晶层中的水晶液滴都被包含在细小的单元格结构中,一个或多个单元格构成屏幕上的一个像素。在玻璃板与液晶材料之间是透明的电极,电极分为行和列,在行与列的交叉点上,通过改变电压而改变液晶的旋光状态,液晶材料的作用类似于一个个小的光阀。在液晶材料周边是控制电路部分和驱动电路部分。当 LCD 中的电极产生电场时,液晶分子就会产生扭曲,从而将穿越其中的光线进行有规则的折射,然后经过第二层过滤层的过滤在屏幕上显示出来。

(3)彩色 LCD 显示器的工作原理

对于笔记本电脑或者桌面型的 LCD 显示器需要采用的更加复杂的彩色显示器而言,还要具备专门处理彩色显示的色彩过滤层。通常,在彩色 LCD 面板中,每一个像素都是由三个液晶单元格构成,其中每一个单元格前面都分别有红色、绿色、或蓝色的过滤器。这样,通过不同单元格的光线就可以在屏幕上显示出不同的颜色。

LCD 克服了 CRT 体积庞大、耗电和闪烁的缺点,但也同时带来了造价过高、视角不广以及彩色显示不理想等问题。CRT 显示可选择一系列分辨率,而且能按屏幕要求加以调整,但 LCD 屏只含有固定数量的液晶单元,只能在全屏幕使用一种分辨率显示(每个单元就是一个像素)。

CRT 通常有三个电子枪,射出的电子流必须精确聚集,否则就得不到清晰的图像显示。但 LCD 不存在聚焦问题,因为每个液晶单元都是单独开关的。这正是同样一幅图在 LCD 屏幕上为什么如此清晰的原因。LCD 也不必关心刷新频率和闪烁,液晶单元要么开,要么关,所以在 40 ~60Hz 这样的低刷新频率下显示的图像不会比 75Hz 下显示的图像更闪烁。不过,LCD 屏的液晶单元会很容易出现瑕疵。对 1024 ×768 的屏幕来说,每个像素都由三个单元构成,分别负责红、绿和蓝色的显示,所以总共约需 240 万个单元(1024 ×768 ×3 = 2359296)。很难保证所有这些单元都完好无损。最有可能的是,其中一部分已经短路(出现"亮点"),或者断路(出现"黑点")。所以说,并不是如此高昂的显示产品并不会出现瑕疵。

LCD 显示屏包含了在 CRT 技术中未曾用到的一些东西。为屏幕提供光源的是盘绕在其背后的荧光管。有些时候,会发现屏幕的某一部分出现异常亮的线条。也可能出现一些不雅的条纹,一幅特殊的浅色或深色图像会对相邻的显示区域造成影响。此外,一些相当精密的图案(比如经抖动处理的图像)可能在液晶显示屏上出现难看的波纹或者干扰纹。

现在,几乎所有的应用于笔记本或桌面系统的 LCD 都使用薄膜晶体管(TFT)激活液晶层中的单元格。TFT LCD 技术能够显示更加清晰、明亮的图象。随着技术的日新月异,LCD 技术也在不断发展进步。目前各大 LCD 显示器生产商纷纷加大对 LCD 的研发费用,力求突破 LCD 的技术瓶颈,进一步加快 LCD 显示器的产业化进程。

(八)显卡的性能指标

分辨率:代表了显示卡在显示器上所能描绘的像素点的数量。一般由横向像素点 × 纵向像素点来表示,比如 1280 × 800。

色深:也称位深,是指显卡在当前的分辨率下所能够显示的颜色数量。一般以多少色或多少位(Bit)色来表示,例如,某显卡在 1280 × 800 的分辨率下的色深是 32 位。

刷新频率:是指影像在显示器上的更新速度,也就是影像每秒在屏幕出现的帧数。刷新频率越高,屏幕上的图像闪烁感就越小,图像就越稳定,视觉效果就越好,对眼睛的健康也有好处。

显示内存:它的存储容量大小直接影响到显示卡可以显示的颜色数量和可以支持的最高分辨率。一般来说显存越大显卡的性能就越好。

(九)显示器的性能指标

1. CRT 显示器主要性能指标

(1)点距

点距(Dot Pitch)一般指的是显像管水平方向上相邻同色荧光粉像素间的距离。点距越小意味着单位显示区内显示像素点越多,显示的图像也就越清晰。用显示区域的宽和高分别除以点距,即得到显示器在垂直和水平方向最高可以显示的像素点数。

(2)分辨率

分辨率是指屏幕上可以容纳像素点的总和,分辨率越高,屏幕上能显示的像素也就越多,图像也就更加精细,但所得到的图像或文字就越小。分辨率以乘的形式表示,比如说,一个显示器的分辨率为 1280 × 800,那么其中 1280 表示屏幕上水平方向显示的像素点个数,800 则表示垂直方向显示的像素点个数。分辨率不仅与显示尺寸有关,还要受显像管点距、视频带宽等因素的影响。

(3)显示区域尺寸

尺寸是衡量一台显示器显示屏幕大小的重要技术指标,其度量单位一般为“”(英寸)。目前市场上常见显示器有 17″、19″、21″、29″等。尺寸大小是指显像管对角尺寸,不是可视对角尺寸,例如 15″显示器的可视对角尺寸实际只有 13.8″;17″的显示器的可视面积一般为 16″;19″显示器的可视面积一般为 18″。

(4)场频和行频

场频(Vertical Scan Rate),也称垂直刷新率,它表示屏幕的图像每秒钟重绘的次数。也就是指每秒钟屏幕刷新的次数,以 Hz 为单位。行频(Horizontal Scan Frequency)又称水平刷新率,它表示显示器从左到右绘制一条水平线所用的时间,以 kHz 为单位。

刷新频率是指传送信号使显示器每秒重绘当前屏幕的次数,单位为 Hz。一般我们所提到的刷新率通常指垂直刷新率,这个数值的大小对人的眼睛很重要,当刷新率低于 60Hz 时,你会感到屏幕有明显闪动,而当刷新率达到 72Hz 以上时,就不会感到有明显的闪烁,当然最好是调到 85Hz 以上。

2. LCD 液晶显示器主要性能指标

(1)分辨率

LCD 的分辨率与 CRT 显示器不同,一般不能任意调整,它是制造商所设置和规定的。分辨率是指屏幕上每行有多少像素点、每列有多少像素点,一般用矩阵行列式来表示,其中每个像素点都能被计算机单独访问。

(2)刷新率

LCD 刷新频率是指显示帧频,亦即每个像素为该频率所刷新的时间,与屏幕扫描速度及避免屏幕闪烁的能力相关。也就是说刷新频率过低,可能出现屏幕图像闪烁或抖动。

(3)可视角度

一般而言,LCD 的可视角度都是左右对称的,但上下可就不一定了。而且,常常是上下角度小于左右角度。当然了,可视角是愈大愈好。然而,大家必须要了解的是可视角的定义。当我们说可视角是左右 80 度时,表示站在始于屏幕法线 80 度的位置时仍可清晰看见屏幕图像,但每个人的视力不同,因此我们以对比度为准。在最大可视角时所量到的对比度愈大愈好。

(4)响应时间

响应时间愈小愈好,它反应了液晶显示器各像素点对输入信号反应的速度,响应时间越小则使用者在看运动画面时不会出现尾影拖拽的感觉。

四、实现方法

(一)显卡测试

显卡测试分为显卡型号检测和显卡性能测试两个方面,显卡型号测试是为了在购买时不被欺骗和查看自己显卡信息所做的工作,比较好的显卡型号检测软件是 GPU-Z、SiSoft Sandra、Windows 优化大师等。

显卡性能测试是通过运行相应的程序来检查显卡的性能,最著名的显卡性能检测软件是 3DMark,每一个版本的软件都非常突出,软件检测原理是运行测试软件模拟游戏,得出一个分数,这就是你显卡的得分。然后用户自己用得分与官方报出其他主流显卡的得分做对比,就可以判断你显卡的好坏了。其他有名的显卡测试软件还有 AquaMark3、Fraps、RivaTuner 等。

接下来以软件 GPU-Z 为例来说明显卡的型号检测,至于性能测试方面在这儿就不做介绍,希望感兴趣的读者能够下载相应的测试软件对显卡进行测试。

GPU-Z 是一款比较优秀的显卡型号识别软件,绿色免安装,界面直观,运行后即可显示 GPU 核心,以及运行频率、带宽等,如同 CPU-Z 一样,这也是一款必备工具。

以 GPU-Z 0.26 汉化版在 Sony 笔记本 FJ57C/B 上运行为例,以 Windows XP 为软件使用环境,来介绍一下如何检测显卡的各种信息。运行 GPU-Z,会出现如图 6-10 所示的操作界面。

图 6-10　GPU-Z 操作界面

关于显卡的信息可以在 GPU-Z 的第一个标签“显卡”中看到，如图 6-10 所示，在“显卡”信息标签页中，比较重要的几个参数如下：

(1)名称：显卡名称；

(2)GPU 名称：显示芯片厂商对该显示主芯片的命名；

(3)BIOS 版本：显示 BIOS 的版本号；

(4)工艺：生产该显示芯片的生产工艺，以纳米为单位，在图 6-10 中为 130 纳米；

(5)总线接口：显卡的安装插槽类型；

(6)DirectX 支持：该显示芯片所支持的 DirectX 种类；

(7)显存类型；

(8)显存大小；

(9)像素填充率：图形处理单元在每秒内所渲染的像素数量，是用来度量当前显卡的像素处理性能的最常用指标；

(10)材质填充率：就是纹理填充率；

(11)总线宽度。

（二）实践操作

1. 操作目的

能够通过软件来检测显卡的各项型号指标。

2. 操作内容

通过显卡参数检测软件 GPU-Z 来检测你所使用显卡的各项型号指标。

3. 使用设备

计算机一台、GPU-Z 软件一套。

4. 操作环境

Windows XP。

5. 操作步骤

(1)正常启动计算机 Windows XP 系统；

(2)运行 GPU-Z，对你所使用的计算机的显卡进行型号检测；

(3)详细记录下你所检测的显卡型号指标，把结果填入下面的表格中。

表 6-1　显卡型号检测结果

显卡名称		显示芯片 GPU	
工艺		BIOS 版本	
设备 ID		制造厂商	
光栅单元		总线接口	
像素填充率		纹理填充率	
显存类型大小		总线宽度	
驱动版本		GPU 时钟	

根据检测出来的参数，结合前面所讲的性能指标，相信你能够对所使用的显卡情况有一定的了解了。

（三）显卡的选购

就目前的显卡市场来看，基于 nVIDIA 和 ATI 芯片的显卡牌子不下几十个，促使产品的同质化日趋严重，各个品牌之间的竞争越演越激烈，特别是随着游戏及一些高档的应用软件的不断提升，使得显卡在一台电脑中所呈现的作用也越来越明显，再加之在绝大部分用户当中，平时对游戏和应用软件使用频率非常高。其实各个品牌的显卡都是大同小异，作为消费者的你来说，挑选一款性价比高的显卡才是你的需要。那么，如何购买一款好的显卡呢？

1. 按需配置，不贪功能多

在购买显卡的时候，很多人可能缺乏主见，这时候经销商的导购工作人员往往就显得很兴奋。首先，她会很诚恳地问你主要用来做什么，大概买什么价位的显卡等。然后就会用一堆专业术语来轰炸你，什么新的保护功能、VIVO、双 BIOS、超频保护等。当你"豁然开朗"之时，往往就是被"黑"之日。所以大家首先一定要明确自己究竟有什么需要，然后按需选择，避免浪费。比如说你是学生一族，平时也就是上上网，进行简单文档处理，那么有没有双 BIOS 对你来说影响也是不大，因为你买电脑是不会尝试玩超频的。也没有必要买中高端的显卡，因为你玩高难度 3D 游戏的可能性也非常小。

2. 看清容量,不贪大容量

在装机时,如果你说游戏玩得多,那么导购工作人员一定会向你大力推荐大容量显存的显卡,并告诉你容量大就速度快,玩游戏的时候画面就更流畅,制图的时候速度快,办公速度也就更快等。在大多数人的观念里面,64MB 显存的显卡定比 32MB 的速度快,128MB 的就是比 64MB 的快,256MB 就是比 128MB 的速度快! 而这其实是片面的理解,显存还要其他的硬件指标支持才可以发挥出性能优势。所以这往往是商家们"杀黑"的不二法门。其实容量大固然好,问题是价格差别也大啊,因此,不要被表象所迷惑,一味贪多显存容量,还要注意其他的参数。

(四)显示器的选购

随着液晶价格的大众化,很多朋友开始抛弃 CRT 转而选择液晶显示器。与传统的 CRT 显示器相比,液晶显示器价格略高,但拥有诸多优势:无辐射、体积小巧、耗电量低、外观漂亮等,虽然存在视角有限、响应速度慢和表现力较弱等问题,但作为一般办公使用影响并不大。由于目前市场主流是 LCD 液晶显示器,所以在这儿只介绍 LCD 液晶显示器的选购方法。

首先看看液晶显示器的基本原理。从液晶显示器的介绍,经常能发现 TFT 这个缩写,这个就是液晶显示器的控制单元——薄膜晶体管(Thin Film Transistor)的缩写。目前市场上的液晶显示器大都属于 TFT 液晶面板,它通过控制每一个像素的通光量来显示图形,具有工作电压低、功耗小、重量轻、厚度薄、易于实现全彩色显示的优良特色。

在选购液晶显示器时,很多用户对着一长串的参数不知道应该如何判断,经常只看看外观就做出了选择。下面,我们就避开外观因素,以液晶显示器的技术参数做参考,来说明如何通过厂商提供的参数来选择液晶显示器。

1. 液晶面板

液晶面板尺寸和 CRT 的不同之处在于:液晶面板是计算可视尺寸的。一般 17 寸 CRT 显示器的可视面积在 15.6 ~ 15.9 英寸之间,因此 15 寸液晶显示器的实际显示面积和 17 寸的 CRT 显示器的显示面积相差无几。同理,一台 17 寸的液晶显示器的实际显示面积也就和一个 19 寸 CRT 显示器差不多了。一般在面板尺寸上参数都不会有问题。不过选购时还应该注意到的就是厚度、边框尺寸及支架设计,这些不仅影响到美观,还会影响到使用中的方便性。

2. 亮度

液晶是一种介于液体和晶体之间的物质,它可以通过电流来控制光线的穿透度,从而显示出图像。但是,液晶本身并不会发光,因此所有的液晶显示器都需要背光照明,背光的亮度也就决定了显示器的亮度。亮度高决定画面显示的层次也就更丰富,从而提高画面的显示质量。理论上,显示器的亮度是越高越好,不过太高的亮度对眼睛的刺激也比较强,因此没有特殊需求的用户不需要过于追求高亮度。此外,要提醒大家注意的是:根据灯管的排列方式不同,有的液晶显示器会有亮度不均匀的现象,购买时一定要小心观察。

3. 对比度

液晶显示器的背光源是持续亮着的,而液晶面板也不可能完全阻隔光线,因此液晶显示器实现全黑的画面非常困难。而同等亮度下,黑色越深,显示色彩的层次就越丰富,所以液晶显示器的对比度非常重要。一般人眼可以接受的对比度一般在 250 : 1 左右,低于这个对比度就会感觉模糊或有灰蒙蒙的感觉。对比度越高,图像的锐利程度就越高,图像也就越清晰。一般 CRT 显示器可以轻易地达到 500 : 1,甚至更高,而液晶显示器达到 400 : 1 就算是很好了。通常的液晶显示器对比度为 300 : 1,做文档处理和办公应用足够了,但玩游戏和看影片就需要更高的对比度才能达到更好的效果。

4. 响应时间

响应时间决定了显示器每秒所能显示的画面帧数,通常当画面显示速度超过每秒 25 帧时,人眼会将快速变换的画面视为连续画面,不会有停顿的感觉,所以响应时间会直接影响你的视觉感受。当响应时间为 30ms 时,显示器每秒钟能显示 1/0.030 = 33 帧画面;而响应时间 25ms,每秒钟就能显示 1/0.025 = 40 帧画面,响应时间越短,显示器每秒显示的画面就越多。现在市场的主流液晶显示器响应时间都在 30ms 以下,所以都可达到基本的画面流畅度。但是在播放 DVD 影片、玩 Quake、CS 等游戏时,要达到最佳效果就需要画面显示速度在每秒 60 帧以上。

5. 分辨率

液晶面板的显示就好像排列好的一个个小门或开关来让光通过,液晶屏所能表现的像素便是由这些小门和开关的数量决定的,所以液晶显示器的物理分辨率是固定不变的。而在日常应用中不可能永远都是用一个相同的分辨率,对于 CRT 显示器,只要调整电子束枪的偏转电压,就可接收新的分辨率;但是对于液晶显示器就复杂得多了,必须通过运算来模拟出显示效果,而实际上的分辨率并不会因此而改变。由于所有的像素并不是同时放大(从 640 ×480 分辨率到 1024 ×768 分辨率放大倍数为 1.5),这就存在了缩放误差。液晶显示器使用非标称分辨率时,文本显示的效果差强人意,因此这里推荐所有使用 15 寸 LCD 的消费者都采用 1024 ×768 的分辨率。此外,由于受到响应时间的影响,液晶显示器的刷新率并不是越高越好,一般设为 60 赫兹最好,也就是每秒钟换 60 次画面,调高了反而会影响画面的质量。所以选择时不必过分追求高的刷新率。

6. 可视角度

LCD 的显示是背光通过液晶和偏振玻璃射出,原理很像百叶窗,其中绝大多数的光都是垂直射出。这样,当我们从非垂直的方向观看液晶显示器的时候,往往看到显示屏会呈现一片漆黑或者是颜色失真。这就是液晶显示器的视角问题。日常使用中可能会几个人同时观看屏幕,所以可视角度应该是越大越好。不过对于目前技术来说,水平视角 90 ~ 100 度,垂直视角 50 ~ 60 度就能满足平常的需求了。选择时注意在这个参数以上即可,毕竟显示器很少会有多人同时观看,特别对于家庭用户,可视角度的重要性相对较小。

7. 功率

一般购买时很少有人注意功率,而通常液晶显示器的功率应该在 50W 以下。相对 CRT 显示器 100W 以上的功率是非常节能环保了。事实上这也是众多大机构全面采用液晶的重要理由之一。

8. 认证

通过媒体的宣传 TCO99 认证恐怕早已深入人心了吧? TCO99 有严格的质量认证标准,甚至要求用来制造显示器的材料不能对人体有害,同时也不能损害环境。因此显示器是否通过相关认证也是选择标准之一。某款显示器标注通过 TCO99 和 CCC 认证,CCC 认证即目前颇受关注的“3C”认证,除了对显示器的辐射提出了严格的要求之外,还对显示器的制造材料和制造过程提出了众多的要求。特别是“3C”认证全面实施后,没有通过“3C”认证的产品将不能在市场上销售,所以今后认证方面我们不用过于担心。

活动 2　排除显卡、显示器故障

一、教学目标

1. 能够对显示设备进行日常的使用维护；

2. 能够对显卡、显示器常见故障进行排除。

二、工作任务

对于显卡和显示器进行日常的使用维护，并对显卡、显示器常见故障进行诊断与排除。

三、相关知识点

（一）CRT 显示器日常维护

在众多电脑配件中，使用寿命最长的部件就数显示器了。由于显示器在长时间使用中，容易受到包括温度、湿度、灰尘、电磁干扰、静电等环境因素的影响，造成不同程度的伤害或形成故障。因此，正确使用显示器，注意显示器的日常保养与维护，是决定其使用寿命的重要因素。

1. 湿度不能太高和太低

显示器使用环境的湿度应保持在 30% ~80% 之间，一旦室内湿度高于 80%，显示器内部就会产生结露现象。电源变压器和其他线圈受潮后也易产生漏电，时间一长甚至有可能霉断连线。另外显示器的高压部件在湿度过高的情况下也极易产生放电现象，机内元器件受潮容易生锈、腐蚀，严重时会使电路板发生短路。

相反，当室内湿度≤30% 时，则会使显示器机械摩擦部分产生静电干扰，内部元器件尤其是高压包被静电破坏的可能性增大，影响显示器正常工作，严重情况下还会造成使用人员受伤及显示器报废。

因此，显示器的使用环境必须注意防潮，长时间不用的显示器，可以定期通电一段时间，让显示器工作时产生的热量将机内的潮气驱赶出去。同时，为了防止静电，建议将电脑接地，尤其是在北方气候干燥的环境下。

2. 控制室内温度

显像管作为显示器的一大热源，在温度过高的环境下工作性能和使用寿命将会大打折扣，某些虚焊的焊点可能由于焊锡熔化脱落而造成开路，使显示器工作不稳定。同时元器件也会加速老化，轻则导致显示器“罢工”，重则可能击穿或烧毁其他元器件。

因此，要在显示器摆放的周围留下足够的空间，让它“呼吸”。在炎热的夏季，如条件允许最好把显示器放置在有空调的房间中，或用电风扇吹风。

3. 避免强光直照

如果显示器受强光照射，时间长了容易加速显像管荧光粉的老化，降低发光效率（在强光照射环境下，面对显示器工作的人员，眼睛也极易受到屏幕反射光线伤害）。因此，用户不要把显示器摆放在日光照射较强的地方，最好是将显示器放在光线不能直接照射的地方或者将室内的光线调得柔和些。

4. 防止灰尘

由于显示器内的电压达 10kV ~ 30kV，极易吸引空气中的尘埃粒子，尤其是在开关机的刹那间。大量的维修实践证明，灰尘对电脑的威胁是很明显的，在灰尘大的环境中工作，由于印刷电路板会吸附灰尘，灰尘的沉积将会影响电子元器件的热量散发，使得电路板上元器件的温度上升，产生漏电而烧坏元件。灰尘也可能吸收水分，腐蚀显示器内部的电子线路，造成一些莫名其妙的问题。所以灰尘虽体积小，但对显示器的危害是不可轻视的。

为有效预防灰尘危害，确保显示器在相对干净的环境中使用，应该给显示器购买一个专用的防尘罩，每次用完后应及时用防尘罩罩上（注意不要在关机后立即罩上，因为显示器在关机后需要一定时间来散热）。

同时，还应多做清洁，用柔软的干布小心地从屏幕中心，螺旋式地向外擦拭，不正确的擦拭方法会在屏幕上留下划痕，造成永久性伤害。另外千万不能用酒精之类的化学溶液擦拭，更不能用粗糙的布、纸之类的物品来擦拭显示屏，也不要将液体直接喷到屏幕上（注：一切清洁工作均须在拔掉电源线后进行）。

5. 避免磁场干扰

电磁场干扰是指在电路或环境中出现了不该出现的电压电流。电磁干扰的来源主要有电源、元件、导线、接头、散热风扇、日光灯、雷电和静电放电等，以及电视机、电冰箱、电风扇等耗电量大的家用电器，如果它们距离显示器太近，天长日久这些器件便有可能对显示器产生电磁干扰。

在使用中，应把显示器放在离其他电磁场较远的地方（最典型的例子是不要将 PC 音箱放得离显示器太近，即使是防磁音箱也要注意）。平时如有条件，可时常使用显示器上的消磁功能消磁。

（二）LCD 显示器日常维护

对于 LCD 显示器来说，尤其要注意以下几个方面。

1. 避免屏幕内部烧坏

CRT 显示器有可能因为长期工作而烧坏，对于 LCD 也如此，所以一定要注意，如果在不用的时候，一定要关闭显示器，或者降低显示器的显示亮度，否则时间长了，就会导致内部烧坏或者老化。这种损坏一旦发生就是永久性的，无法挽回。另外，如果长时间地连续显示一种固定的内容，就有可能导致某些 LCD 像素过热，进而造成内部烧坏。

2. 注意保持湿度

一般湿度保持在 30% ~80% 之间，显示器都能正常工作，但一旦室内湿度高于 80%，显示器内部就会产生结露现象，其内部的电源变压器和其他线圈受潮后也易产生漏电，甚至有可能造成连线短路；显示器的高压部位则极易产生放电现象；机内元器件容易生锈、腐蚀，严重时会使电路板发生短路。因此，LCD 显示器必须注意防潮，长时间不用的显示器，可以定期通电工作一段时间，让显示器工作时产生的热量将机内的潮气驱赶出去。

还有,不要让任何具有湿气性质的东西进入 LCD。发现有雾气,要用软布将其轻轻地擦去,然后才能打开电源。如果湿分已经进入 LCD 了,就必须将 LCD 放置到较温暖的地方,以便让其中的水分和有机化物蒸发掉。对含有湿度的 LCD 加电,能够导致液晶电极腐蚀,进而造成永久性损坏。

3. 正确地清洁显示屏表面

如果发现显示屏表面有污迹,可用沾有少许水的软布轻轻地将其擦去,不要将水直接洒到显示屏表面上,水进入 LCD 将导致屏幕短路。

4. 避免冲击

LCD 屏幕十分脆弱,所以要避免强烈的冲击和振动,LCD 中含有很多玻璃的和灵敏的电气元件,掉落到地板上或者其他类似的强烈打击会导致 LCD 屏幕以及其他一些单元的损坏。还要注意不要对 LCD 显示屏表面施加压力。

5. 切勿私自动手

有一个规则就是:永远也不要拆卸 LCD。即使在关闭了很长时间以后,背景照明组件中的 CFL 换流器依旧可能带有大约 1000V 的高压,这种高压能够导致严重的人身伤害。所以永远也不要企图拆卸或者更换 LCD 显示屏,以免遭遇高压。未经许可的维修和变更会导致显示屏暂时甚至永久不能工作。所以在你手脚实在闲不住的时候,千万别动娇贵而危险的 LCD!

(三)显卡故障检测方法

显卡故障的处理应遵循的顺序是:先检查插接、连线是否可靠,再判断是显卡硬件故障还是软件故障,最后做相应处理。

显卡故障检测方法主要有以下几种。

1. 检查插接、连线是否可靠

在电脑出现黑屏、花屏等故障时,首先应该进行本项检查。若显卡在主板插槽中晃动、未插到位、错位,或者显卡与显示器连线松动,都会造成显示故障。应首先解除这些问题,进行必要的紧固。

如果显卡金手指部分氧化,也可能造成接触不良。可卸下显卡,用细腻的美工橡皮用力擦拭,将金手指上的脏污擦除后再重新插回。

2. 判断是显卡硬件故障还是软件故障

可以使用替换法判断是否是显卡本身的故障。把别人好的显卡插在自己的机器上开机运行,如果正常则证明就是原来显卡的问题,反之则不是。(另外应该注意一下:如果代换显卡正常,还应考虑是否存在主板供电不足的原因。)

3. 做相应处理

如果显卡硬件存在问题,则更换或维修;否则为软件故障或电脑其他部分的故障。

四、实现方法

(一)显卡常见故障处理

显卡是计算机系统里的重要配件之一,它能将 CPU 处理后的数据信号“翻译”成显示器能显示的模拟信号,与显示器组成电脑的显示子系统。正常情况下,显卡故障率并不高,但随着应用增多和性能的提升,显卡故障率也增长趋势。而显示器作为计算机主要的输出设备,其质量的好坏直接关系着使用效果,但对它来说——有些朋友们还比较陌生。下面就它们常见故障的真正“发病”原因和正确的处理办法进行说明,希望对读者有所帮助!

1. 显卡驱动未能正常安装

我们在安装显卡驱动程序时,经常会遇到提示安装失败的麻烦,而且采用不同版本的驱动也无法解决问题,应该怎样正确地安装显卡驱动程序呢?

(1)在机器启动的时候,按“Del”键进入 BIOS 设置,找到“Chipset Features Setup”选项,将里面的“Assign IRQ To VGA”设置为“Enable”,然后保存退出。许多显卡,特别是 Matrox 的显卡,当此项设置为“Disable”时一般都无法正确安装其驱动。另外,对于 ATI 显卡,要先将显卡设置为标准 VGA 显卡后再安装附带驱动。

(2)在安装好操作系统以后,一定要安装主板芯片组补丁程序,特别是对于采用 VIA 芯片组的主板而言,一定要记住安装主板最新的补丁程序。

(3)安装驱动程序:进入“设备管理器”后,右键单击“显示卡”下的显卡名称,然后点击右键菜单中的“属性”。进入显卡属性后点击“驱动程序”标签,选择“更新驱动程序”,然后选择“显示已知设备驱动程序的列表,从中选择特定的驱动程序”,当弹出驱动列表后,选择“从磁盘安装”。接着点击“浏览”按钮,在弹出的查找窗口中找到驱动程序所在的文件夹,按“打开”按钮,最后确定。此时驱动程序列表中出现了许多显示芯片的名称,根据你的显卡类型,选中一款后按“确定”完成安装。如果程序是非 WHQL 版,则系统会弹出一个警告窗口,不要理睬它,点击“是”继续安装,最后根据系统提示重新启动电脑即可。另外,显卡安装不到位,往往也会引起驱动安装的错误,因此在安装显卡时,一定要注意显卡金手指要完全插入 AGP 插槽。

2. 电脑启动时黑屏故障

启动电脑时,如果显示器出现黑屏现象,且机箱喇叭发出一长两短的报警声,则说明很可能是显卡引发的故障。首先要确定一下是否由于显卡接触不良引发的故障:关闭电源,打开机箱,将显卡拔出来,然后用毛笔刷将显卡板卡上的灰尘清理掉,特别是要注意将显卡风扇及散热片上的灰尘处理掉。接着用橡皮擦来回擦拭板卡的“金手指”。完成这一步之后,将显卡重新安装好(一定要将挡板螺丝拧紧),看故障是否已经解决。

另外,针对接触不良的显示卡,比如一些劣质的机箱背后挡板的空挡不能和主板 AGP 插槽对齐,在强行上紧显示卡螺丝以后,过一段时间可能导致显示卡的 PCB 变形的故障,只要尝试着松开显示卡的螺丝即可。如果使用的主板 AGP 插槽用料不是很好,AGP 槽和显示卡 PCB 不能紧密接触,你可以使用宽胶带将显示卡挡板固定。

如果你的显卡金手指遇到了氧化问题,而且使用橡皮清除锈渍后仍不能正常工作的话,可以使用除锈剂清洗金手指,然后在金手指上轻轻地敷上一层焊锡,以增加金手指的厚度,但一定注意不要让相邻的金手指之间短路。

如果通过上面的方法不能解决问题的话,则可能是显卡与主板有兼容问题,此时可以另外拿一块显卡插在主板上,如果故障解除,则说明兼容问题存在。当然,用户还可以将该显卡插在另一块主板上,如果也没有故障,则说明这块显卡与原来的主板确实存在兼容问题。对于这种故障,最好的解决办法就是换一块显卡或者主板。还有一种情况值得注意,那就是显卡硬件上出问题了,一般是显示芯片或显存烧毁,建议将显卡拿到别的机器上试一试,若确认是显卡问题就只能更换了。

3. 显示花屏的故障

显示花屏是一种比较常见的显示故障,大部分显示花屏的故障都是由显卡本身引起的。如果开机显示就花屏的话,首先应检查显卡是不是存在散热问题,用手触摸一下显存芯片的温度,看看显卡的风扇是否停转。再检查一下主板上的 AGP 插槽里是否有灰尘,看看显卡的金手指是否被氧化了,然后可根据具体情况把灰尘清除掉,用橡皮擦把金手指的氧化部分擦亮。如果散热的确有问题的话,我们可以采用换个风扇或在显存上加装散热片的方法解决。如果是在玩游戏或做 3D 时出现花屏的话,就要考虑到是不是由于显卡驱动与程序本身不兼容或驱动存在 BUG 所造成的了,可以换一个版本的显卡驱动试一试。如果以上方法不能解决问题,可以尝试着刷新显卡的 BIOS,去显卡厂商的主页看看有没更新的 BIOS 下载。但是要注意——同一厂商同一型号的显示卡的 BIOS 文件往往也是不相同的,所以说刷新 BIOS 还是有一定风险的。

还有一种情况,由于显示器或显卡不支持高分辨率往往也会造成显示花屏的故障。遇到这类故障时我们可切换启动模式到安全模式,在 Win 98 下进入显示设置,在 16 色状态下点选"应用"、"确定"按钮。重新启动,在 Windows 98 系统正常模式下删掉显卡驱动程序,然后重新启动计算机即可。当然也可以在纯 DOS 的环境下,编辑 SYSTEM. INI 文件,将 display. drv = pnpdrver 改为 display. drv = vga. drv 后,存盘退出,再在 Windows 里更新驱动程序,即解决问题。除此之外,扩显存不当也很容易导致花屏,为了避免麻烦——在扩显存时应使用相同品牌、相同速度的显存。

(二)显示器常见故障处理

1. CRT 显示器常见故障

对于 CRT 显示器,随着使用时间增加,CRT 显示器的内部元件部分参数也会发生变化,导致显示器出现故障,而这些故障很多是可以通过调整显示器内部某些可调元件解决的。不过由于显示器内有高压电源,出现比较严重的异常问题后应及时送专业维修点维修,而不要自己随意处理,以免出现火灾、人身伤害等危险。

(1)显示器出现偏色问题

显示器出现偏色的现象也是我们常遇到的问题,其产生的原因主要有:显示器靠近磁性物品被磁化;搬动显示器后,使机内偏转线圈发生移位,产生色纯不良;消磁电路损坏等。当然应首先排除显卡及显示信号线的问题,很多时候信号线接触不良将导致显示器出现偏色的问题。

而大多数情况下很可能是显示器被磁化所致。CRT 显示器被强磁场磁化而出现偏色的问题,比如未经磁屏蔽的低音喇叭等,一般较好的显示器自身带有一定的消磁功能,但对于较严重的磁化就有些无能为力了。这时你需要用专用设备进行消磁。消磁器可购买,也可自制。但无论哪种消磁法,朋友们都要注意安全。通电后手握消磁器不断晃动,逐渐靠近荧光屏,对带磁部位可反复进行,然后一边晃动消磁器一边后退到离荧光屏 2 米左右再关掉电源。每次通电时间不宜过长,如果一次消磁效果不好可反复进行几次。

如果是由于搬动显示器后造成的偏色问题,我们可打开显示器后盖将偏转线圈恢复到原来的位置,并将偏转线圈螺钉拧紧即可。对于因机内消磁电路损坏引起的色纯不良,可先检查一下热敏消磁电阻是否损坏,将其取下,用手摇,如发出"哗哗"的声音,则为热敏电阻已坏。用万用表查其引脚电阻值,如阻值小于 8 欧或大于 50 欧则说明消磁电阻内 RTC 元件已坏,没有办法只能换新了。如消磁电阻阻值正常的话,则应重点检查消磁线圈的引线、插头、插座之间有无松动和接触不良的问题。

另外,还有一个令人容易忽视的故障原因——屏幕灰尘过多也会导致屏幕显示白色时偏红! 此类故障多发生在色温偏暖的显示器中(很多显示器能自行设置色温),所以说,遇到白色(和相近颜色)偏红故障时您最好是先清洁一下显示屏后再进行其他的检查,如果故障消失——您就可以少走弯路了! 当然,某些机型的亮度值设置过低也会造成这一“故障”。

(2)无法调整刷新频率故障

在“显示属性”中显示器刷新频率无法调整的问题,恐怕朋友们都曾遇到过吧! 其实无法调整显示器刷新频率大多是因为我们没有选择正确的显示器类型或者显卡的驱动程序安装不正确所造成的。显示器类型的选择往往容易被忽视,许多用户将显示器类型设为“SUPER VGA”之类,结果就会造成无法调整显卡的刷新频率的问题。要知道错误的刷新频率参数有可能对显示器产生危害,所以对于系统不能识别的显示器,应一律按照最保守的默认状态进行设置(60Hz)。解决的方法就是在显示属性中选择正确的显示器类型,如果你使用的是 Windows 不能识别的,可以随便选择一个性能接近的产品替代。如果是驱动程序的原因,重新安装驱动程序即可,因为有时突然死机后,显卡的驱动就丢失了。

另外,显示器的刷新率不要设置太高,超过其标准刷新率太多,确实会烧坏显示器或缩短其寿命。为此显示器最好安装自己的驱动程序,不要盲目使用高档显示器的驱动程序。其次,Windows 中“隐藏显示器不支持的刷新率”项也不要去掉,否则会导致用户使用显示器不支持的刷新率。

(3)显示器屏幕抖动故障

有时候显示器会莫名其妙地抖动起来,而你眼看着屏幕不停地抖动可就不知道是什么原因,是不是很烦人啊! 这种状态会造成电脑使用者眼睛的疲劳,久而久之还会给电脑使用者带来眼疾。造成此类故障的原因有以下几个方面:

①劣质电源或电源设备已经老化:往往杂牌电脑电源所使用的元件、用料都是很差的,很容易造成电脑的电路不畅或供电能力跟不上,当系统繁忙时,显示器尤其会出现屏幕抖动的现象。电脑的电源设备开始老化时,也容易造成相同的问题。

②显示器刷新频率设置不正确:把显示器的分辨率和刷新率设置偏高或过低的话也可能造成此类故障,所以您可把分辨率和刷新率设置成中间值试试(注:长期工作于超频状态会使某些元件老化而出现此故障,而且故障点比较难找)。

③显示卡接触不良:重插显示卡后,故障即可得到解决。

④病毒作怪:有些计算机病毒会扰乱屏幕显示。

⑤Windows 95/98 系统后写缓存引起:如属于这种原因,在控制面板→系统→性能→文件系统→疑难解答中禁用所有驱动器后写式高速缓存,即可解决问题。

⑥电源滤波电容损坏:打开机箱,如果看到电源滤波电容(电路板上个头最大的电容)顶部鼓起,说明电容已坏。换个电容问题即可解决。

⑦音箱与显示器放得太近:有些音箱的磁场效应会干扰显示器的正常工作。

⑧电源变压器离显示器和机箱太近:许多外设电源变压器(扫描仪、打印机等)工作时

会造成较大的电磁干扰,造成屏幕抖动。把电源变压器放在远离机箱和显示器的地方,问题即可解决。

2. 液晶显示器常见故障

(1)出现水波纹和花屏问题

首先要做的事情就是仔细检查一下电脑周边是否存在电磁干扰源,然后更换一块显卡,或将显示器接到另一台电脑上,确认显卡本身没有问题,再调整一下刷新频率。如果排除以上原因,很可能就是该液晶显示器的质量问题了,比如存在热稳定性不好的问题。出现水波纹是液晶显示器比较常见的质量问题,自己无法解决,建议尽快更换或送修。

有些液晶显示器在启动时会出现花屏问题,给人的感觉就好像有高频电磁干扰一样,屏幕上的字迹非常模糊且呈锯齿状。这种现象一般是由于显卡上没有数字接口,而通过内部的数字/模拟转换电路与显卡的 VGA 接口相连接。这种连接形式虽然解决了信号匹配的问题,但它又带来了容易受到干扰而出现失真的问题。究其原因,主要是因为液晶显示器本身的时钟频率很难与输入模拟信号的时钟频率保持百分之百的同步,特别是在模拟同步信号频率不断变化的时候,如果此时液晶显示器的同步电路,或者是与显卡同步信号连接的传输线路出现了短路、接触不良等问题,而不能及时调整跟进以保持必要的同步关系的话,就会出现花屏的问题。

(2)显示分辨率设定不当

由于液晶显示器的显示原理与 CRT 显示器完全不同,它属于一种直接的像素一一对应显示方式。工作在最佳分辨率下的液晶显示器把显卡输出的模拟显示信号通过处理转换成带具体地址信息(该像素在屏幕上的绝对地址)的显示信号,然后再送入液晶板,直接把显示信号加到相对应的像素上的驱动管上,有些跟内存的寻址和写入类似,所以液晶显示器的屏幕分辨率不能随意设定,而传统的 CRT 显示器对于所支持的分辨率较有弹性。LCD 只能支持所谓的"真实分辨率",而且只有在真实分辨率下,才能显现最佳影像。当设置为真实分辨率以外的分辨率时,一般通过扩大或缩小屏幕显示范围,显示效果保持不变,超过部分则黑屏处理。比如液晶显示器工作在低分辨率下 800×600 的时候,如果显示器仍然采用像素一一对应的显示方式的话,那就只能把画面缩小居中利用屏幕中心的那 800×600 个像素来显示,虽然画面仍然清晰,但是显示区域太小,不仅在感觉上不太舒服而且对于价格昂贵的液晶显示板也是一种极大的浪费。另外也可使用插值等方法,无论在什么分辨率下仍保持全屏显示,但这时显示效果就会大打折扣。此外液晶显示器的刷新率设置与画面质量也有一定的关系。朋友们可根据自己的实际情况设置合适的刷新率,一般情况下还是设置为 60Hz 最好。

(3)板卡虚插故障

如果在开机工作时,显示器有时正常,有时整个屏幕没有显示任何信息,而显示器的电源指示灯却始终指示正常。这时候,你不必紧张地认为是显示器出了问题,这种现象属于主机与显示器之间的信号传输故障。因为电源显示始终是正常的,所以只是信号出现了问题。

(1)检查信号线路,连线一切正常,再打开主机的机箱外壳,发现显示卡有些松动,仔细检查会注意到显示卡只是虚插在扩展槽上,显示卡和插槽之间接触不良,才会出现这种现象;

(2)解决办法是插好显示卡,拧紧固定螺帽;

(3)再重新开机,经过一段时间的观察,发现不再有刚才的问题出现;

(4)最后,在确定了一切正常以后,关机把主机的机箱外壳装好。

习 题

一、判断题

1. 显卡的显存越大则显卡的性能越好。 ( )

2. 为有效预防灰尘危害,确保显示器在相对干净的环境中使用,我们应该给显示器购买一个专用的防尘罩,每次关机后及时用防尘罩罩上。 ( )

3. 对于液晶显示器面板,如果脏了可以用棉签沾着酒精进行清理。 ( )

4. 通常来讲,CRT 显示器比液晶显示器的功率要小一些。 ( )

5. 液晶显示器的刷新率越高越好。 ( )

二、简答题

1. 简述如何选购液晶显示器?

2. 显卡的性能指标有哪些?

3. 分析 CRT 显示器会不会被液晶显示器完全取代,为什么?

4. 显示器的日常维护需要做哪些工作?

5. 显示器的常见故障有哪些? 如何处理?

项目七 组装计算机

组装和调试计算机对大多数人来说好像是一件很困难的事情,是属于那些技术人员才能完成的工作。事实上,只要按照一定的程序和步骤多加练习,就能成为装机高手。通过自己动手组装、调试计算机,能够更深入地了解各配件之间的工作原理和关系,为提高自己的实践动手能力,更好地调试与维护计算机打下基础。

一、教学目标

终极目标:能够正确、熟练地组装计算机硬件,并且在BIOS中完成参数设置,为计算机软件安装、使用做好准备。

促成教学目标:

1. 熟记装机的准备工作和注意事项;
2. 掌握计算机正确的组装顺序和正确的组装方法;
3. 正确设置BIOS各项参数。

二、工作任务

通过组装一台完整的计算机,掌握计算机正确的组装顺序和正确的组装方法:

1. 准备工作:通过观察分析,熟记装机的准备工作和注意事项;
2. 组装计算机:在观察、分析和理解的基础上,通过实践掌握计算机正确的组装顺序和正确的组装方法;
3. 设置BIOS各项参数。

活动1 组装计算机

一、教学目标

1. 熟记装机的准备工作和注意事项;
2. 掌握计算机正确的组装顺序和正确的组装方法。

二、工作任务

在观察、分析和理解的基础上，通过实践掌握计算机正确的组装顺序和正确的组装方法。

三、相关知识点

（一）装机必备工具

一般来说，组装一台计算机需要的工具有螺丝刀、尖嘴钳，散热硅脂和一张宽大绝缘的工作台面，如图 7-1 所示。

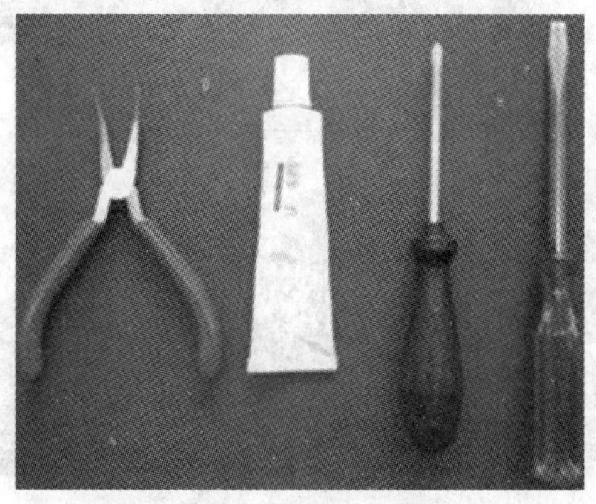

图 7-1　装机工具

（二）注意事项

（1）防静电。静电是电脑最大的敌人，在装机之前，一定要释放掉身上的静电，以防止损坏电脑配件，具体做法是摸一摸水管或者洗洗手。

（2）电脑配件要轻拿轻放，板卡尽量拿边缘，不要用手触摸金手指和芯片。

（3）固定螺丝的时候，不要拧得太紧，防止螺丝滑丝或板卡变形，用力要适度，能固定无松动即可。

（4）禁止带电拔插，以免造成配件或整机的损坏。

四、实现方法

（一）组装计算机的步骤

（1）设置主板上必要的跳线（如果需要的话）；

（2）安装 CPU 和 CPU 风扇；

（3）安装内存条；

（4）连接主板与机箱面板的连线；

（5）将主板固定在机箱里；

（6）安装机箱电源并连接与主板的电源线；

(7)安装硬盘、光驱、软驱并连接电源线和数据线；

(8)安装各类板卡；

(9)连接显示器、键盘、鼠标、打印机等外设；

(10)通电测试。

(二)具体操作过程

1. 设置主板上必要的跳线(如果需要的话)

主板上的跳线一般包括 CPU 设置跳线、CMOS 清除跳线、BIOS 禁止写跳线等。

跳线形式主要有键帽式跳线、DIP 跳线、软跳线等，如图 7-2～7-4 所示。根据主板说明书和 CPU 频率设置相应的跳线。

图 7-2　键帽式跳线

图 7-3　DIP 跳线

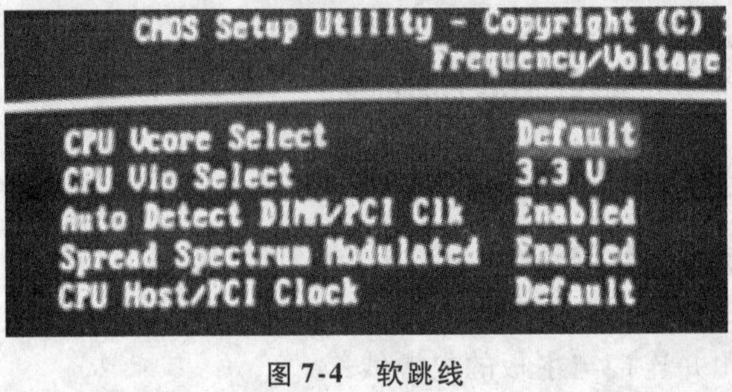

图 7-4　软跳线

2. 安装 CPU 和 CPU 风扇

CPU 是整个计算机的核心部件,安装不正确将影响整个计算机的正常使用。不同类型的 CPU 因为接口不一样,安装方法也不完全一样。下面以 Socket478 接口的 CPU 安装为例来介绍。安装好的 CPU 和主板如图 7-5 所示。

图 7-5　安装好的 CPU

(1)注意 CPU 和插座的缺角,如图 7-6 和图 7-7 所示。

图 7-6　CPU 缺角

图 7-7　CPU 插座的缺角

(2)拉起 CPU 插座的拉杆,如图 7-8 所示。

图 7-8　CPU 插座的拉杆

(3)涂抹硅脂,如图 7-9 所示。

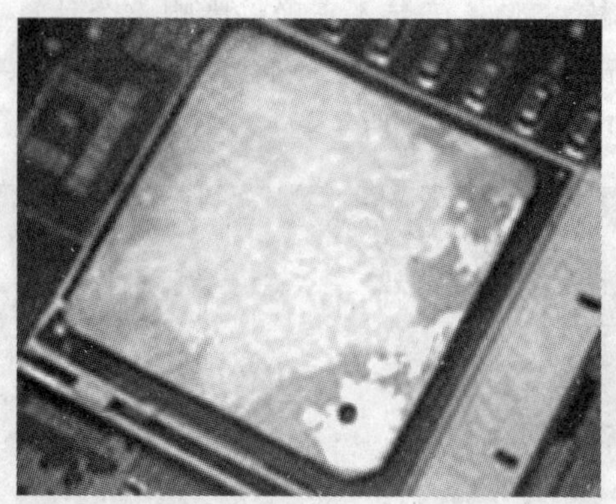

图 7-9 涂抹硅脂

(4)放置风扇和安装扣具,如图 7-10 所示。

图 7-10 放风扇

(5)安装 CPU 风扇的电源,如图 7-11 所示。

图 7-11 CPU 电源连接

3. 安装内存条

将内存条从包装盒里拿出，用手抓住边缘。不要用手接触金手指，以免造成表面氧化而引起接触不良，如图 7-12 所示。

图 7-12　内存正确的拿放

（1）在主板上找到内存插槽，如图 7-13 所示。

图 7-13　主板上的内存插槽

（2）用手轻轻将两边的卡子向外扳开，如图 7-14 所示。

图 7-14　扳开内存卡子

（3）将内存条垂直放入内存插槽，双手在内存条两端均匀用力，使得两边的白色卡子能将内存牢牢卡住，如图 7-15 所示。

图 7-15 安装好的内存

由于 RDRAM 内存条是不能够一根单独使用的,它必须成对出现。RDRAM 要求 RIMM 内存插槽中必须都插满,空余的 RIMM 内存插槽中必须插上传接板(也称“终结器”),这样才能够形成回路,正常使用,如图 7-16 所示。

图 7-16 安装好的 RDRAM

4. 连接主板与机箱面板的连线

图 7-17 主板接线

(1)电源开关连线如图 7-18 所示。

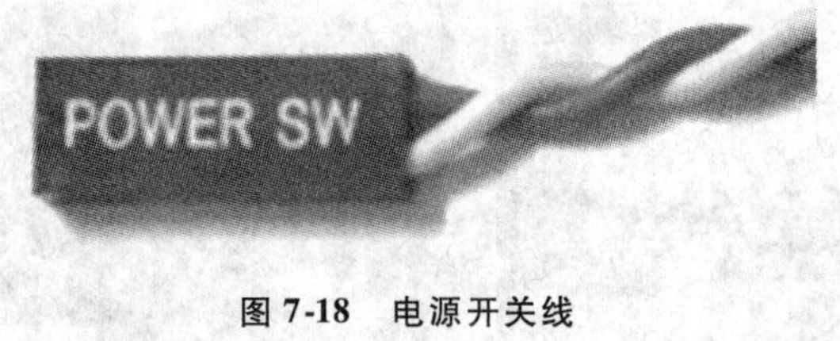

图 7-18 电源开关线

(2)RESET 连线如图 7-19 所示。

图 7-19 RESET 连线

(3)硬盘指示灯连线如图 7-20 所示。

图 7-20 硬盘指示灯连线

(4)电源指示灯连线如图 7-21 所示。

图 7-21 电源指示灯连线

(5)PC 喇叭连线如图 7-22 所示。

图 7-22 PC 喇叭连线

(6)USB 接口与连线如图 7-23 所示。

图 7-23　USB 连线

目前用到最多的方式是机箱面板上的 USB 连线"+"对应连接到主板上的"VCC"端，"-"是连接到主板上的"GND"端，"PORT +"对应连接到主板上的"Data +"端，"PORT -"对应连接到主板上的"Data -"端。

5. 将主板固定在机箱里

(1)将机箱平放，将主板小心的放入机箱进行比照，看看需要在机箱哪些位置安装固定金属螺柱或塑料定位卡。

(2)按照刚才比照的结果，将机箱附带的金属螺柱和塑料定位卡固定好，如图 7-24 和图 7-25 所示。

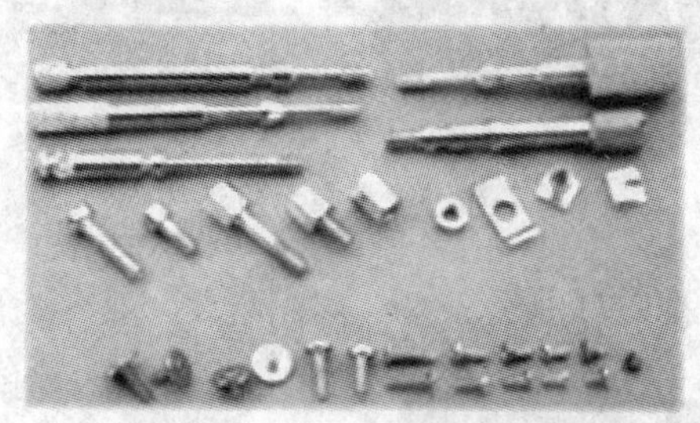

图 7-24　各种螺丝

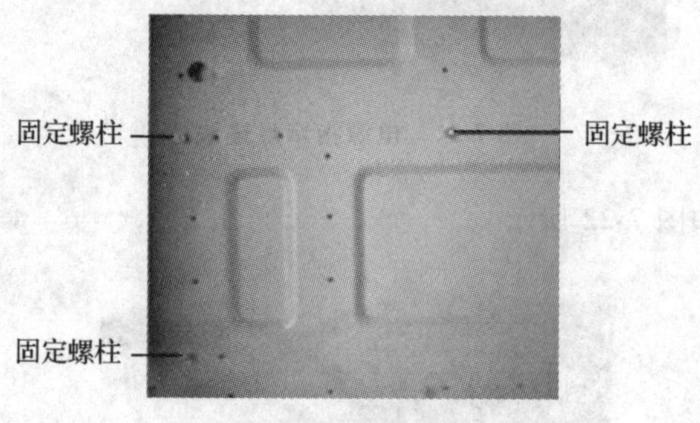

图 7-25　固定机箱螺柱

(3)用螺丝刀将机箱后边 I/O 挡板上的铁片去掉，如图 7-26 所示。

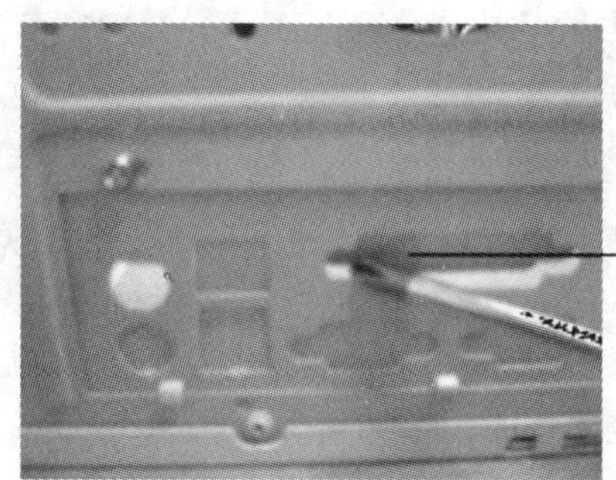

图 7-26　去掉主板 I/O 挡板铁片

(4)将主板上面的连接孔对准机箱上边已经固定好的螺柱或塑料定位卡,如图 7-27 所示。

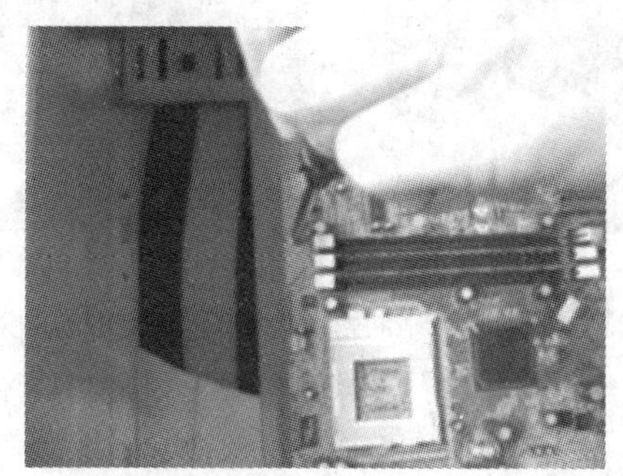

图 7-27　固定主板

6. 安装机箱电源并连接与主板的电源线

安装机箱电源:先将电源放进机箱后部安装电源的位置,将电源上的螺孔与机箱上的螺孔对正。再将 4 颗螺钉对正位置,拧紧即可,如图 7-28 和图 7-29 所示。在安装的过程中注意电源安装的方向。

图 7-28　插入电源到机箱

图 7-29　安装电源

连接主板电源线:电源是双排 20 孔插座,采用防插错设计,只能从一个方向插入,另外,目前 P4 主板上还有一个 4 孔的插座,同样采用防插错设计,用来给 CPU 等供电,如果这个插孔未插,电脑将无法正常启动。在插接的时候,将插头上有挂钩的一侧对准插座上有凸出卡口的一段,向下插入即可,如图 7-30 和图 7-31 所示。

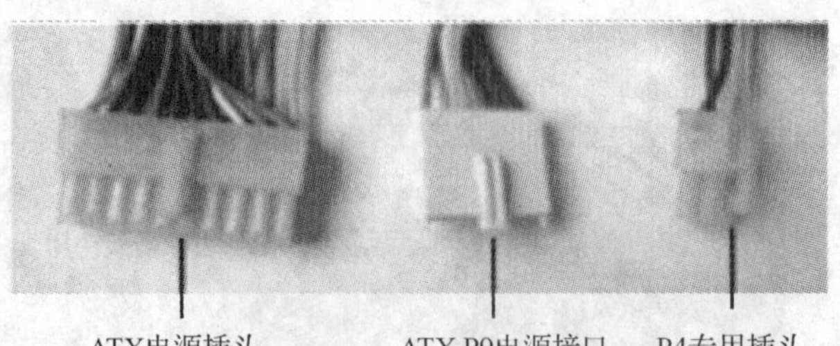

图 7-30　几种电源插头

图 7-31　主板电源的安装

安装主板注意事项：

(1)安装过程中一定要释放身上的静电，以免损坏器件。

(2)在固定主板螺钉的时候，一定要注意螺钉和主板之间的绝缘。同时紧固螺丝的时候用力适度，不可拧死，防止主板变形。

(3)最好使用名牌机箱和原配的螺帽，防止因高低不同引起的安装问题。

(4)在主板上拔插板卡的时候，用力不可太猛。

7. 安装硬盘、光驱、软驱并连接电源线和数据线

(1)硬盘主从跳线：因为每个 IDE 接口只能接 2 个 IDE 设备，如果涉及一根数据线连接 2 个 IDE 设备的时候，就要进行主从跳线设置，否则很容易造成设备不能正确被识别，如图 7-32 和图 7-33 所示。

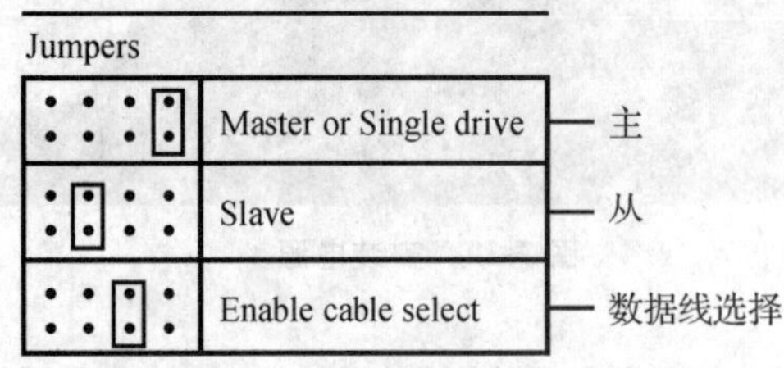

图 7-32　主从跳线设置说明(1)

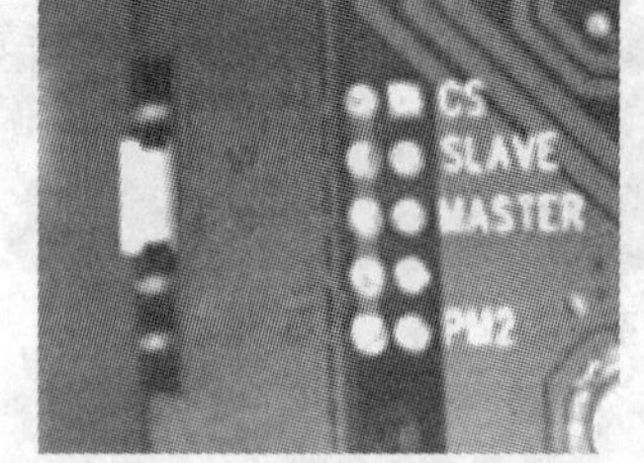

图 7-33　主从跳线设置说明(2)

(2)固定硬盘到机箱：硬盘一般固定在机箱内 3.5 英寸支架上，先在机箱找一个位置合适的支架，将硬盘小心插入支架(插入的深度以不影响主板使用和容易固定为原则)，通过

支架旁边的条形孔将硬盘固定好。

(3)连接数据线和电源线:硬盘固定好后,就需要将电源线和数据线接好,如图 7-34 和 7-35 所示。

图 7-34　连接硬盘数据线

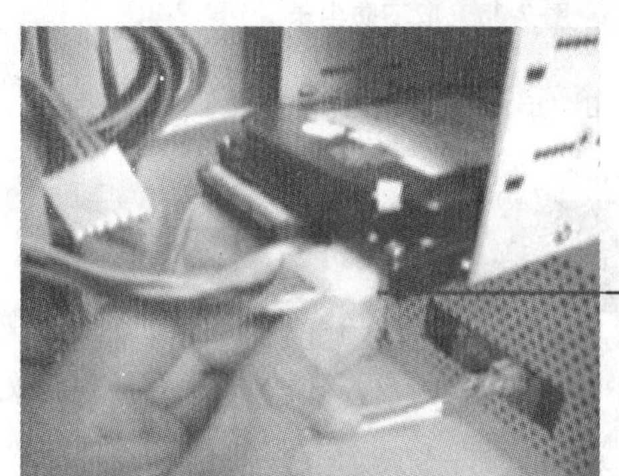

图 7-35　连接硬盘电源线

(4)连接硬盘数据线到主板 IDE 接口,如图 7-36 所示。

图 7-36　连接主板的 IDE 接口

图 7-37　光驱的安装

(5)光驱的安装:取下机箱的前面板用于安装光驱的挡板,将光驱反向从机箱前面板装进机箱的 5.25 英寸槽位。确认光驱的前面板与机箱对齐平整,在光驱的每一侧用两个螺丝初步固定,如图 7-37 所示。

8.安装各类板卡

(1)安装显卡

①在主板上找到显卡对应的插槽卸下机箱上和这个插槽对应的防尘片上的螺丝,取下防尘片,如图7-38所示。

图7-38 取下防尘卡

②按下AGP插槽末端的防滑扣,如图7-39所示。

图7-39 按下防滑扣

③将显卡的金手指小心地插入显卡插槽,然后压下显卡,使之紧密接触,如图7-40所示。

④用螺丝将显卡金属挡板顶部的缺口固定在机箱条形窗口的螺丝孔上,如图7-41所示。

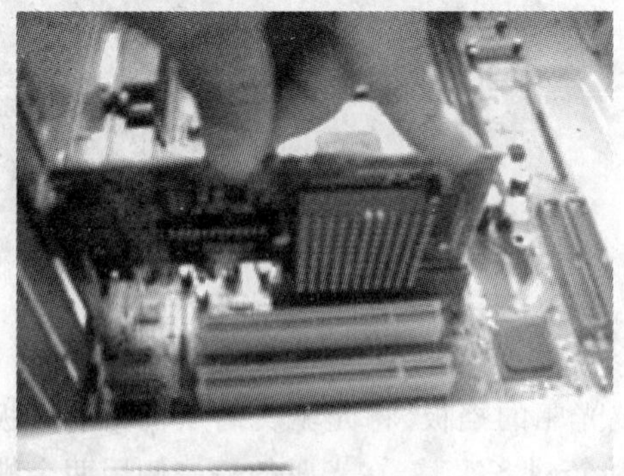

图7-40 插入显卡

图7-41 固定显卡

(2)安装声卡和网卡

声卡、网卡等扩展卡的安装和显卡的安装基本相同,所不同的是需要选择对应的插槽插入。声卡和网卡对应的一般是 PCI 插槽,如图 7-42 和 7-43 所示。

①先选择一条空闲的 PCI 插槽,从机箱上移除对应 PCI 插槽上的挡板及螺丝。

②将声卡或网卡对准 PCI 插槽,用双手大拇指均匀用力将其插入 PCI 插槽中。将卡上的金手指与 PCI 插槽紧密接触在一起。

③用螺丝将声卡或网卡固定在机箱上。注意不要拧得太死。

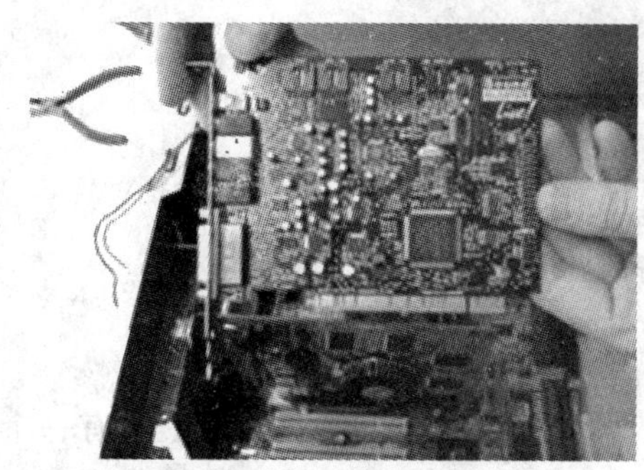

图 7-42 安装声卡

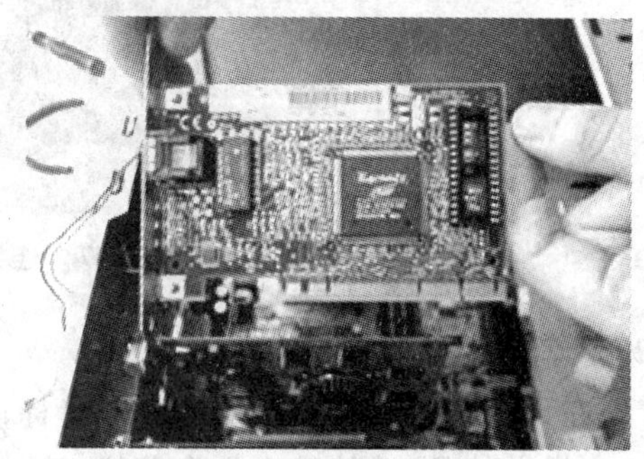

图 7-43 安装网卡

9. 连接显示器、键盘、鼠标、打印机等外设

(1)显示器的连接

将显示器侧放,将底座上突出的塑料弯钩与显示器底部的小孔对准,然后将显示器底座按正确的方向插入显示器底部的插孔内,最后用力推动底座,如图 7-44 所示。

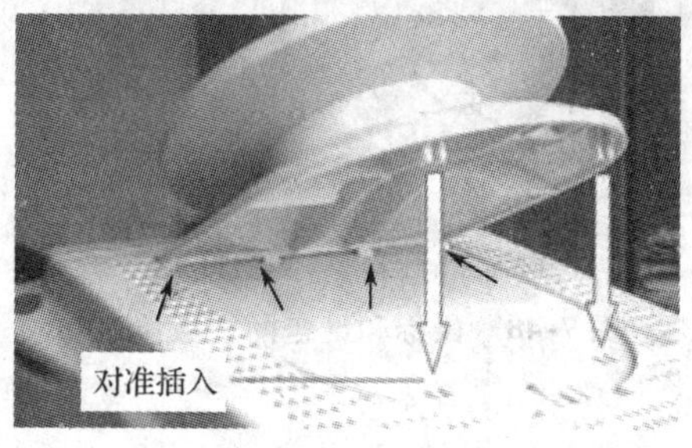

图 7-44 安装底座

连接显示器的时候,先将显示器的 D 型 15 针插头按照正确的方向插入主机后侧显卡上的 15 孔的 D 型插座上,然后用手将插头上的固定螺丝拧紧。最后将显示器的电源线插入三相插座,如图 7-45 ~ 图 7-47 所示。

图 7-45 显卡接口

图 7-46 显示器接头

图 7-47 连接好的显示器

(2)键盘和鼠标的连接

首先在计算机主机后边找到标注键盘标记的 PS/2 接口,注意键盘接口上边有一个黑色塑料条,主机上的 PS/2 接口有一个凹槽,连接的时候一定要使这个黑塑料条和凹槽对应才能插入,否则插不进去,还容易造成键盘接口针脚的弯曲,如图 7-48 所示。

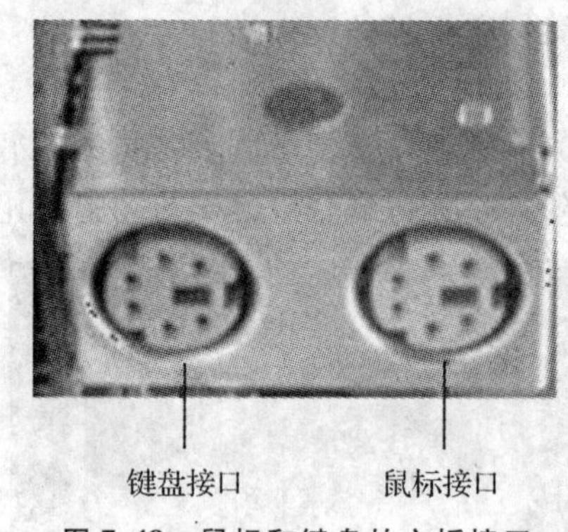

图 7-48 鼠标和键盘的主板接口

(3)音箱的连接

声卡的接口如图 7-49 所示。

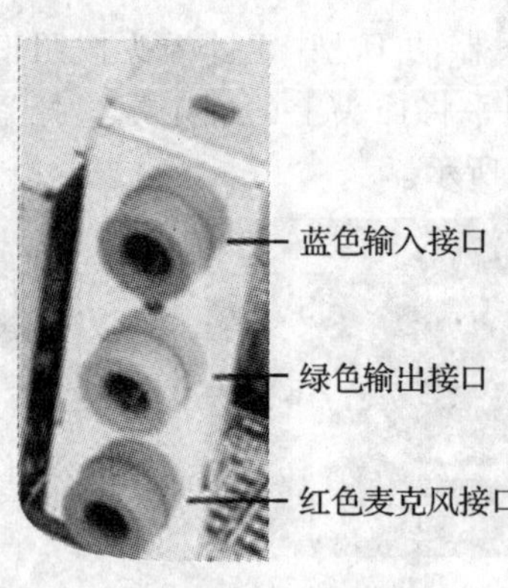

图 7-49 声卡接口

10. 通电测试

(1)初步检查

①仔细检查各部位的电缆和连线是否连接牢靠,接触是否良好,方向是否正确;

②仔细检查是否有小螺丝等杂物掉在主机板上和机箱内;

③检查一下电源插头的电压是否为220V;

④看看各部位的螺丝是否固定牢靠。

(2)初步调试

再三检查确定无误后,可进行开机调试,启动之后,认真观察主机和显示器的反应,如果出现冒烟、发出糊味等异常情况应立即关机,防止硬件进一步损坏。如果开机之后无反应,就要根据实际情况仔细检查各部位是否连接牢靠,接触是否良好,再进行针对性的操作。

活动2　设置 BIOS

一、教学目标

1. 掌握进入 BIOS 设置的方法;
2. 掌握 BIOS 设置的概念和主要功能;
3. 掌握 BIOS 参数设置的具体方法。

二、工作任务

进入 BIOS 设置界面,了解各项主菜单的含义,学习改变 BIOS 设置的方法,理解 BIOS 的基本概念和主要功能,对 BIOS 的各项参数进行设置操作。

三、相关知识点

(一)BIOS 的基本概念和主要功能

BIOS,即微机的基本输入输出系统(Basic Input-Output System),它是集成在主板上的一块 ROM 芯片,在这个芯片中保存有微机最重要的基本输入/输出程序、系统信息设置、自检程序和启动自举程序,许多主板具有的新功能有时候也通过 BIOS 体现出来,可以说,一块主板性能的好坏,很大程度上取决于主板 BIOS 管理功能是否先进完善。

常见的用于设置 CMOS 的 BIOS 芯片有 AMI、Award 和 Phoenix 等厂商的产品。在 BIOS 芯片上能看见厂商的标记,AMI BIOS 主要用于国外品牌的电脑中,而 Phoenix BIOS 一般用于笔记本电脑,通常使用的台式电脑的主板 BIOS 主要是 Award BIOS,如图 7-50 所示。需要注意的是,不同的 BIOS 之间虽然界面形式上有所不同,但其功能与设置基本上都是大同小异的,所需的设置项目也差不多,不同的是项目的一些增减或改变一下名称。

图 7-50 BIOS 芯片

BIOS 设置程序目前有许多的版本,其 BIOS 的设置选项和功能也不一样,但是对于最基本和最主要的设置选项来说,还是有很多设置和功能是一样的,一般来说,主要包括下列内容:

(1)基本的参数设置:主要包括系统时钟、显示器类型、启动时对自检错误的处理方式。

(2)硬盘检测和键盘设置:主要检测硬盘、键盘类型、键盘参数。

(3)存储器设置:主要包括存储器的容量、读写时序、奇偶校验等设置信息。

(4)磁盘驱动器的设置:主要包括自动检测 IDE 接口、启动顺序、软驱、光驱和硬盘的型号参数。

(5)Cache 设置:主要包括内/外 Cache、Cache 地址/尺寸、BIOS 显示日期和 Cache 设置等。

(6)安全设置:主要包括硬盘分区保护、开机口令、超级口令等。

(7)电源管理设置:即关于系统的绿色环保技能设置,包括进入节能状态的等待延时时间、唤醒功能、IDE 设置断电方式、显示器断电方式等。

(8)PCI 局部总线参数设置:关于即插即用的功能设置、PCI 插槽 IRQ 中断请求号、PCI 与 IDE 接口的 IRQ 中断请求号、CPU 向 PCI 写入缓冲、总线字节合并、PCI 与 IDE 的触发方式、PCI 突发写入、CPU 与 PCI 时钟比等。

(9)主板集成接口设置:主要包括主板上的 FDC 软驱接口、串接口、IDE 接口允许/禁止状态、串并口、I/O 地址、IRQ 及 DMA 设置、USB 接口等。

(10)其他参数设置:主要包括快速上电自检、A20 地址线选择、上电自检故障提示、系统引导速度等方面的设置。

(二)比较 BIOS 和 CMOS

1. BIOS 和 CMOS 的区别

(1)采用的存储材料不同。CMOS 是在低电压下可读写的 RAM,需要靠主板上的电池进行不间断供电,电池没电了,其中的信息都会丢失。而 BIOS 芯片采用 ROM,不需要电源,即使将 BIOS 芯片从主板上取下,其中的数据仍然存在。

(2)存储的内容不同。CMOS 中存储着 BIOS 修改过的系统的硬件和用户对某些参数的设定值,而 BIOS 中始终固定保存电脑正常运行所必需的基本输入/输出程序、系统信息设置、开机加电自检程序和系统自举程序。

2. BIOS 和 CMOS 的联系

CMOS 是存储芯片,属于硬件,其功能是用来保存数据,只能起到存储的作用,而不能设置其中的数据,要设置参数必须通过专门的设置程序。现在很多厂商将 CMOS 的参数设置程序固化在 BIOS 芯片中,在开机的时候进入 BIOS 设置程序,即可对系统进行设置。BIOS 中的系统设置程序是完成 CMOS 参数设置的手段,而 CMOS RAM 是存放这些设置数据的场所,它们都与计算机的系统参数设置有着密切的关系,所以有"CMOS 设置"和"BIOS 设置"两种说法,正确的应该是"通过 BIOS 设置程序对 CMOS 参数进行设置"。

四、实现方法

(一)开机进入 BIOS 设置

检查计算机硬件连接是否正确,开启外部设备和机箱电源,根据当前计算机 BIOS 的不同类型,根据图 7-51 按键进入 BIOS 设置界面,如图 7-52 所示。

BIOS型号	进入CMOS SETUP的按键	屏幕提示
AMI	<Del>键或<Esc>键	有
AWARD	<Del>键或<Ctrl>键+<ALt>键+<Esc>键	有
MR	<Esc>键或<Ctrl>键+<ALt>键+<Esc>键	无
Quadtel	<F2>键	有
COMPAQ	屏幕右上角出现光标时按<F10>键	无
AST	<Ctrl>键+<ALt>键+<Esc>键	无
Phoenix	<Ctrl>键+<ALt>键+<S>键	无
Hewlett packard(hp)	<F2>键	

图 7-51　BIOS 进入按键

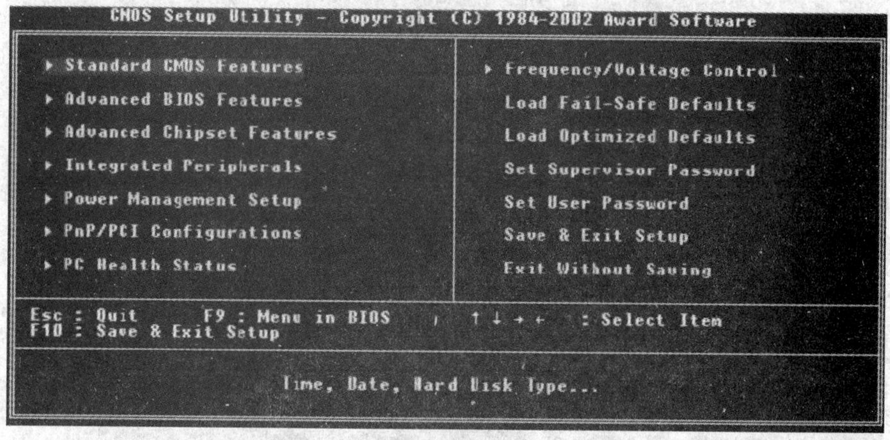

图 7-52　BIOS 设置程序主界面

(二)浏览 BIOS 设置主要功能

了解图 7-52 中各项主菜单的含义,学习改变 BIOS 设置的方法,如图 7-54,理解 BIOS 的基本概念和主要功能。

(1)图 7-52 中各项主菜单的含义:

Standard CMOS Features:标准 CMOS 设置;

Advanced BIOS Features:高级 BIOS 设置;

Advanced Chipset Features:高级芯片组特征设置;

Integrated Perigherals:综合周边设置;

Power Management Setup:电源管理设置;

PnP/PCI Configurations:PNP/PCI 设置;

PC Health Status:PC 健康状态;

Frequency/Voltage Control:频率/电压控制;

Load Fail-Safe Defaults:加载安全默认设置;

Load Optimized Defaults:加载优化默认设置;

Set Password:设置密码;

Save & Exit Setup:保存后退出;

Exit Without Saving:不保存退出。

(2)改变 BIOS 设置的方法如图 7-53 所示。

控制键位	功能
<↑>	向前移一项
<↓>	向后移一项
<←>	向左移一项
<→>	向右移一项
<Enter>	选定此选项
<Esc>	跳到退出菜单或者从子菜单回到主菜单
<+/PU>	增加数值或改变选择项
<-/PD>	减少数值或改变选择项
<F1>	主题帮助，仅在状态显示菜单和选择设定菜单有效
<F5>	从CMOS中恢复前次的CMOS设定值，仅在选择设定菜单有效
<F6>	从故障保护缺省值表加载CMOS 值，仅在选择设定菜单有效
<F7>	加载优化缺省值
<F10>	保存改变后的CMOS 设定值并退出

图 7-53　BIOS 设置程序控制键

(三)设置 BIOS

1. Standard CMOS Features(标准 CMOS 设置)

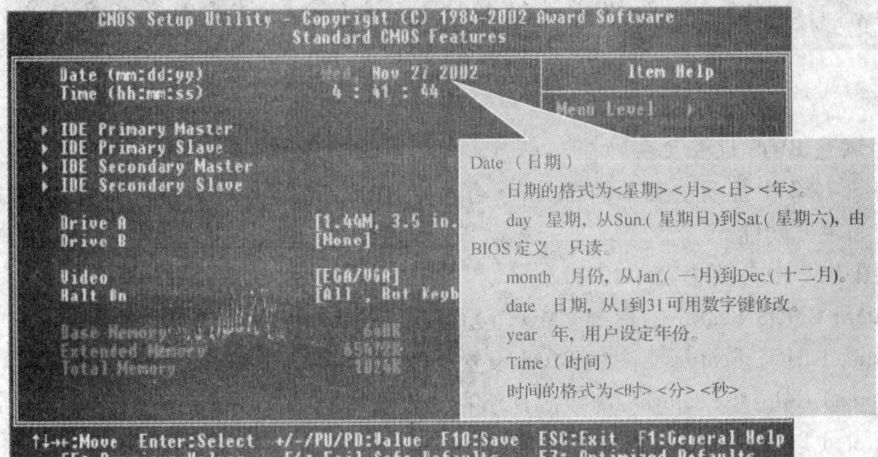

图 7-54　日期设置

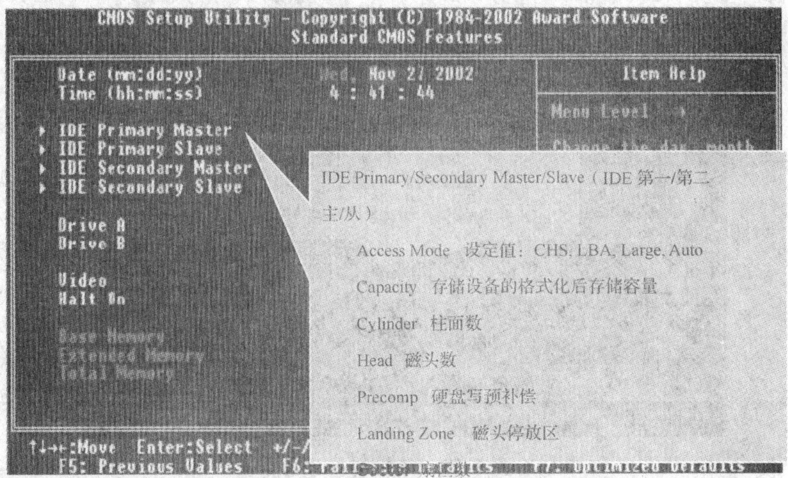

图 7-55 IDE 设备设置

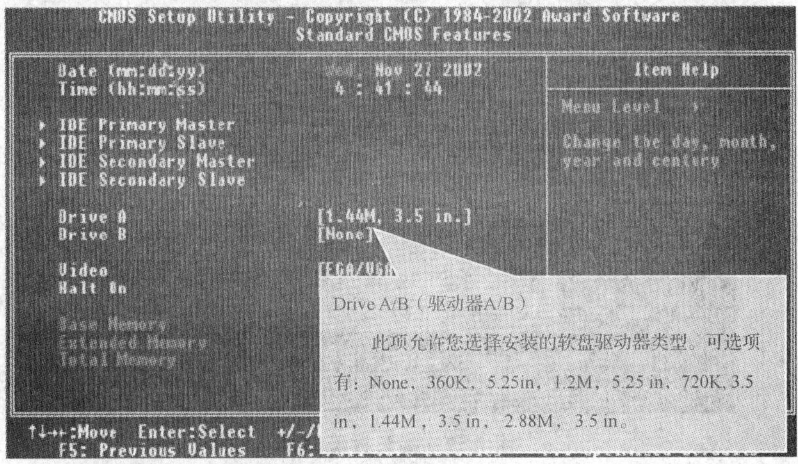

图 7-56 驱动器设置

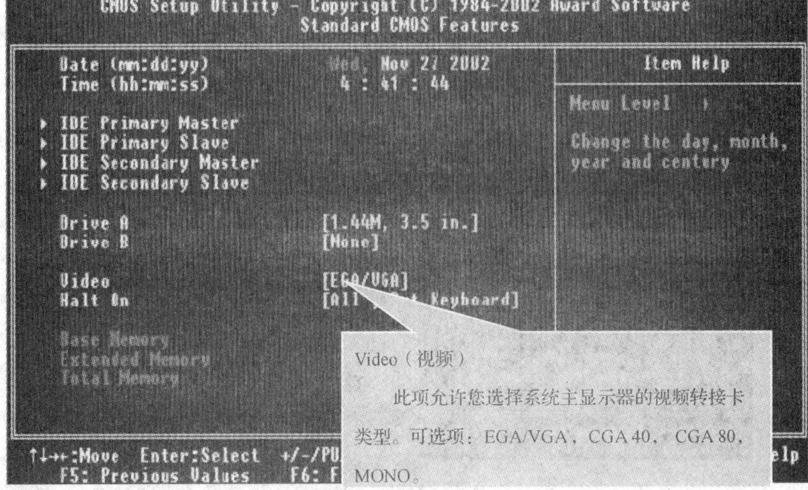

图 7-57 显示器设置

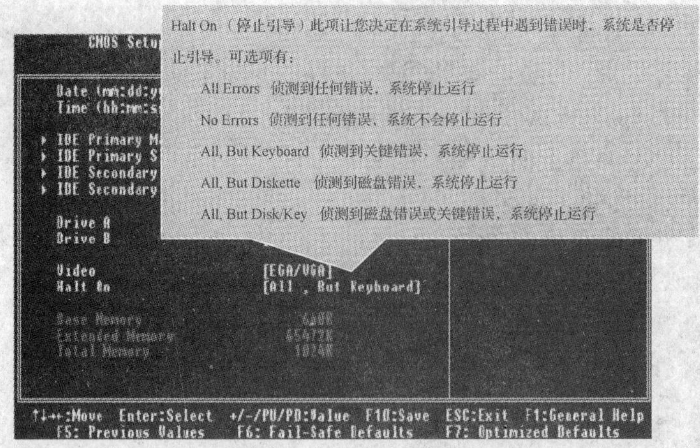

图 7-58 停机引导设置

2. Advanced BIOS Features(高级 BIOS 设置)

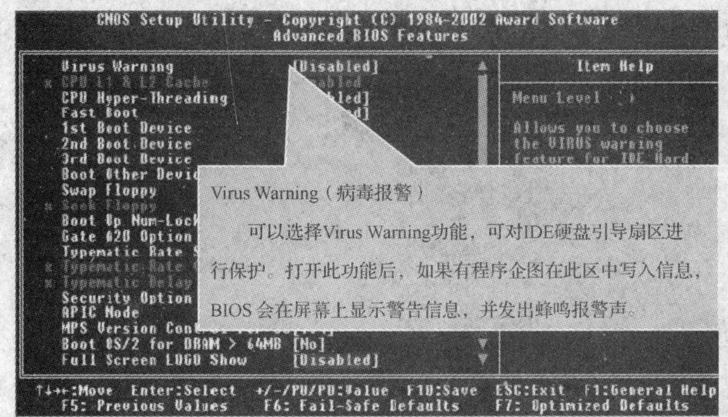

图 7-59 病毒报警设置

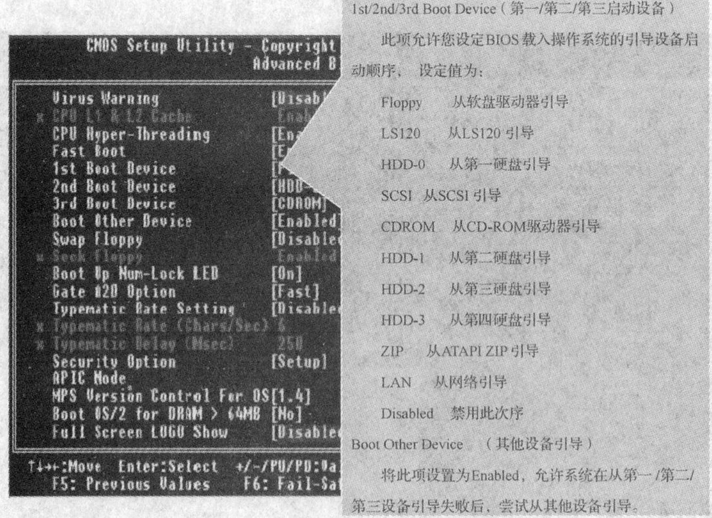

图 7-60 启动设备设置

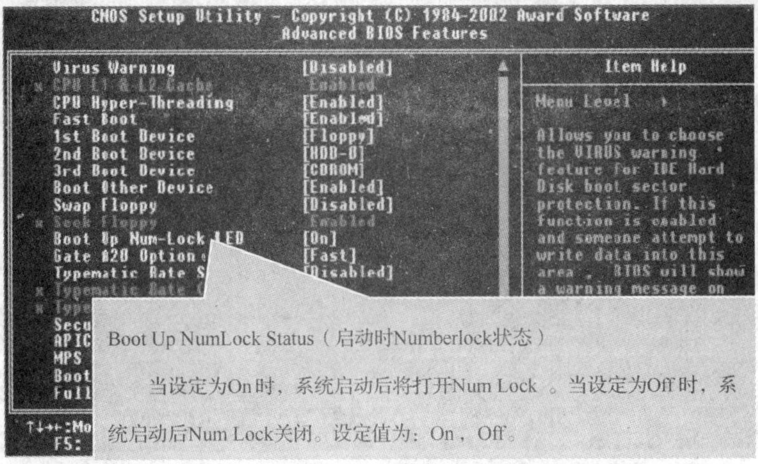

Boot Up NumLock Status（启动时Numberlock状态）

当设定为On时，系统启动后将打开Num Lock 。当设定为Off时，系统启动后Num Lock关闭。设定值为：On，Off。

图 7-61　启动时 Numberlock 状态设置

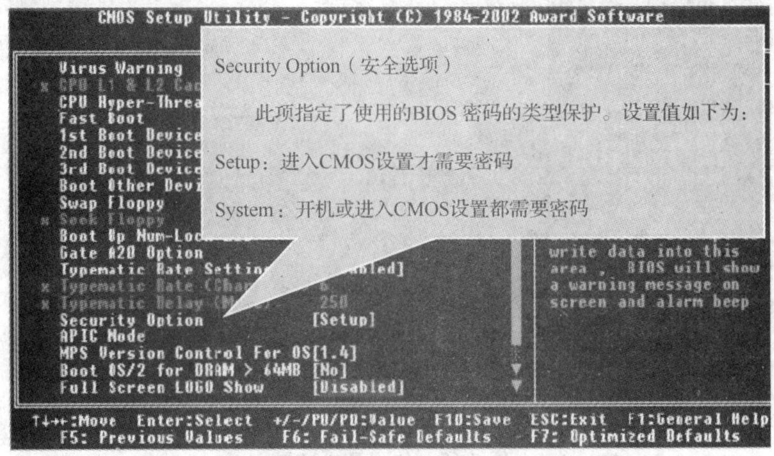

图 7-62　BIOS 安全选项设置

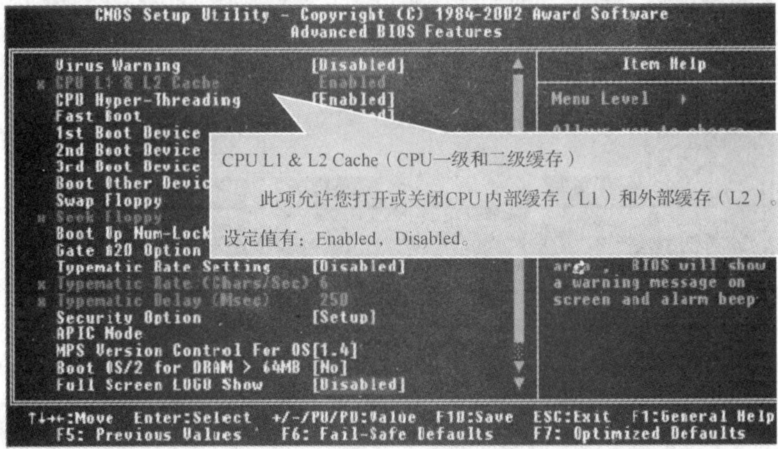

图 7-63　CPU 缓存设置

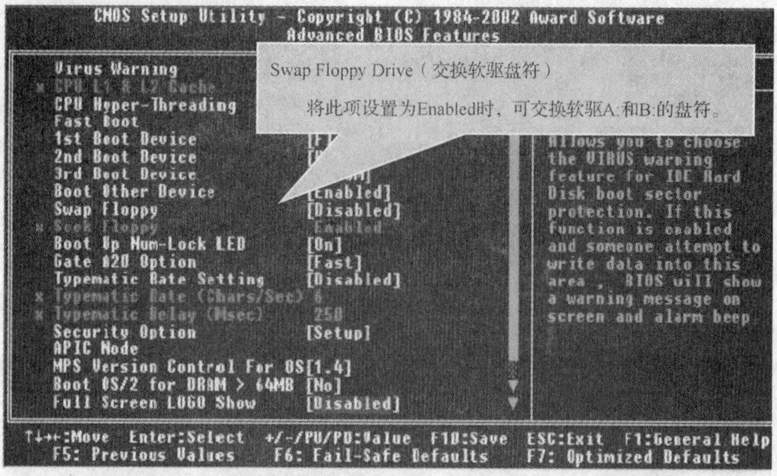

Swap Floppy Drive（交换软驱盘符）

将此项设置为Enabled时，可交换软驱A:和B:的盘符。

图 7-64 切换软驱盘符设置

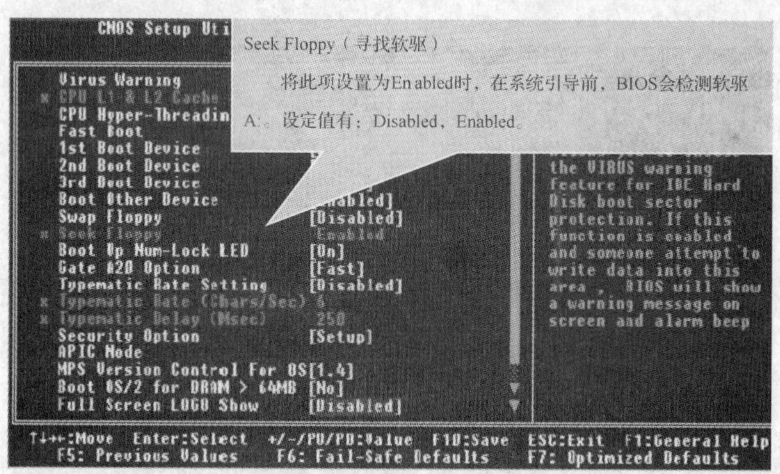

图 7-65 软驱寻找设置

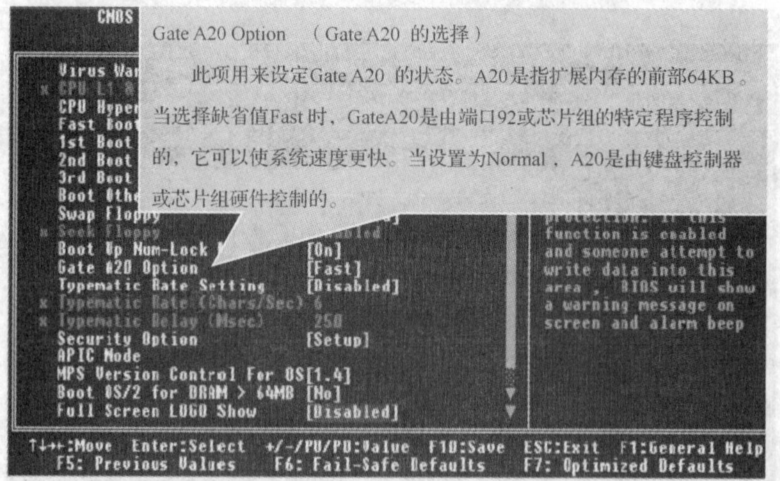

图 7-66 Gate A20 选项设置

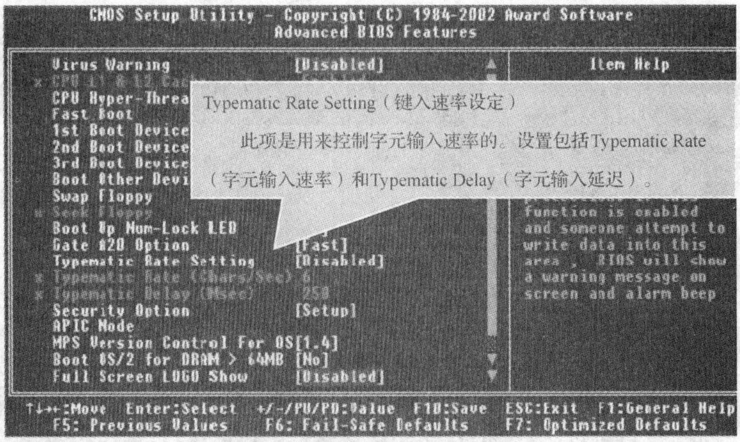

Typematic Rate Setting（键入速率设定）

此项是用来控制字元输入速率的。设置包括Typematic Rate（字元输入速率）和Typematic Delay（字元输入延迟）。

图 7-67　键入速度设置

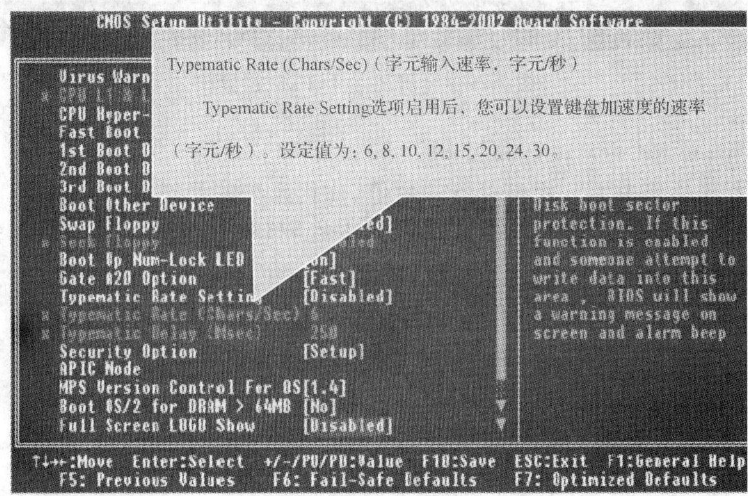

图 7-68　字元输入速度设置

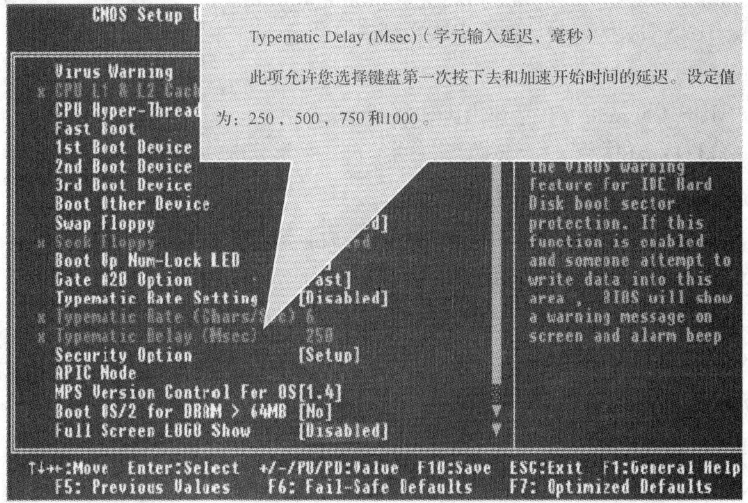

图 7-69　字元输入延迟设置

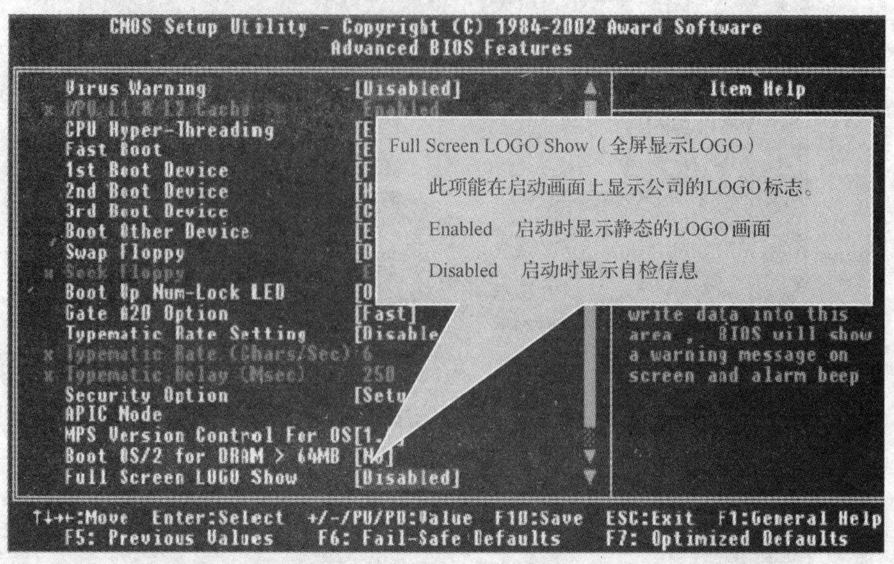

图 7-70 全屏显示 LOGO 设置

3. Advanced Chipset Features(高级 BIOS 设置)

该选项主要用于修改芯片组寄存器的数值,优化系统的性能。一般来说,除非是用户发现设置参数有误,或者有特殊目的,不建议更改该菜单内的设置参数,否则,很容易因为更改设置有误,将导致系统无法开机或发生其他问题。

(1)DRAM Timing Selectable

Current FSB Frequence:显示 CPU 外频总线的速度;

Current DRAM Frequence:显示 DRAM 的速度;

DRAM Clock:用于控制内存的频率;

DRAM Timing:用于选择主板上采用何种 DDR DRAM;

SDRAM CAS Latency:用于同步 DRAM 的延迟时间设置;

Bank Interleave:用于设置内部内存的插入数值。

(2)System BIOS Cacheable(系统 BIOS 缓冲)

选项:Enabled,Disabled。

(3)Video BIOS Cacheable(视频 BIOS 缓冲)

选项:Enabled,Disabled。

(4)Memory Hole At 15M ~ 16M

该选项是为一些老的 ISA 卡保留的功能,开启后内存中 15M ~ 16M 的空间就会保留给一些有这种要求的 ISA 扩展卡,一般选择默认设置 Disabled 就可以。

(5)AGP Aperture Size(MB)(AGP 区域内存容量,单位:MB)

选项:4,8,16,32,64,128,256。

(6)Init Display First(首先启动设备)

选项:AGP, PCI。

(7)AGP Date Transfer Rate(AGP 传输速度)

选项:2X,4X,8X。

4. Integrated Perigherals(综合周边设置)

(1)On Chip IDE Device

在该选项里面,设置的是主板的 IDE 端口状态,将两个 IDE 控制器都设置为"Enabled"开启状态,并将模式都设置为 Auto 模式就可以了。

(2)OnChip PCI Device

设置的有主板 USB 控制器的状态,默认为 Enabled 开启状态,因为 USB 端口是 PC 很常用的一个端口,因此都要打开;还有 USB 键盘与 USB 鼠标的支持方式,可以设置为"OS"或"BIOS",前者表示通过操作系统支持,后者表示通过 BIOS 支持,一般选择通过 BIOS 支持,这样几乎可以在所有的方面支持鼠标和键盘的使用。

(3)Onboard PCI Device

设置主板其他采用 PCI 总线工作的设备状态,这里面提供了板载的网络功能的开启或关闭。如果需要板载网卡功能的,就必须打开这个选项。

5. Power Management Setup(电源管理设置)

(1)ACPI Suspend Type(ACPI 挂起模式)

选项有:[S1(POS)][S3(STR)]。选择[S3(STR)]可以支持 STR 模式,STR 就是 Suspend To Ram 的缩写,也就是"挂起到内存"。具体地说,是把数据和系统运行状态信息保存到主机内存中,开机(指开启机箱上的电源开关)后可不通过复杂的系统检测,而从内存中读取相应数据直接使系统进入挂起前的状态,使得启动时间大幅度缩短。

(2)Power Button Function

设置关机按钮的关机时间,如果选择"Instant-OFF",那么在按下按键后,就会立刻挂机了,而如果选择"4 Sec Delay",那么需要一直按着开机按钮四秒钟才能关机。

6. PnP/PCI Configurations(PNP/PCI 设置)

该菜单用于 PCI 总线的系统设置,该菜单设置内容涉及的技术性很强,一般使用者使用系统默认值即可,不用另行调整,以免发生问题。

7. PC Health Status(PC 健康状态)

(1)FAM Fail Alarm Selectable

如果开启需要选择一个监测的风扇端口(可以是 CPU 风扇或是其他系统风扇),那么在风扇停转或出现异常后系统会警告,用于预防风扇出现问题,一般可以开启这个项目。

(2)Shutdown When CPU Fan Fail

如果开启这个项目,那么在 CPU 风扇停转以后,系统会自动关机,这样可以避免 CPU 因为过热而烧毁的现象发生,一般开启这个选项。

(3)CPU Shutdown Temperature

可以设置当 CPU 温度超过某一值后,可以自动关机,保护 CPU 因为过热而损坏,如果开启建议设置温度在 60~65 度为宜。

(4)CPU Warning Temperature

设置当 CPU 温度超过一定温度后进行报警,如果设置这个温度,那么一定要小于 CPU Shutdown Temperature 在 5 摄氏度以上,建议的报警温度在 55~60 度左右为宜。

8. Frequency/Voltage Control(频率/电压控制)

一般来说,该选项主要包括以下一些选项:

CPU Bus Speed:主要用来设置 CPU 的前端总线频率;

AGP Bus Speed:主要用来设置 AGP 显卡的总线频率;

PCI Bus Speed:主要用来设置 PCI 设备的总线频率;

Clock Spread Spectrum:用来设置 Spread Spectrum 的相关设置;

CPU Voltage Setting:主要用来设置 CPU 的工作电压;

AGP Voltage Setting:主要用来设置 AGP 显卡的工作电压;

DDR Voltage Setting:主要用来设置 DDR 内存的工作电压。

CPU Ratio:这个主要是针对 CPU 的倍频进行设置的,但目前的 CPU 一般被锁频了,所以该选项没有什么实际意义。

9. Load Fail-Safe Defaults(加载安全默认设置)

从主菜单中选择该选项之后,按"Enter"键之后,将显示"Load Fail-Safe Defaults (Y/N)? N"的提示信息,这里主要是询问是否载入 BIOS 的安全预设值,如果系统出现了问题之后,可以先试试该选项,看载入系统提供的最稳定状态模式之后是否能恢复。

10. Load Optimized Defaults(加载优化默认设置)

从主菜单中选择该选项之后,按"Enter"键之后,将显示"Load Optimized Defaults(Y/N)? N"的提示信息,如果需要对 BIOS 的设置进行优化,又不想进行具体的设置的话,可以选择"Y",系统就载入系统提供的最佳化性能状态模式。

11. Set Password(设置密码)

该选项主要用来设置系统开机密码和进入 BIOS 设置的密码,由于厂商的不同,有的厂商的 BIOS 该选项是"Supervisor/User Password Setting"(超级/用户密码设置),前者是设置管理者密码,进入系统修改 BIOS 参数需要输入该密码,后者是设定开机密码,虽然也可以进入 BIOS,但只能看见画面,而不能进入 BIOS 设置程序进行参数的修改。

12. Save & Exit Setup(保存后退出)

该选项的作用是在完成所有 BIOS 设置之后,覆盖原有的 BIOS 设置。当完成 BIOS 设置操作之后,通过这个选项使得新的 BIOS 参数设置生效并退出 BIOS 设置程序。

13. Exit Without Saving(不保存退出)

该选项的作用是在完成所有 BIOS 设置之后,不覆盖原有的 BIOS 设置。即不修改系统原有的 BIOS 设置并退出 BIOS 设置程序。

(四)BIOS 的错误信息和解决方法

在开机的时候,如果 BIOS 存在一些设置上的问题,一般会在开机画面上给出提示信息,可以根据提示信息采取相应的措施解决,常见的错误信息和解决方法如下:

1. CMOS battery failed(CMOS 电池失效)

原因:说明 CMOS 电池的电力已经不足,请更换新的电池。

2. CMOS check sum error-Defaults loaded(CMOS 执行全部检查时发现错误,因此载入预设的系统设定值)

原因:通常发生这种状况都是因为电池电力不足所造成,所以不妨先换个电池试试看。如果问题依然存在的话,那就说明 CMOS RAM 可能有问题,最好送回原厂处理。

3. Display switch is set incorrectly(显示形状开关配置错误)

原因:较旧型的主板上有跳线可设定显示器为单色或彩色,而这个错误提示表示主板上的设定和 BIOS 里的设定不一致,重新设定即可。

4. Press ESC to skip memory test(内存检查,可按 ESC 键跳过)

原因:如果在 BIOS 内并没有设定快速加电自检的话,那么开机就会执行内存的测试,如果你不想等待,可按 ESC 键跳过或到 BIOS 内开启 Quick Power On Self Test。

5. Secondary Slave hard fail(检测从盘失败)

原因:可能是 CMOS 设置不当(例如没有从盘但在 CMOS 里设有从盘),也可能是硬盘的电源线、数据线可能未接好或者硬盘跳线设置不当。

6. Override enable-Defaults loaded(当前 CMOS 设定无法启动系统,载入 BIOS 预设值以启动系统)

原因:可能是你在 BIOS 内的设定并不适合你的电脑(像你的内存只能跑 100MHz,但你让它跑 133MH),这时进入 BIOS 设定重新调整即可。

7. Press TAB to show POST screen(按 TAB 键可以切换屏幕显示)

原因:有一些 OEM 厂商会以自己设计的显示画面来取代 BIOS 预设的开机显示画面,而此提示就是要告诉使用者可以按 TAB 来把厂商的自定义画面和 BIOS 预设的开机画面进行切换。

8. Resuming from disk,Press TAB to show POST screen(从硬盘恢复开机,按 TAB 显示开机自检画面)。

原因:某些主板的 BIOS 提供了 Suspend to disk(挂起到硬盘)的功能,当使用者以 Suspend to disk 的方式来关机时,那么在下次开机时就会显示此提示消息。

(五)BIOS 的升级

电脑的硬件技术一日千里,新的硬件和技术层出不穷,对主板的 BIOS 进行升级可用极小的代价换取电脑性能的提升,但是升级主板 BIOS 需要使用者具备相应的硬件知识,而且其本身也具备一定的危险性。

现在绝大多数主板采用的是 Flash EPROM(闪速可擦可编程只读存储器),可直接用软件改写升级,因而给 BIOS 的升级带来很大的方便。升级主板的 BIOS 可以获得 BIOS 版本的提升,修正以前版本中的 Bug,并且提供对新硬件新技术的支持,最重要的是能给整机带来性能上的提升和功能上的完善。

(六)CMOS 放电的各种硬件方法

如果不小心忘记了 BIOS 密码,可以通过对 CMOS 放电来破坏 BIOS 中的设置,从而达到清除密码的目的。其实,对 CMOS 进行放电操作,还可以解决一些莫名其妙的电脑启动黑屏故障。下面介绍对 CMOS 进行放电的各种硬件方法。

1. 使用 CMOS 放电跳线

对现时的大多数主板来讲,都设计有 CMOS 放电跳线以方便用户进行放电操作,这是最常用的 CMOS 放电方法。该放电跳线一般为三针,位于主板 CMOS 电池插座附近,并附有电池放电说明。在主板的默认状态下,会将跳线帽连接在标识为“1”和“2”的针脚上,从放电说明上可以知道为“Normal”,即正常的使用状态。

要使用该跳线来放电,首先用镊子或其他工具将跳线帽从“1”和“2”的针脚上拔出,然后再套在标识为“2”和“3”的针脚上将它们连接起来，由放电说明上可以知道此时状态为“Clear CMOS”，即清除 CMOS(如图 7-71 所示)。经过短暂的接触后，就可清除用户在 BIOS 内的各种手动设置，而恢复到主板出厂时的默认设置。

对 CMOS 放电后，需要再将跳线帽由“2”和“3”的针脚上取出，然后恢复到原来的“1”和“2”针脚上。注意，如果没有将跳线帽恢复到 Normal 状态，则无法启动电脑并会有报警声提示。

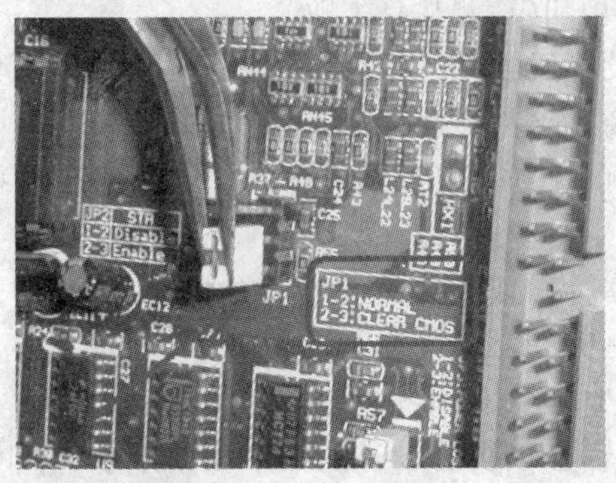

图 7-71　CMOS 跳线

2. 取出 CMOS 电池

相信有不少用户遇到过下面的情况：要对 CMOS 进行放电，但在主板上(如华硕主板)却找不到 CMOS 放电的跳线，怎么办呢？此时，可以将 CMOS 供电电池取出来达到放电的目的。因为 BIOS 的供电都是由 CMOS 电池供应的，将电池取出便可切断 BIOS 电力供应，这样 BIOS 中自行设置的参数就被清除了。

在主板上找到 CMOS 电池插座，接着将插座上用来卡住供电电池的卡扣压向一边，此时 CMOS 电池会自动弹出，将电池小心取出，如图 7-72 所示。

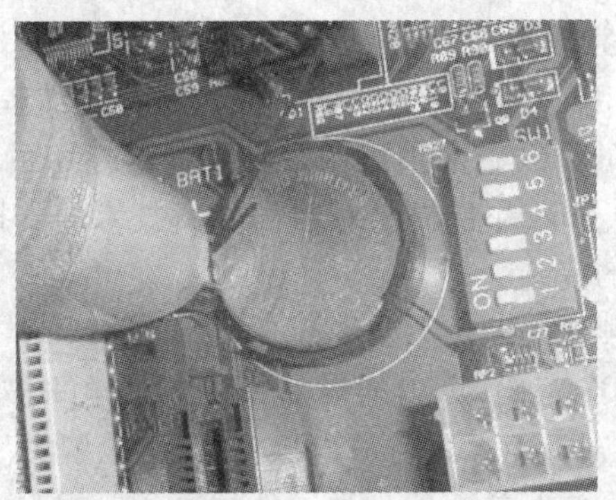

图 7-72　CMOS 放电

接着接通主机电源启动电脑，屏幕上就会提示 BIOS 中的数据已被清除，需要进入 BIOS 重新设置。这样，便可证明已成功对 CMOS 放电，如图 7-73 所示。

```
Award Modular BIOS v6.00PGN , An Energy Star Ally
Copyright (C) 1984-2000, Award Software, Inc.

BIOS-2M (2X000725A)

Main Processor : AMD Duron(TM) 750MHz(100x7.5)
Memory Testing :  131072K OK

  Primary Master : IBM-DTLA-307030 TX40A60A
   Primary Slave : None
Secondary Master : None
 Secondary Slave : None

CMOS checksum error - Defaults loaded
```

图 7-73　BIOS 数据清除信息

3. 短接电池插座的正负极

取出供电电池来对 CMOS 放电的方法虽然有一定的成功率,但却不是万能的,对于某些主板,即使将供电电池取出很久,也不能达到 CMOS 放电的目的。遇到这种情况,就需要使用短接电池插座正负极的方法来对 CMOS 放电了。当然,在有 CMOS 放电跳线的主板上,如果大家觉得 CMOS 放电操作过于麻烦,也可以使用这种方法。

CMOS 电池插座分为正负两极,将它们短接就可以达到放电的目的。首先将主板上的 CMOS 供电电池取出,然后使用可以有导电性能的物品(螺丝刀、镊子等导电物品),短接电池插座上的正极和负极就能造成短路(如图 7-74 所示),从而达到 CMOS 放电的目的。

图 7-74　短接 CMOS 放电

4. 改变硬件配置

除了上面介绍的三种方法,还可以使用改变电脑硬件配置的方法来尝试清除 BIOS 中设置的密码。因为在启动时如果系统发现现有的硬件配置和原来的硬件配置不同,可能会自动进入 BIOS 设置画面让用户重新设置,并且不需要输入密码。

例如 BIOS 中将硬盘的参数设置为“User”,便可以将硬盘移走,那么重新启动时 BIOS 就可能因检测不到硬盘而出错,并自动进入 BIOS 设置,此时用户就可以重新设置密码了。注意,该方法的成功率不是很高,可以适合的主板也不是很多,如果使用其他方法都无效,可以一试。

上面介绍的是对 CMOS 放电的四种硬件方法,可以用于不同的情况。当然,要对 CMOS 放电,还有许多软件的方法,如使用 Debug 命令、软件清除等,有兴趣的用户可以试试,但前提是可以启动操作系统。如果为 BIOS 设置了开机密码,那软件就无能为力了,只能使用本文介绍的硬件方法了。

习 题

1. 简述装机步骤,并且进行完整的计算机组装实践。
2. CPU 在安装的时候要注意哪些事项? 如何安装?
3. 内存条的安装需要注意哪些事项? 如何安装?
4. 目前 BIOS 的类型主要有哪几种?
5. BIOS 与 CMOS 有何区别? 有何联系?
6. 为了防止别人进入电脑,要设置哪些密码,该如何设置?

项目八　安装和设置软件

一、教学目标

终极目标:能够正确、熟练地安装计算机软件及对常用软件进行设置。

促成教学目标:

1. 掌握常用操作系统软件 Windows XP 的安装方法;
2. 掌握硬件驱动程序的安装方法;
3. 掌握更新系统及安装系统补丁的方法;
4. 掌握安装杀毒软件及升级病毒库的方法;
5. 掌握维护系统安全的方法;
6. 掌握系统优化的方法。

二、工作任务

计算机硬件安装完毕后必须安装软件。通过对一台新装计算机进行安装操作系统,安装硬件驱动,安装杀毒软件,对系统进行优化、检测等操作后,使之称为一台真正可以正常使用的计算机。掌握安装计算机各类软件及对常用软件进行设置的方法,具体工作任务如下:

1. 准备好 Windows XP 系统安装盘,对新装计算机进行操作系统的安装;
2. 安装完操作系统软件 Windows XP 后,对硬件驱动进行查看及安装,以使硬件能正常使用;
3. 设置计算机操作系统软件的自动升级,或手动安装补丁;
4. 安装杀毒软件并设置杀毒软件按时升级病毒库,以及设置按时查杀病毒;
5. 对计算机系统的整体安全进行合理设置;
6. 安装完各类软件后,对操作系统进行优化。

活动1　安装操作系统

一、教学目标

掌握常用操作系统 Windows XP 的安装方法。

二、工作任务

将计算机的光驱在 BIOS 中设置为第一启动项,然后将准备好的 Windows XP 系统盘放入光驱安装。在安装过程中合理选择了系统安装分区和文件系统格式,以及设置区域和语言选项,输入个人信息和序列号,设置系统管理员密码、日期和时间,设置网络连接。在系统安装后设置屏幕分辨率和欢迎界面。

三、相关知识点

(一)BIOS 设置

BIOS 作为硬件与操作系统沟通的桥梁,通过它可设定系统操作模式及硬件相关的参数。系统开机时,BIOS 会先进行开机自我测试(POST)。此时,按 Del 键即可进入 BIOS 设定主画面。在 BIOS 中将【BIOS Features Setup】(BIOS 特殊参数设定)下的 BootSequence(开机顺序)设定为 CD-ROM 为首选项。

(二)选择分区安装

分区是物理磁盘的一部分,其作用如同一个物理分隔单元。分区通常指主分区或扩展分区。主分区是标记为由操作系统使用的一部分物理磁盘,通常操作系统都安装在主分区。

(三)文件系统格式

硬盘驱动器可以配置为三种基本文件系统格式:FATl6 和 FAT32(如果硬盘驱动器分区小于 8GB)或 NTFS(如果硬盘驱动器分区大于或等于 8GB),使用的格式取决于操作系统和硬盘驱动器的支持。选择系统 Windows XP 的安装一般选择 NTFS 文件系统格式。

(四)软件安装序列号

在安装软件时,一般要求用户提供软件安装序列号,该序列号可在安装光盘上或说明书中获得。

四、实现方法

(一)设置光驱为第一启动项

在安装 Windows XP 操作系统之前,需要对 BIOS 启动项进行相关的设置。若用户是使用光盘来安装 Windows XP,则必须将光驱设置为第一启动项。具体操作步骤如下:

(1)启动计算机,在自检通过后按键盘上 Del 键或者是 F2 键进入 BIOS 设置,如图 8-1 所示。

(2)在 BIOS 中用键盘方向键移动到选项“Advanced BIOS Features”后按 Enter 键,进入设置页面,如图 8-2 所示。

(3)在“Advanced BIOS Features”选项中用键盘方向键移动到选项“First Boot Device”后按 Enter 键,进入设置页面,如图 8-3 所示。

(4)在“First Boot Device”选项中用键盘方向键移动到选项“CDROM”后按 Enter 键确定。

(5)使用 Esc 键退回到 BIOS 设置主页面(图 8-1)。

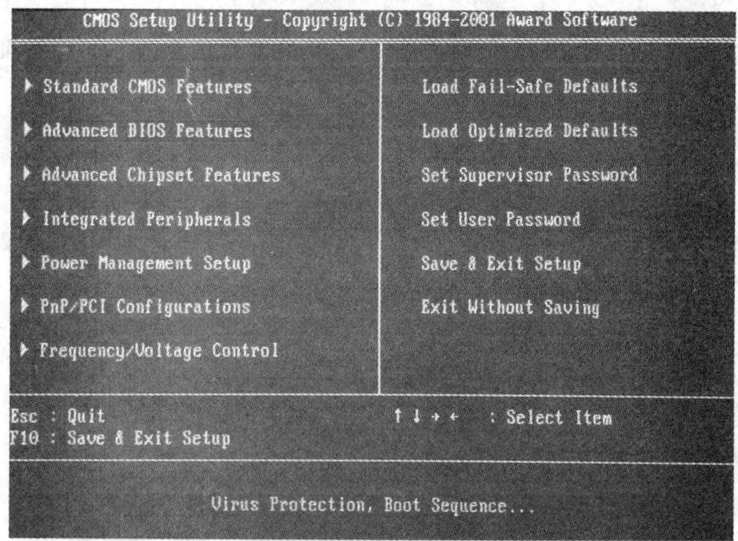

图 8-1　BIOS 界面

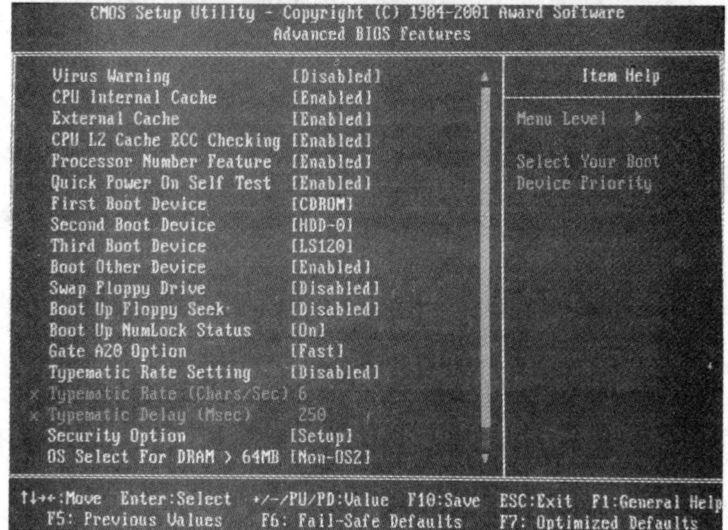

图 8-2　Advanced BIOS Features 选项

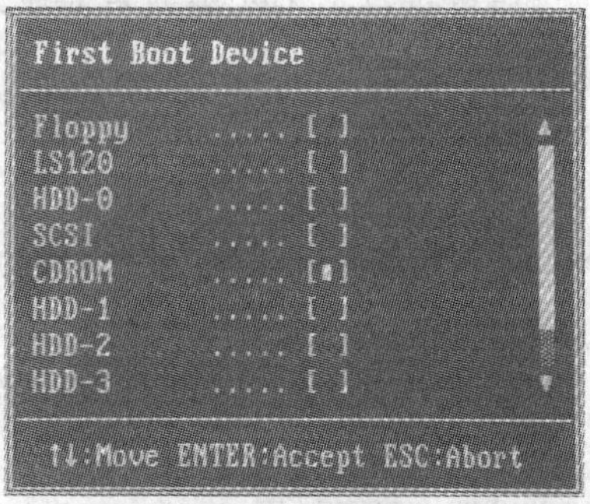

First Boot Device

Floppy ..... [ ]
LS120 ..... [ ]
HDD-0 ..... [ ]
SCSI ..... [ ]
CDROM ..... [■]
HDD-1 ..... [ ]
HDD-2 ..... [ ]
HDD-3 ..... [ ]

↑↓:Move ENTER:Accept ESC:Abort

图 8-3 First Boot Device 选项

(6)选择“Save & Exit Setup”,按 Enter 键将设定值储存后重新启动计算机。

提示:不同品牌的 BIOS 设置有所不同,详细内容请参考主板说明书。

(二)安装 Windows XP 操作系统

设置好光驱为第一启动项后,即可正式进行 Windows XP 操作系统的安装。操作步骤如下:

(1)将 XP 系统光盘放入光驱后,重新启动计算机,自检通过后将从光盘引导进入安装界面。

(2)从光驱启动系统后,就会看到如图 8-4 所示的 Windows XP 安装欢迎页面。根据屏幕提示,按下 Enter 键来继续进入下一步安装进程。

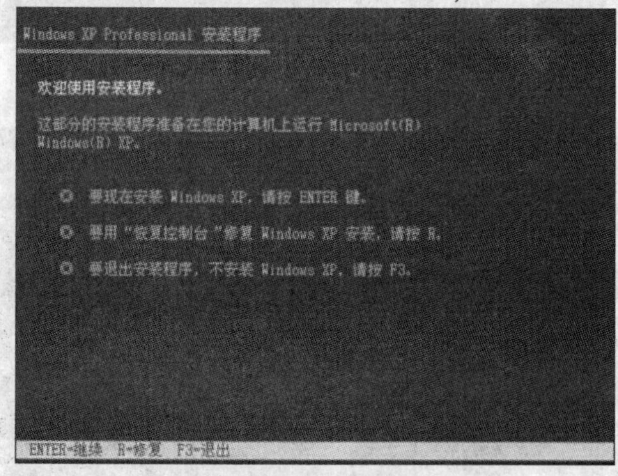

图 8-4 Windows XP 安装欢迎页面

(3)接着会看到 Windows 的用户许可协议页面,如图 8-5 所示。此页面由微软公司拟定,若要继续安装 Windows XP,就必须按“F8”同意此协议来继续安装。

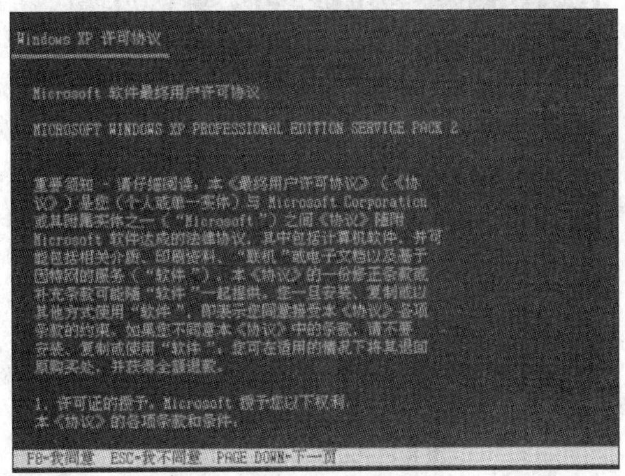

图 8-5　用户许可协议页面

(4)接受协议后进入实质性的 XP 安装过程，如图 8-6 所示。新买的硬盘还没有进行分区，则首先要进行分区，按"C"键进入硬盘分区划分的页面。若硬盘已经有了分区，则不用再进行分区操作。

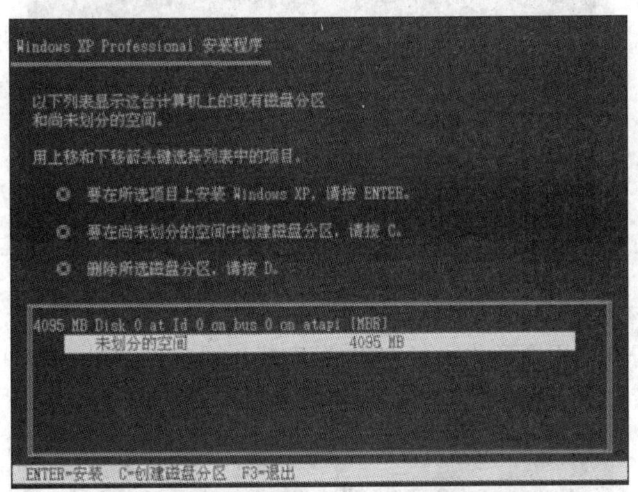

图 8-6　Windows XP 安装程序

(5)在选择好系统的安装分区之后，需要为系统选择文件系统了，在 Windows XP 中有两种文件系统供选择：FAT32、NTFS。从兼容性上来说，FAT32 稍好于 NTFS；而从安全性和性能上来说，NTFS 要比 FAT32 好很多。作为普通 Windows 用户，推荐选择 NTFS 格式，如图 8-7 所示。

(6)进行完以上几步后，Windows XP 系统安装前的设置就已经完成了，接下来就是复制文件，如图 8-8 所示。

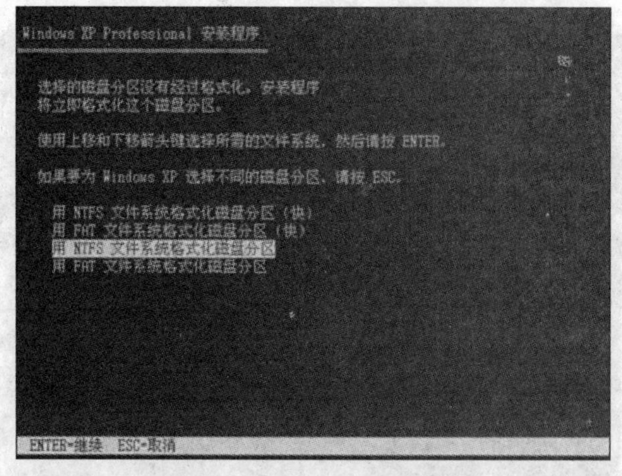

图 8-7　文件系统格式选择

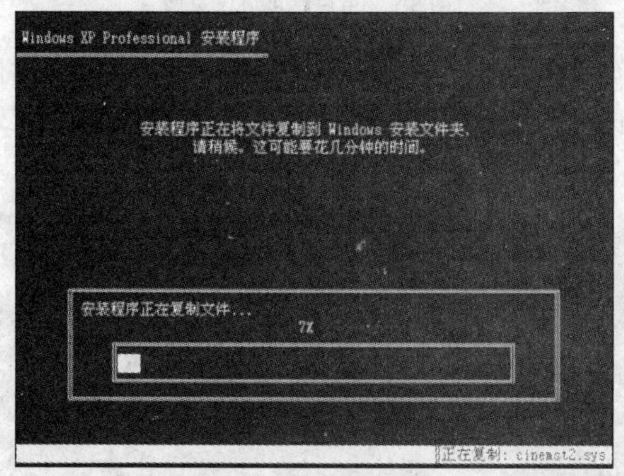

图 8-8　安装程序复制文件

(7) Windows XP 采用图形化安装方式，在安装页面中，左侧标识了正在进行的内容，右侧则用文字列举着相对于以前 Windows 版本的新特性，如图 8-9 所示。

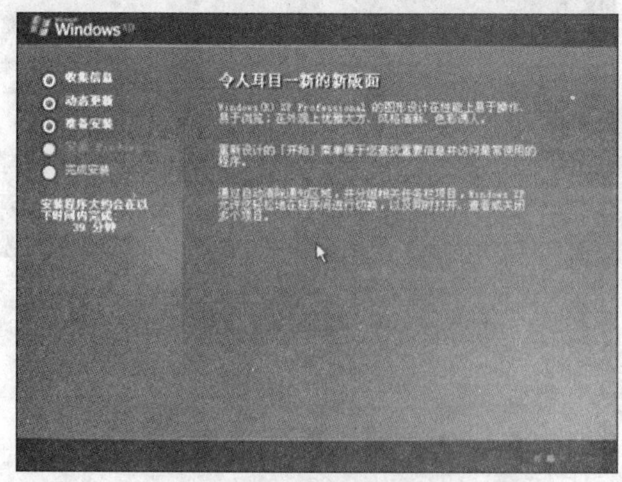

图 8-9　Windows XP 安装界面

(8)Windows XP 支持多区域以及多语言安装,在这一步需要设置区域以及语言选项了,若没有特殊需要,直接按“下一步”即可,如图 8-10 所示。

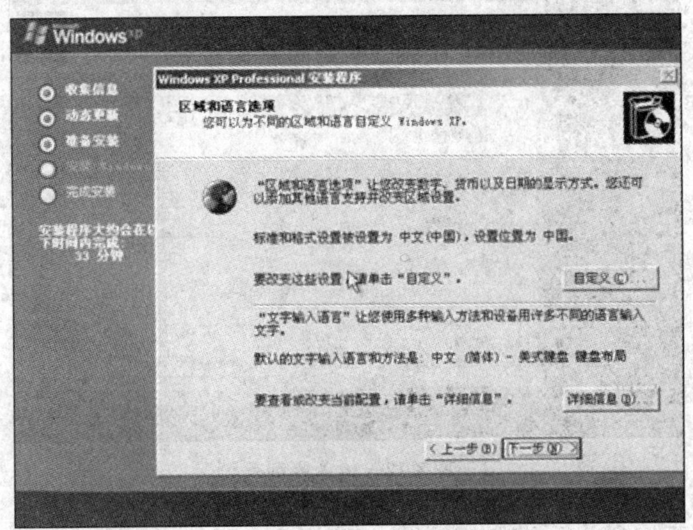

图 8-10　区域和语言设置

(9)在如图 8-11 所示的界面中输入个人信息,包括姓名和单位这两项。对于企业用户来说这两项内容可能会有特殊的要求,对于个人用户只需填入任意内容即可。

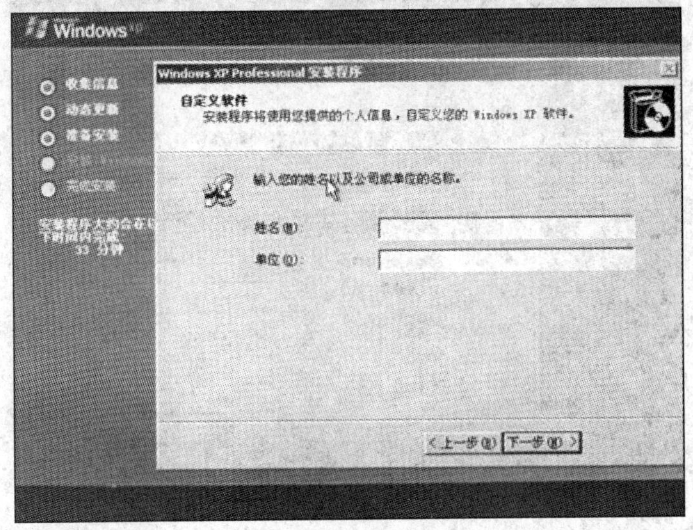

图 8-11　输入个人信息

(10)输入个人信息后,Windows XP 安装程序会要求用户输入序列号,只有输入正确的序列号才能进行下一步的安装,一般可在系统光盘的包装盒上找到该序列号,如图 8-12 所示。

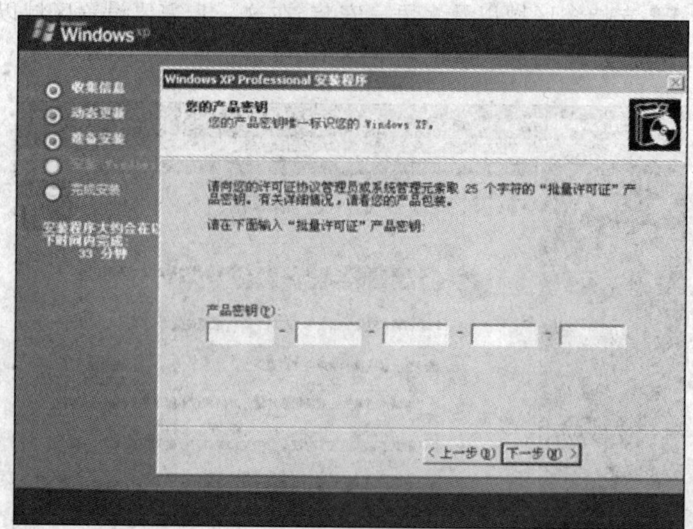

图 8-12 输入序列号

(11)序列号正确输入后,将继续安装。XP 会自动设置一个系统管理员账户。并要求为这个系统管理员账户设置密码,如图 8-13 所示。由于系统管理员账户的权限非常大,所以这个密码尽量设置得复杂些。

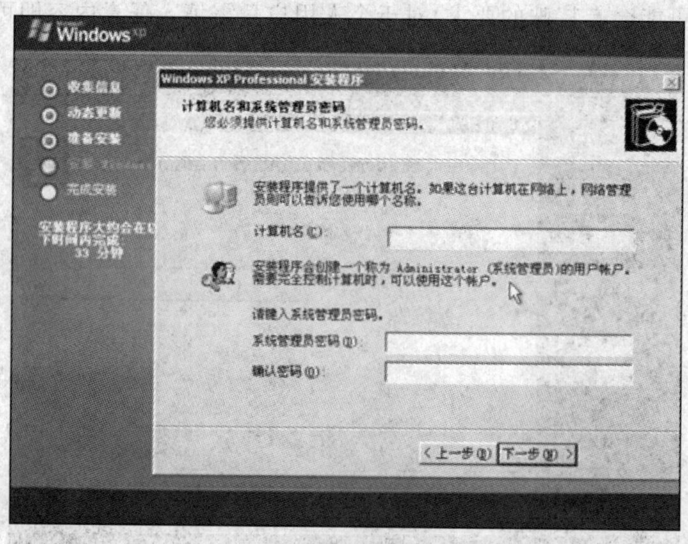

图 8-13 为系统管理员账户设置密码

(12)接下来要进行的设置是系统日期以及时间,如图 8-14 所示。可直接点“下一步”。

(13)在安装过程中需要对网络进行相关的设置,如果用户是通过 ADSL 等常见的方式上网,则选择“典型设置”即可,如图 8-15 所示。

(14)在网络设置部分还需要选择计算机的工作组或者计算机域,对于普通用户在这一步直接点击“下一步”即可。如图 8-16 所示。至此,交互设置结束。

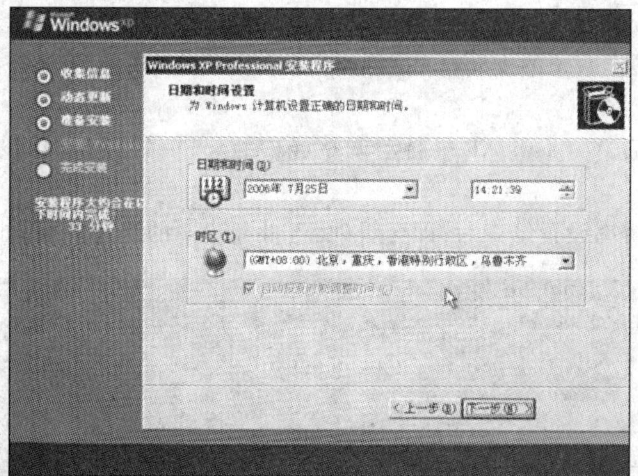

图 8-14　设置系统日期以及时间

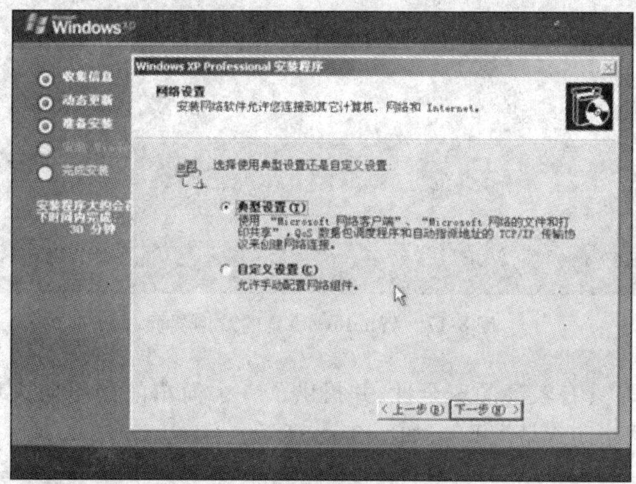

图 8-15　安装过程中网络设置

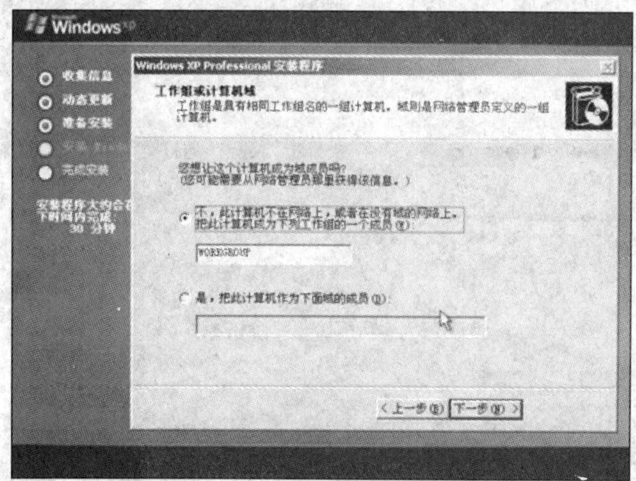

图 8-16　工作组或计算机域的设置

（三）Windows XP 操作系统安装后的设置

Windows XP 操作系统的安装已基本完成，但在正式进入系统前还需进行一些设置。操作步骤如下：

（1）安装完成后，Windows XP 会自动调整屏幕的分辨率，在“显示设置”对话框中进行设置。

（2）在屏幕分辨率设置结束后，即可看到 Windows XP 的欢迎界面，如图 8-17 所示。

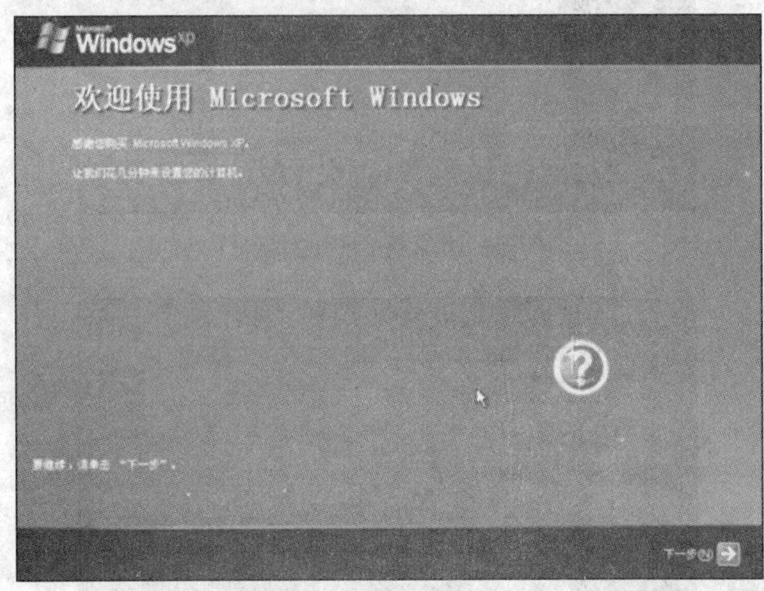

图 8-17　Windows XP 的欢迎界面

（3）Windows XP 具有较高的安全性，并提供了一个简单的网络防火墙以及系统自动更新功能。建议将“网络防火墙”开启，如图 8-18 所示。

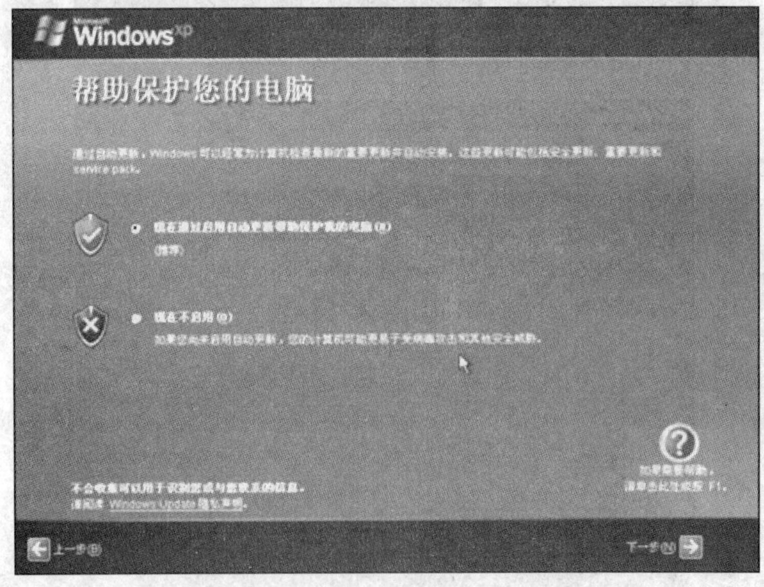

图 8-18　设置网络防火墙和自动更新

(4)接下来的设置是选择计算机连到网络的方式,一般选择"数字用户线(DSL)"即可,若为局域网用户则选择"局域网 LAN",如图 8-19 所示。

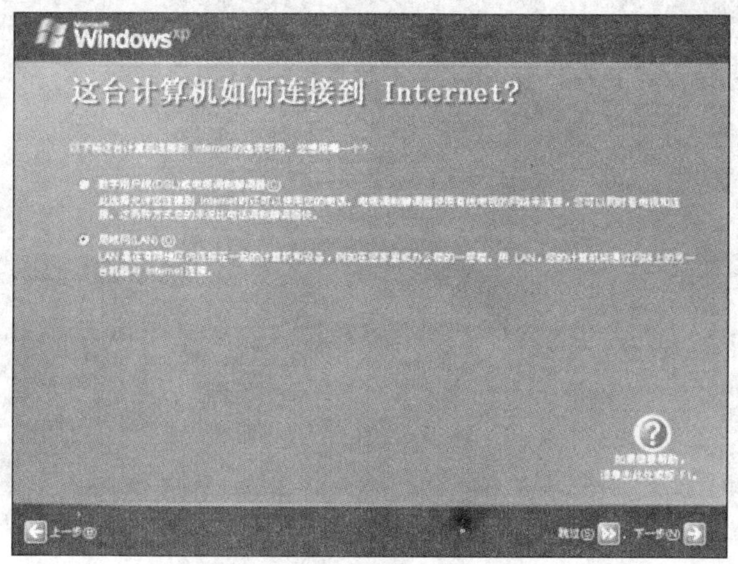

图 8-19　选择计算机连到网络的方式

(5)下一步操作是选择是否在 Microsoft 上注册,此注册并非 Windows XP 的激活,一般关系不大。如图 8-20 所示,直接点击下一步。

图 8-20　Microsoft 注册界面

(6)接下来是创建用户账号,用户可以任意为账号命名,如图 8-21 所示。

(7)完成以上各步骤之后,Windows XP 界面终于出现,如图 8-22 所示。至此,Windows XP 系统的安装全部结束,但要使操作系统良好地运行,还需要进行各类硬件驱动和常用软件的安装。

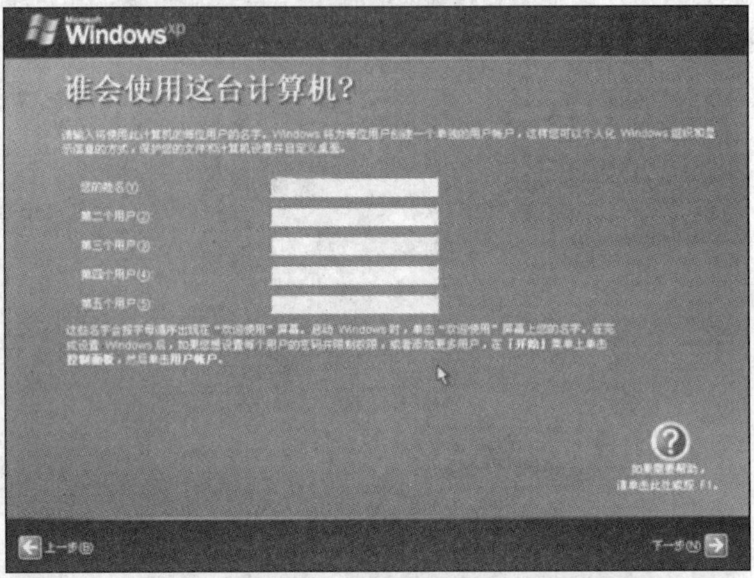

图 8-21 创建用户账号

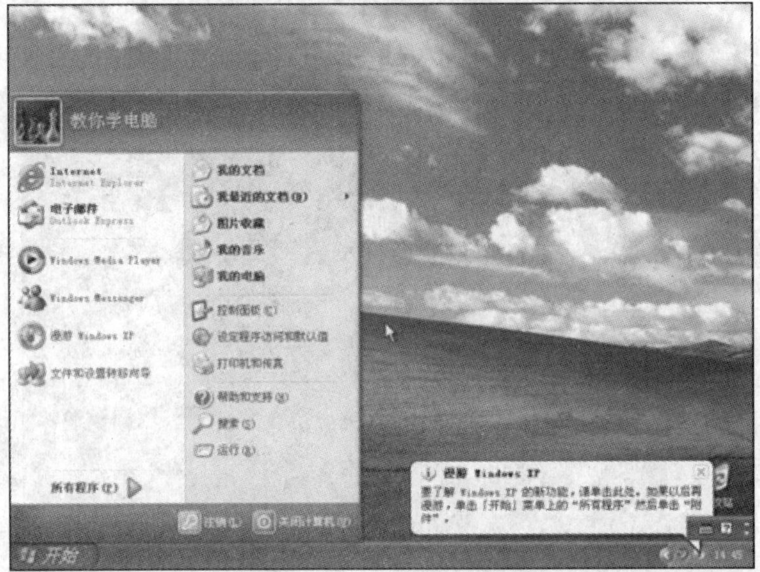

图 8-22 Windows XP 界面

活动2　安装设备驱动程序

一、教学目标

1. 掌握硬件设备驱动程序的获取方法;
2. 掌握硬件设备驱动程序安装是否完成的查看方法;
3. 掌握硬件设备驱动程序的安装方法。

二、工作任务

在安装好操作系统 Windows XP 的计算机中,查看硬件设备驱动程序是否安装完成,并通过合理的方法获取相应硬件的驱动程序,实践硬件驱动程序安装的方法。

三、相关知识点

(一)安装硬件设备驱动的目的

驱动程序是直接工作在各种硬件设备上的软件,其"驱动"这个名称也十分形象地指明了它的功能。正是通过驱动程序,各种硬件设备才能正常运行,达到既定的工作效果。

(二)获取硬件设备驱动的方法

正确获取相关硬件设备的驱动程序,这主要有以下几种途径:使用操作系统提供的驱动程序,使用附带的驱动程序盘中提供的驱动程序,通过网络下载。

(三)驱动程序的安装顺序

操作系统安装完成之后即可安装硬件驱动程序,而各种驱动程序安装的顺序一般为:先安装主板驱动程序,其次是安装各种板卡驱动程序(如显卡、声卡、网卡、内置电视卡等),最后是外部设备驱动程序(如打印机、扫描仪、摄像头等)。

四、实现方法

(一)用"设备管理器"参看驱动信息

要了解驱动程序的信息,必须首先知道计算机中已安装的硬件设备,以及这些设备的型号、厂商等基本资料。通常情况下,用户可以通过电脑中的"设备管理器"来进行详细查看,具体操作步骤如下:

(1)将鼠标指针移到桌面"我的电脑"图标上,点击鼠标右键,在弹出的菜单中,选择"属性",弹出如图 8-23 所示的系统属性对话框。

(2)选择顶端的"硬件"选项卡,则弹出"硬件"对话框,如图 8-24 所示。

图 8-23 系统属性

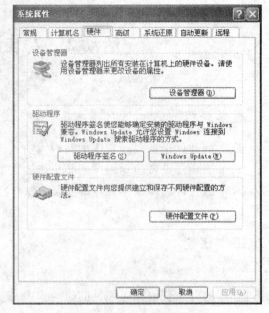

图 8-24 硬件选项卡

(3)在"硬件"选项卡中,选择"设备管理器"按钮,将弹出"设备管理器"对话框,如图8-25所示。

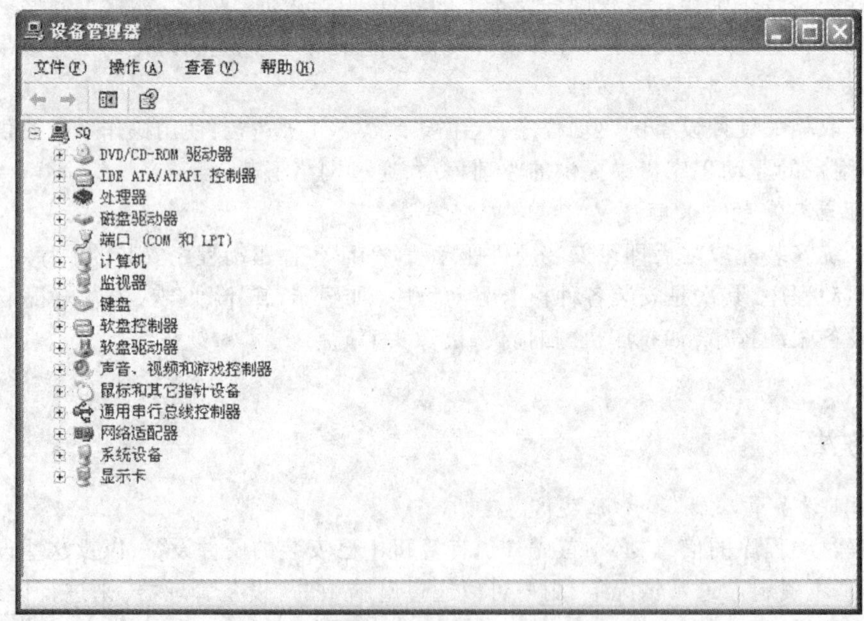

图 8-25 设备管理器对话框

(4)在"设备管理器"中,点击需要了解的硬件设备前的" + "号(例如网卡),即可看到该网卡的名称,再在该设备名称上点击右键,选择"属性"命令,则可打开相应的"属性"对话框,如图 8-26 所示。

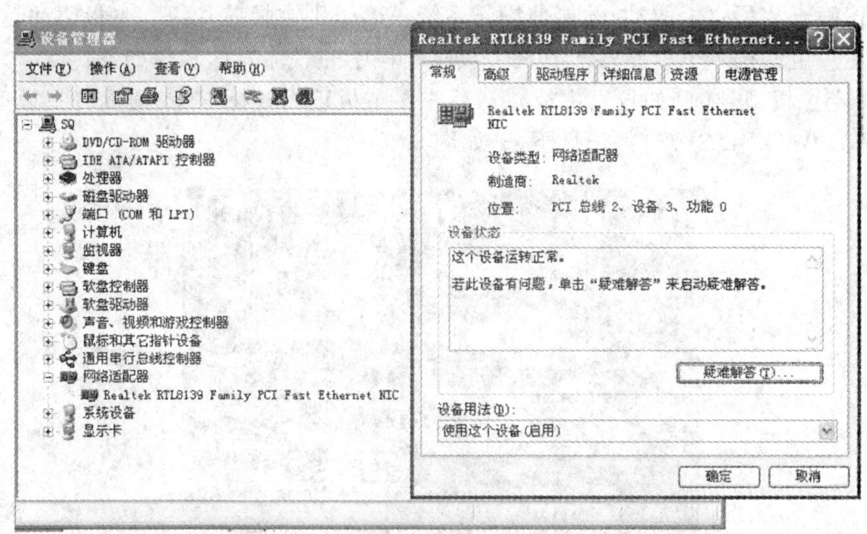

图 8-26　网卡属性

(5)在网卡属性对话框中,点击“驱动程序”选项卡,即可对当前驱动程序的提供商、驱动程序日期、驱动程序的版本、数字签名程序等信息作进一步的了解,如图 8-27 所示。

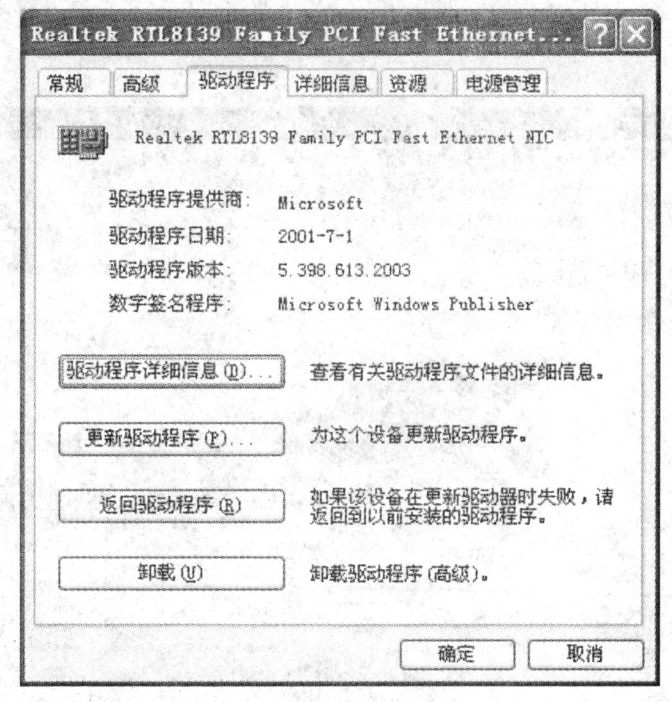

图 8-27　驱动程序信息

(二)安装主板驱动程序

不同的主板芯片组有各自不同的主板驱动程序。因此在安装主板驱动前,首先要确定当前主板所使用的芯片组品牌和型号,一般能从主板正面或随带说明书上获得信息,驱动程序可以在主板随带的光盘中找到。如果需要最新的驱动程序,可以到主板供应商的网站下载。只有正确安装了主板驱动,才能使操作系统正确识别主板芯片组。主板驱动越新,操作系统支持芯片组的技术也就越多。安装主板驱动程序的具体操作步骤如下:

(1)确定主板型号(例如技嘉主板),然后查看主板正面各标识,找到标有主板型号的标识字串(例如 GA-EP45C-DS3),记忆下来,如图 8-28 所示。

图 8-28 主板型号标示

(2)进入技嘉官方网站(不同的主板有不同的官方网站),搜索相应的主板驱动程序,如图 8-29 所示。

图 8-29 驱动程序搜索

(3)进入下载界面后,下载相应的驱动程序,完成后将得到一个“. exe”的可执行文件,双击运行,如图 8-30 所示。

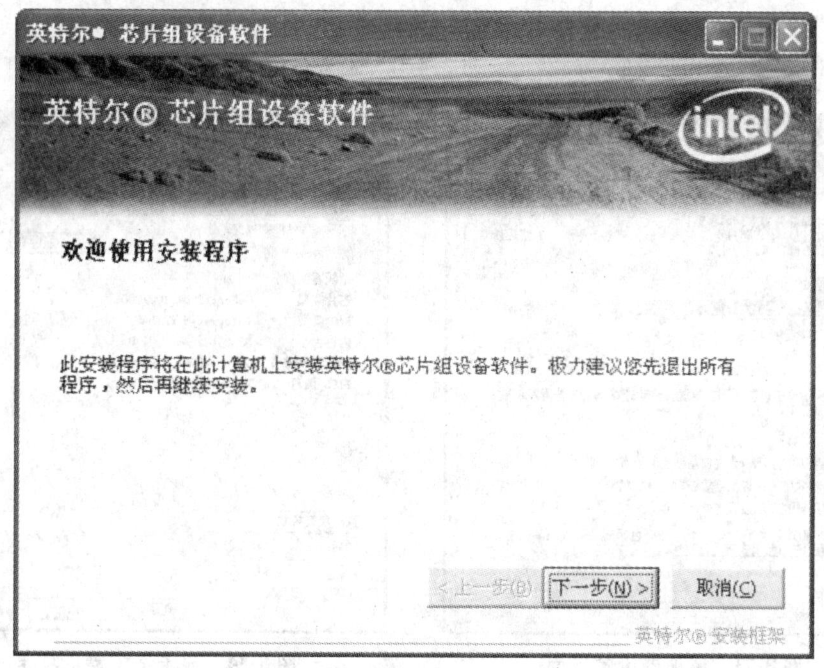

图 8-30　运行主板驱动程序

(4)安装完成并重新启动计算机后,即可在设备管理器中查看到相应的信息。

(三)安装显卡驱动程序

操作系统在安装时一般会给显卡安装一个默认的标准 VGA 驱动,如果用户希望获得更好更多的性能以及更多的调节功能,那么就必须安装显卡最新的驱动程序。安装显卡驱动程序可以在设备管理器中的显卡适配器对话框中,用驱动程序升级方式安装,也可以在桌面上点右键的属性打开显示属性安装,具体操作如下:

(1)在桌面的任意空白处点击鼠标右键,选择“属性”,将弹出“显示属性”对话框,如图 8-31 所示。

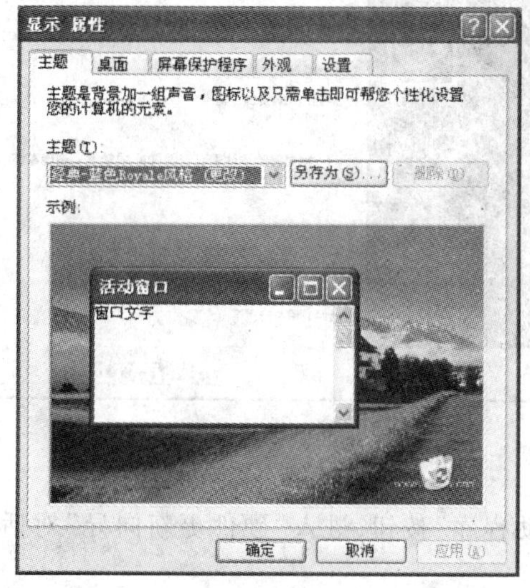

图 8-31　显示属性

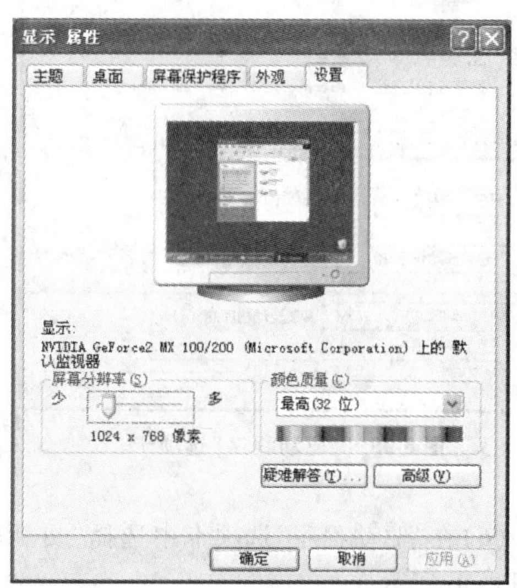

图 8-32　设置选项卡

(2)在“显示属性”对话框中选择“设置”选项卡,如图 8-32 所示。

(3)在“设置”选项卡点击“高级”按钮,弹出“监视器设置界面”,如图 8-33 所示。

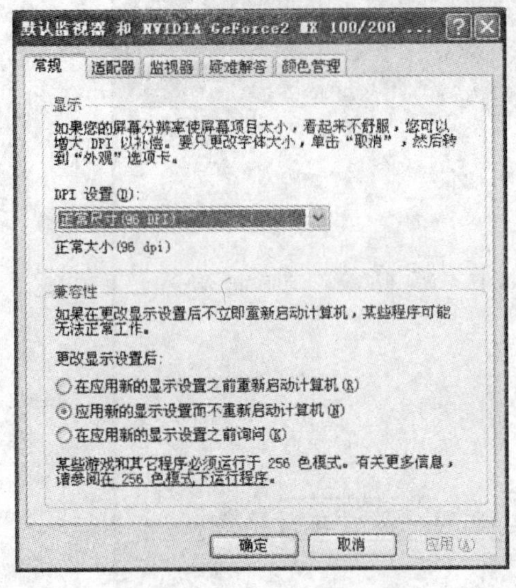

图 8-33　监视器设置界面

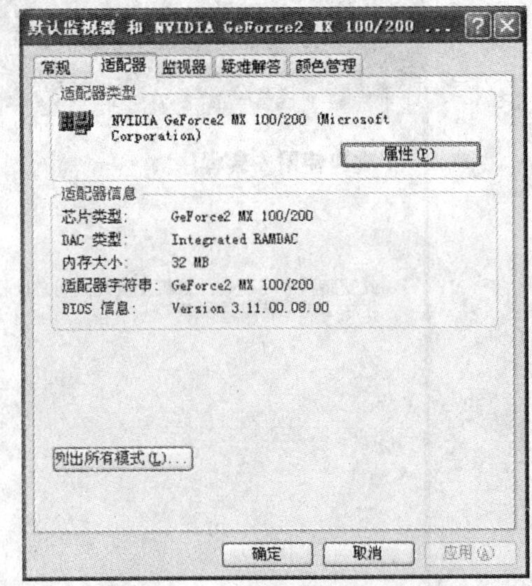

图 8-34　显卡适配器选项卡

(4)在“监视器设置界面”对话框中选择“适配器”选项卡,进入显卡适配器选项卡界面,如图 8-34 所示。

(5)在“适配器”选项卡中点选“属性”按钮,进入显卡驱动设置界面,并切换到“驱动程序”选项卡,如图 8-35 所示。

图 8-35　“驱动程序”选项卡

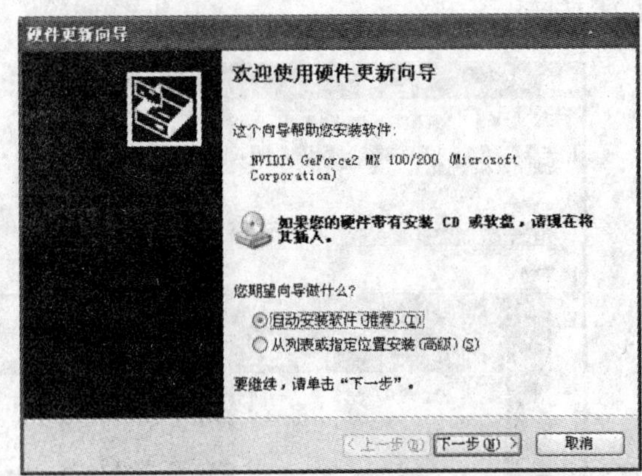

图 8-36　硬件更新向导

(6)在“驱动程序”选项卡中选择“更新驱动程序”按钮,进入“硬件更新向导”对话框,如图 8-36 所示。

(7)在“硬件更新向导”对话框中，选择“从列表或指定位置安装”单选项后点击“下一步”按钮，将弹出“硬件安装选项”对话框，如图8-37所示。

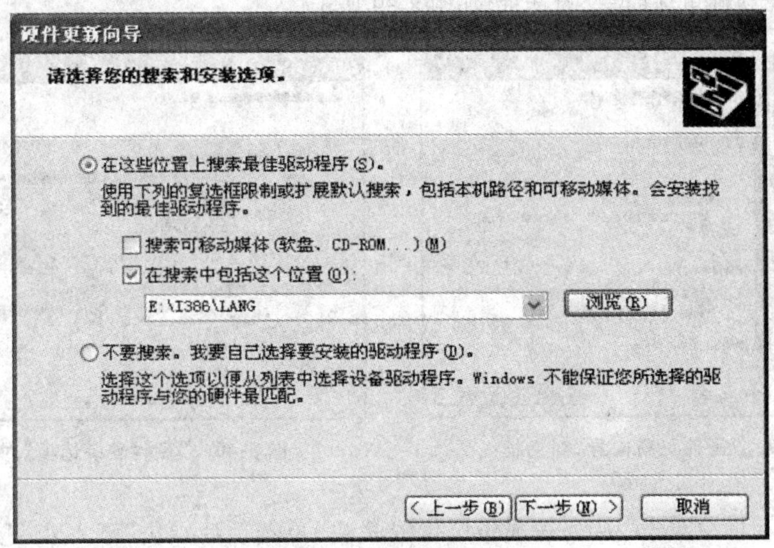

图8-37 “硬件安装选项”对话框

(8)在对话框中选择“浏览”按钮，找到显卡官方网站中下载驱动程序，按向导步骤即可完成显卡驱动程序的安装。

(9)安装完成后，重新启动计算机，新的显卡驱动程序自动加载。

(四)安装摄像头驱动程序

安装好操作系统之后，如果在设备管理器中看见有“?”的设备，则该硬件设备的驱动程序未被安装，需要安装相应的驱动才能使该硬件正常工作。具体操作步骤如下：

(1)右键点击“我的电脑”图标，选择属性，在弹出的对话框中选择“硬件”选项卡，再点击“设备管理器”按钮，在随之弹出的对话框中发现有个“?”的设备，如图8-38所示。

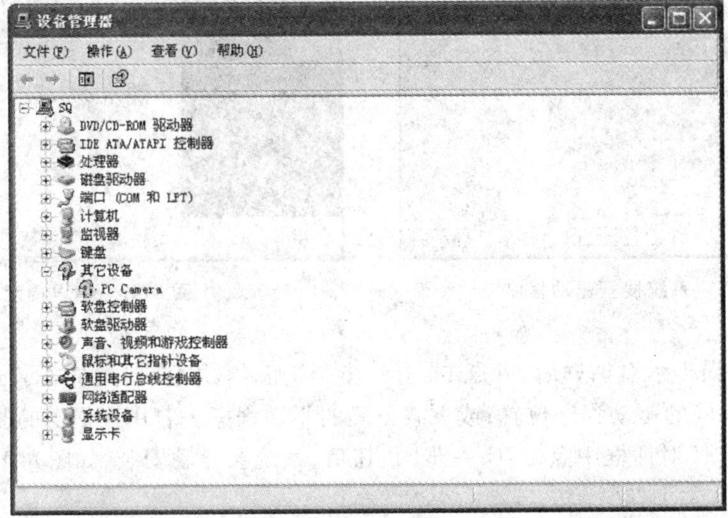

图8-38 设备管理器

(2)分析原因后,发现是连接在 USB 接口上的摄像头未安装驱动程序。

(3)将鼠标右键点击有"?"的设备(PC Camera),在弹出的菜单中选择"更新驱动程序"选项,将弹出"硬件更新向导"对话框,如图 8-39 所示。

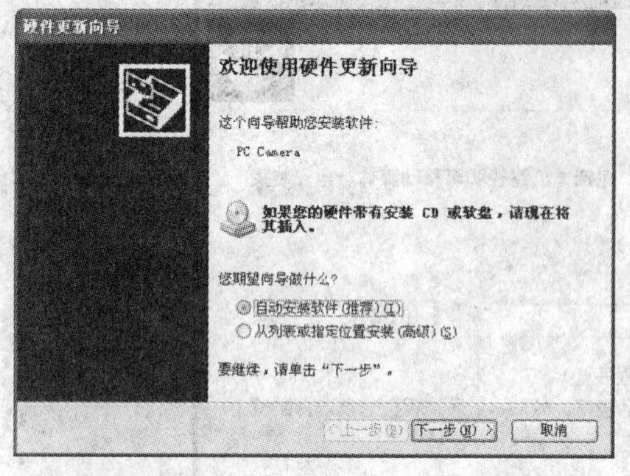

图 8-39 "硬件更新向导"对话框

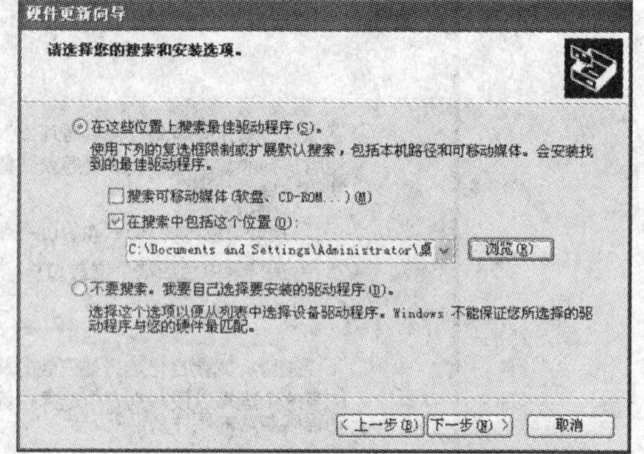

图 8-40 "硬件安装选项"对话框

(4)在对话框中点选"从列表或指定位置安装"单选项后点击"下一步"按钮,将弹出"硬件安装选项"对话框,如图 8-40 所示。

(5)在对话框中点击"浏览"按钮,在弹出的"浏览文件夹"对话框中正确选择放置摄像头驱动的位置。

(6)然后返回"硬件安装选项"对话框,点击"下一步"按钮,系统将自动搜索,如图 8-41 所示。

(7)若用户提供的驱动程序位置不正确,或驱动程序不对,系统将弹出错误提示,如图 8-42 所示。

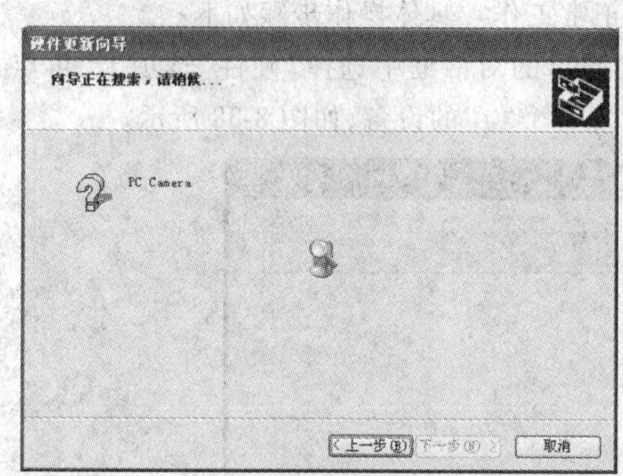

图 8-41 系统搜索驱动程序

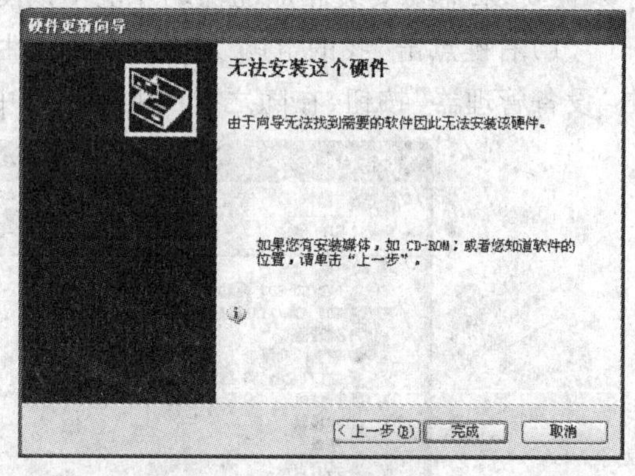

图 8-42 错误提示

(8)出现错误提示对话框后,可点击"上一步"按钮,再次返回"硬件安装选项"对话框,重新浏览选择正确的驱动程序位置,或下载正确的驱动程序。若用户提供的驱动程序正确,在"硬件安装选项"对话框中点击"下一步"按钮后,系统会自动安装,如图 8-43 所示。

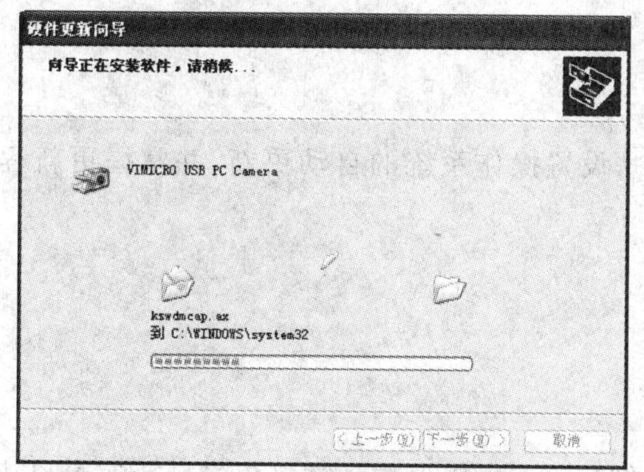

图 8-43　系统自动安装驱动程序

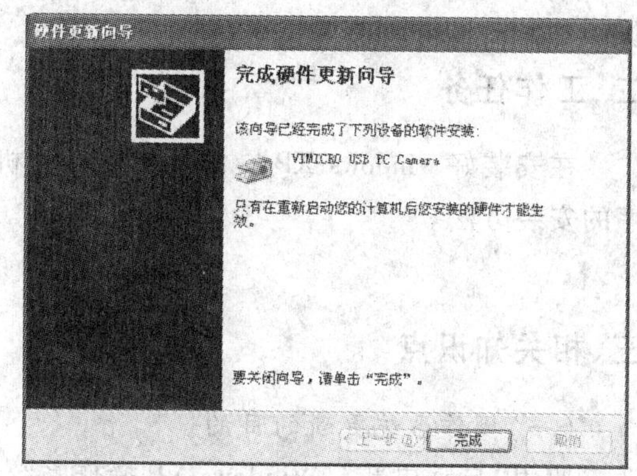

图 8-44　"完成硬件更新"提示

(9)安装完成后,"硬件提示向导"弹出"完成硬件更新"提示,如图 8-44 所示,点击"完成"按钮,提示"系统设置改变"信息框,询问用户是否立即重新启动计算机,如图 8-45 所示。

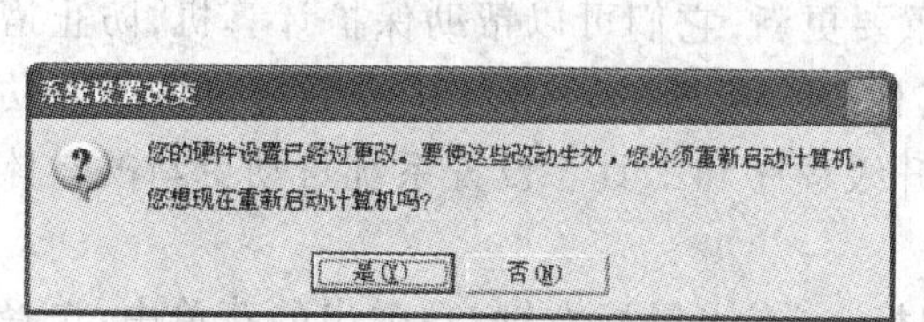

图 8-45　"系统设置改变"信息框

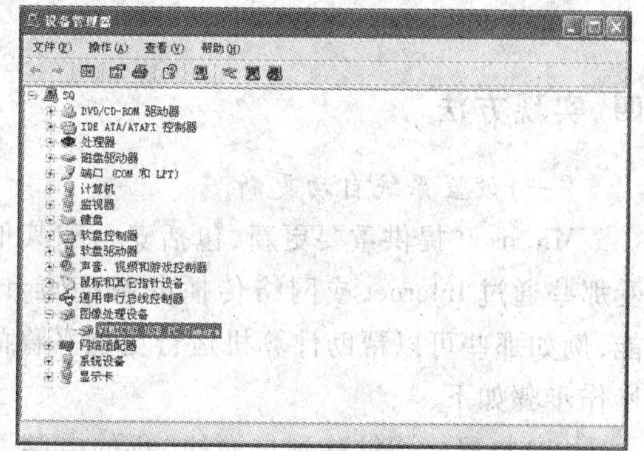

图 8-46　设备管理器中的"图像处理设备"

(10)在对话框中点选"是"按钮后,系统重新启动计算机,启动完成后即可发现"设备管理器"中"?"设备消失,取而代之的是"图像处理设备"VIMICRO USB PC Camera,如图 8-46 所示。外部设备摄像头可以正常使用。

活动 3　设置系统更新及安装补丁

一、教学目标

1. 掌握操作系统更新的目的和必要性;
2. 掌握操作系统更新的设置方法;
3. 掌握更新程序的安装方法。

二、工作任务

在安装好 windows XP 操作系统的计算机中，设置操作系统的自动更新，并掌握更新程序的安装方法。

三、相关知识点

(一)操作系统更新的目的

使用“自动更新”，Windows XP 操作系统会例行检查可以保护计算机免受最新病毒和其他安全威胁攻击的更新。这些高优先级的更新位于 Windows Update 网站，包括安全更新、重要更新或 Service Pack。

(二)获取系统更新的方法

连接到 Internet 后，Windows XP 操作系统将向 Windows Update 网站发送关于计算机设置方式的数据，以便确定计算机用户需要哪些更新。

四、实现方法

(一)设置系统自动更新

Microsoft 提供重要更新，包括安全和其他重要更新，它们可以帮助保护计算机，防止遭受那些通过 Internet 或网络传播的新病毒和其他安全威胁的攻击。其他更新包含增强功能，例如那些可以帮助计算机运行更加平稳的升级程序和工具。设置系统自动更新的具体操作步骤如下：

(1)将鼠标指针移到桌面的“我的电脑”图标上，点击鼠标右键，在弹出的菜单中，选择“属性”，弹出如图 8-47 所示的系统属性对话框。

图 8-47　系统属性

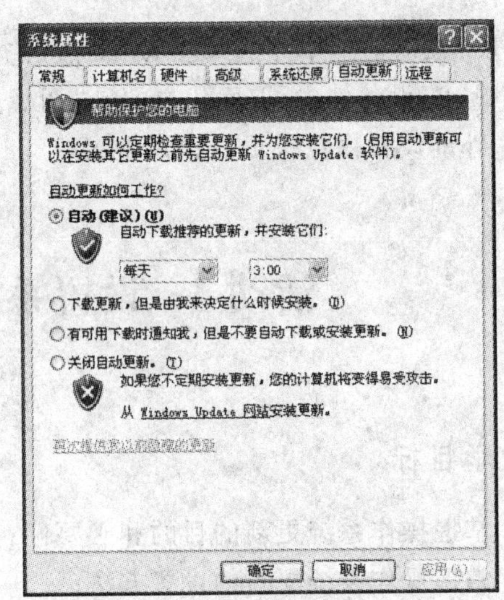

图 8-48　“自动更新”对话框

(2)选择顶端的“自动更新”选项卡,则弹出“自动更新”对话框,如图 8-48 所示。

(3)在“自动更新”对话框中,用户可根据自己的实际情况自行选择,一般选择“自动下载推荐的更新,并安装他们”。用户可按照上网时间段,设置一个合适的时间,例如每天 12 点自动下载更新。

(4)选择完毕后点击“确定”按钮,即完成了系统自动更新的设置。

(5)设置完系统自动更新后,若检测到新的更新程序,系统会在后台自动运行,提示用户的方式是在任务栏的托盘中显示图标,鼠标移动到该图标上,会显示下载更新的进程,如图 8-49 所示。

图 8-49　下载更新进程

(6)系统自动更新程序下载完毕并安装完成后,将弹出如图 8-50 所示的对话框,用户可选择“稍后重新启动”按钮。但每隔几分钟,该对话框又会弹出,直到用户重启计算机,所以,为使更新生效,一般选择“立即重新启动”。

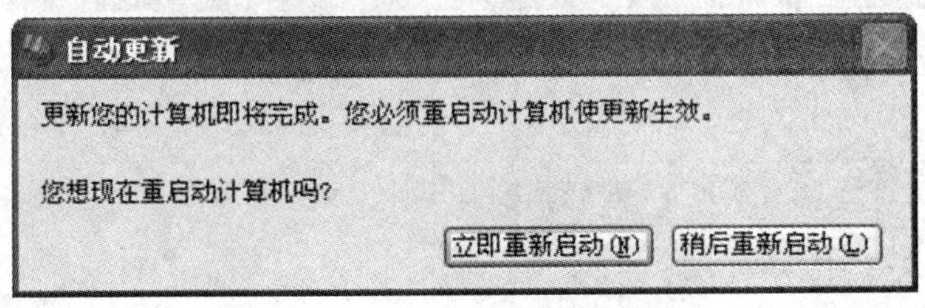

图 8-50　系统自动更新完成

(二)手动更新程序并安装

(1)在网络畅通的前提下,在浏览器地址栏中输入下列网址:

http://www.update.microsoft.com/windowsupdate/v6/default.aspx? ln = zh-cn 打开 Windows Update 网页,如图 8-51 所示。

(2)点击“获取优先级更新程序(推荐)”右侧的“快速”按钮,系统将下载并自动安装一个“Windows 正版增值验证工具(KB892130)”,如图 8-52 所示。

(3)“Windows 正版增值验证工具(KB892130)”下载并安装完成后,系统弹出“安装完成”对话框,如图 8-53 所示。点击“完成”按钮后,回到 Windows Updata 的“复查安装结果”页面,如图 8-54 所示。第二和第三步只需进行一次,在以后的手动升级中就会跳过。

(4)点击“复查安装结果”页面中的“继续”按钮,Windows Updata 将查找适合用户计算机的最新更新程序,这个过程的等待时间会根据网路速度及硬件配置的不同有较大差异,如图 8-55 所示。

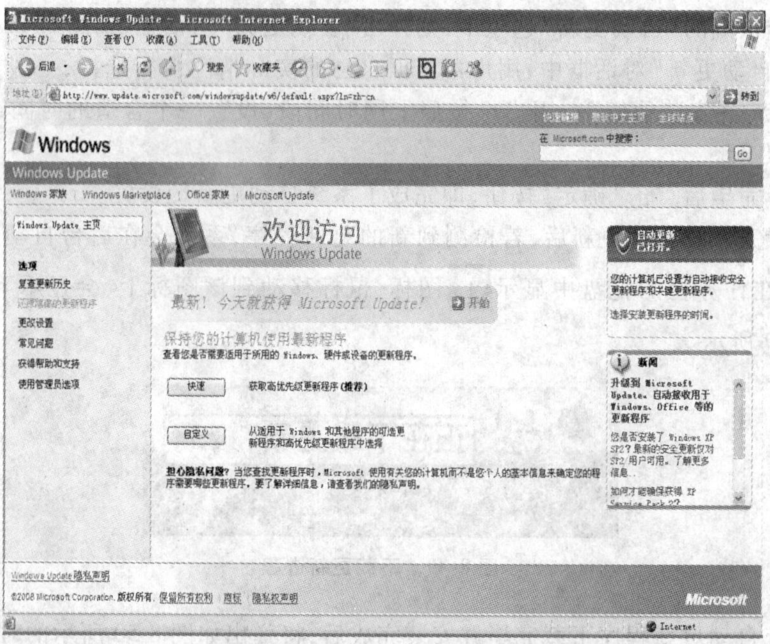

图 8-51　Windows Update 网页

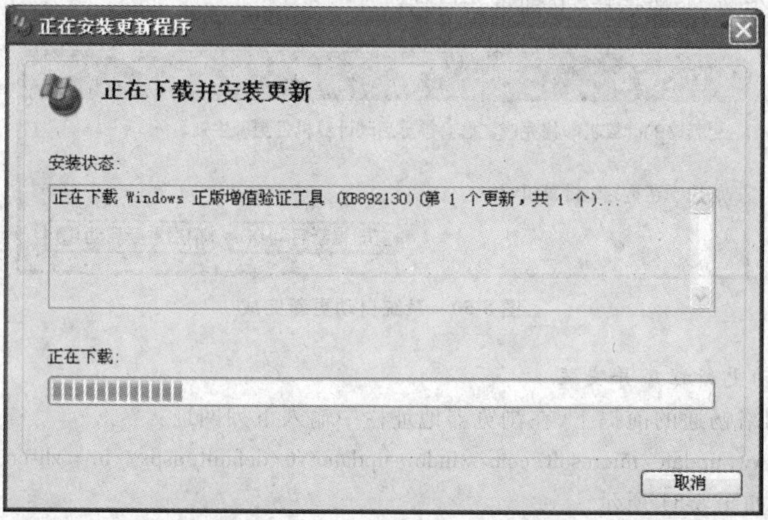

正在安装更新程序

正在下载并安装更新

安装状态:

正在下载 Windows 正版增值验证工具（KB892130）(第 1 个更新，共 1 个)...

正在下载:

取消

图 8-52　Windows 正版增值验证工具（KB892130）下载

图 8-53　Windows 正版增值验证工具（KB892130）安装完成

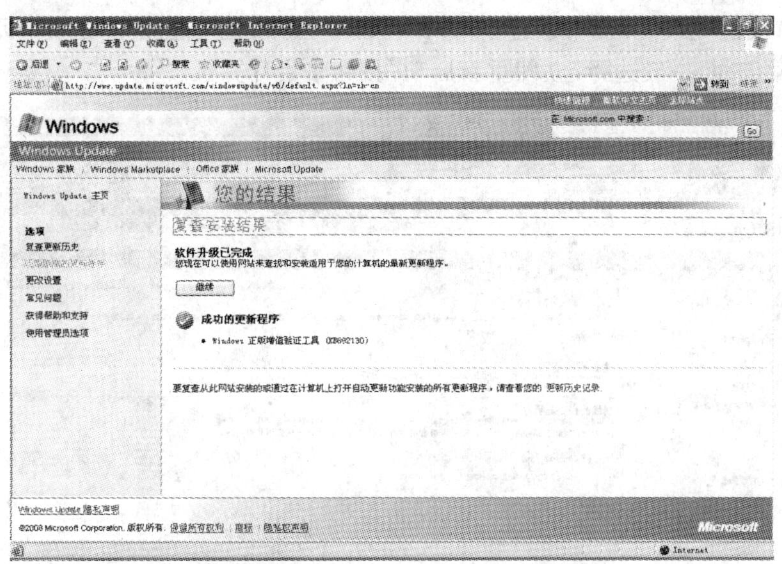

图 8-54　“复查安装结果”页面

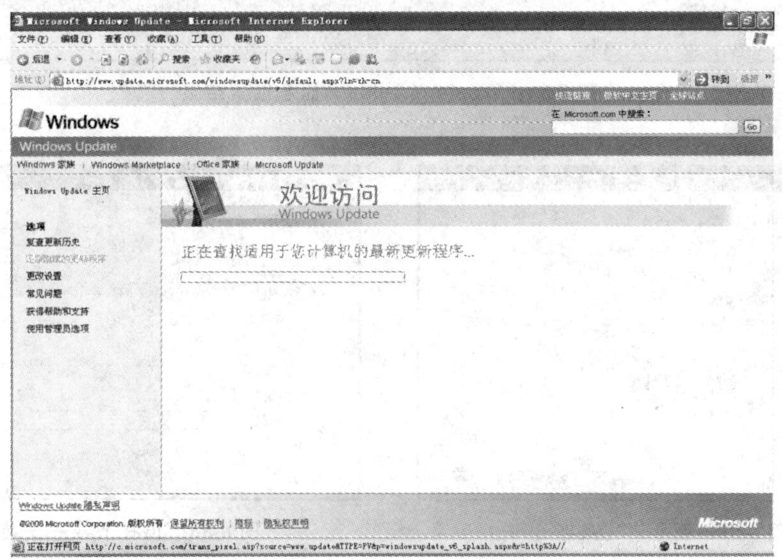

图 8-55　查找适合用户计算机的最新更新程序

(5)等待一段时候后，Windows Updata 显示搜索结果，如图 8-56 所示，点击“安装更新程序”按钮，部分更新程序会弹出如图 8-57 所示的许可条款，但更多的更新程序直接弹出“正在下载更新程序”对话框，如图 8-58 所示。

(6)更新程序下载完毕后，系统直接弹出“软件更新安装向导”，如图 8-59 所示。

(7)在“软件更新安装向导”对话框中点击“下一步”按钮，安装程序将先检查必要的空间，如图 8-60 所示。

(8)检查必要的空间通过后，将进入安装进程，如图 8-61 所示。

(9)等待一定时间后，安装程序弹出“安装完成”界面，提示用户重新启动计算机，如图 8-62 所示。

(10)在“安装完成”界面中,用户可选择“关闭”按钮,先不重新启动计算机,当然,为使更新程序正常工作,一般选择“立即重新启动”按钮重启计算机。

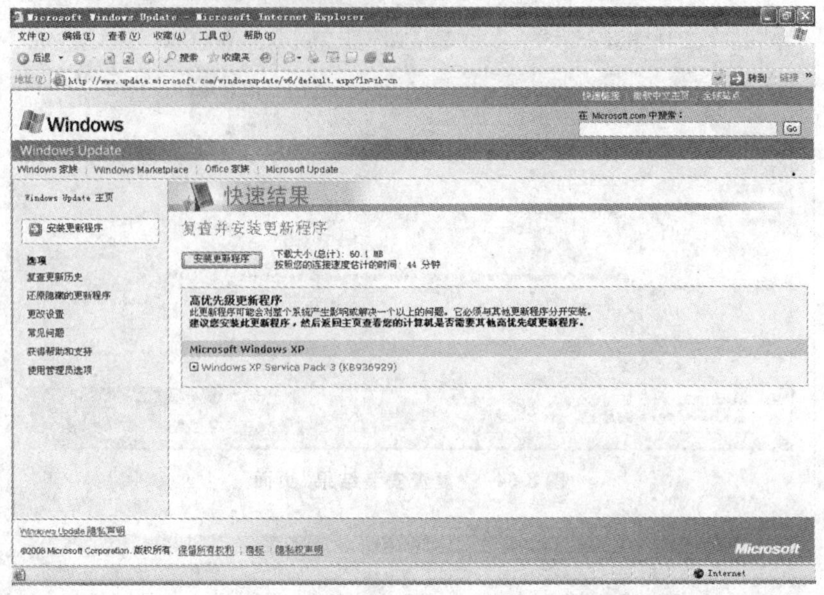

图 8-56 Windows Updata 显示搜索结果

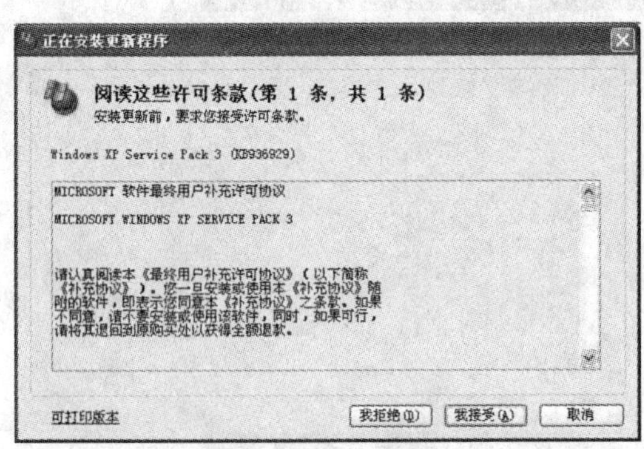

图 8-57 更新许可条款

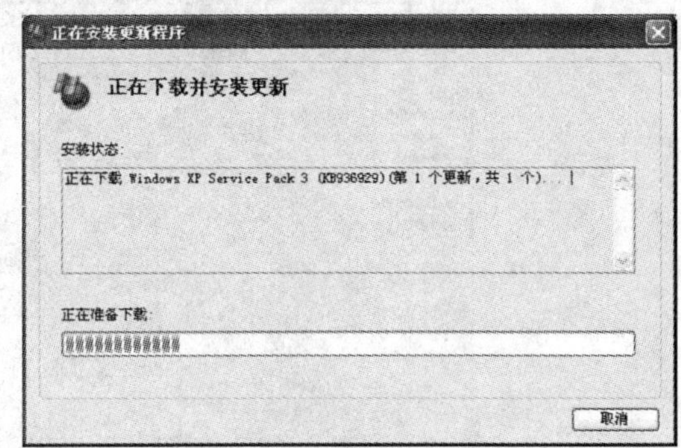

图 8-58 正在下载并安装更新

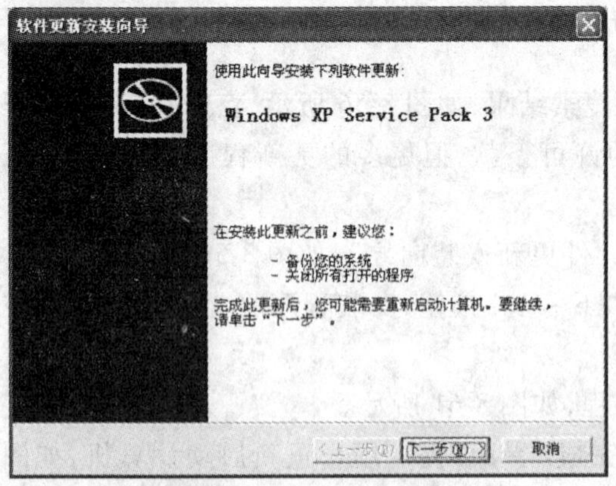

图 8-59 软件更新安装向导

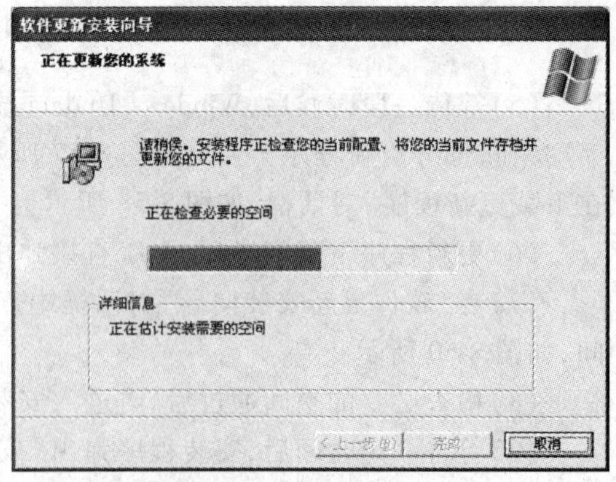

图 8-60 检查必要的空间

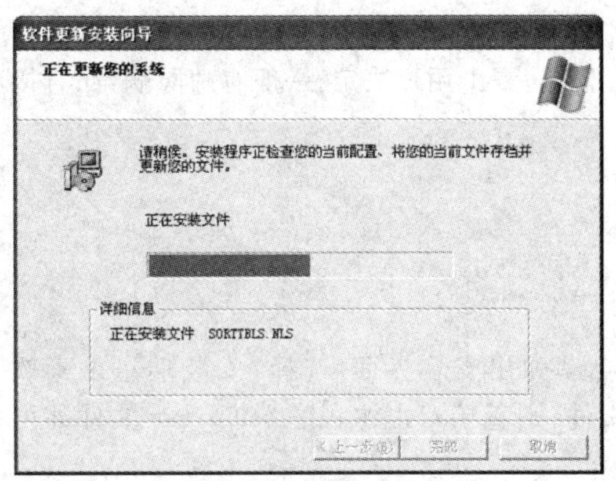

图 8-61　更新程序安装

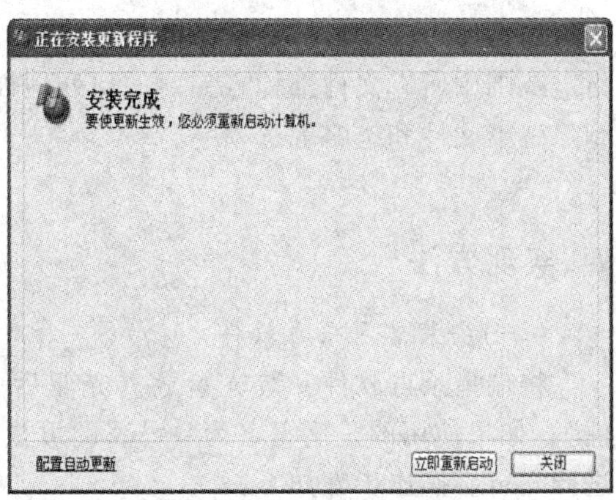

图 8-62　更新程序安装完成

活动 4　设置病毒防护

一、教学目标

1. 掌握瑞星杀毒软件安装的方法；
2. 掌握瑞星杀毒软件升级的方法。

二、工作任务

为了较好地保护新安装的系统不受病毒入侵，在连接网络之前先安装杀毒软件。在获得瑞星 2008 杀毒软件后，按要求安装杀毒软件主程序，然后设置用户 ID，最后连接网络，将瑞星 2008 杀毒软件升级到最新版本。安装完成后进行全盘杀毒。

三、相关知识点

（一）安装杀毒软件的作用

随着计算机的普及，特别是网络的普及，计算机病毒和黑客恶意攻击日益频繁，如何有效保护好自己使用的计算机系统，使之处于良好的工作状态，应该是每位使用者的重要任务。显然安装杀毒软件及防火墙是非常必要的。

（二）关于病毒库升级

无论用户使用的是什么杀毒软件，必须经常升级，否则就可能无法清除最新的病毒。一般所指的升级是对杀毒软件的病毒库进行升级。

（三）查杀病毒原理

杀毒软件一般由两部分构成，一部分是主程序，另一部分是病毒库。病毒库中记录了所有已知病毒的特征码，当杀毒软件进行查杀病毒时，主程序会把用户计算机中的任何可疑代码与病毒库中的病毒特征码作比较，如果这两种代码是一致的，就认为是病毒，直至将用户指定范围中所有文件都检查完。如何处理被查出的病毒由用户决定，一般有清除病毒、直接删除感染文件和忽略等选项。

四、实现方法

（一）安装瑞星杀毒软件

将瑞星杀毒软件安装光盘放入光驱后，会自动弹出安装界面，选择"安装瑞星杀毒软件"。如果使用的是后缀名为".exe"的可执行文件，则直接双击源程序 setup.exe 文件即可进行安装。操作步骤如下：

（1）在弹出如图 8-63 所示的安装界面中选择"安装瑞星杀毒软件"选项，进入语言选择对话框，如图 8-64 所示，选择"中文简体"选项后，单击"确定"按钮。

图 8-63　瑞星杀毒软件安装界面

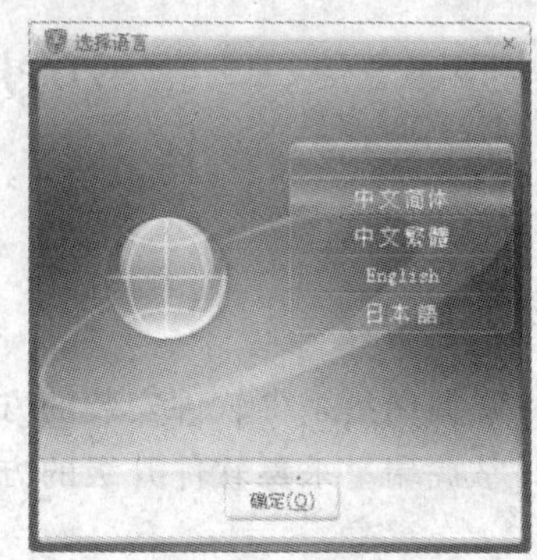

图 8-64　语言选择对话框

（2）在弹出的如图 8-65 所示的欢迎向导中点击"下一步"按钮，出现"最终用户许可协议"对话框，如图 8-66 所示。阅读许可协议并选择"我接受"单选项，然后点击"下一步"按钮。在弹出的对话框中输入产品序列号和 ID 号（一般在说明书的首页），再点击"下一步"按钮。

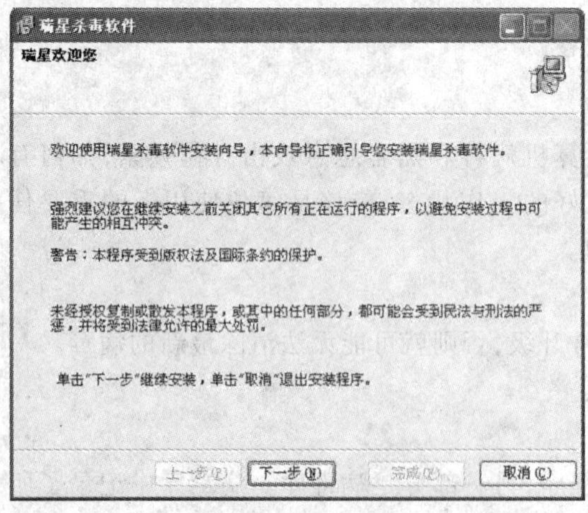

图 8-65　欢迎向导

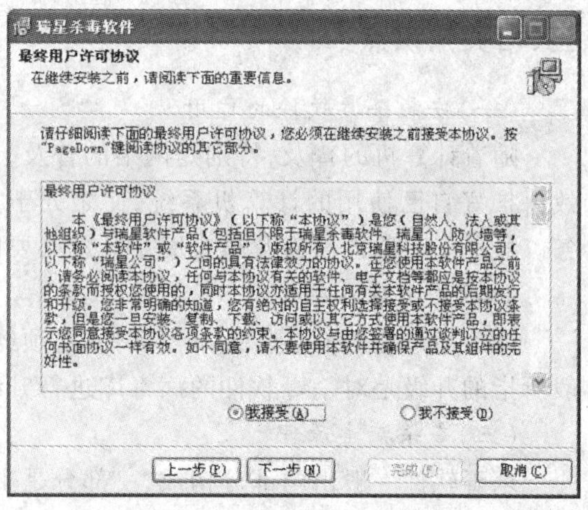

图 8-66　最终用户许可协议

(3)在弹出的如图 8-67 所示的对话框中选择需要安装的组件。用户可根据自己的需要,有选择地安装。一般选择默认值,直接点“下一步”。

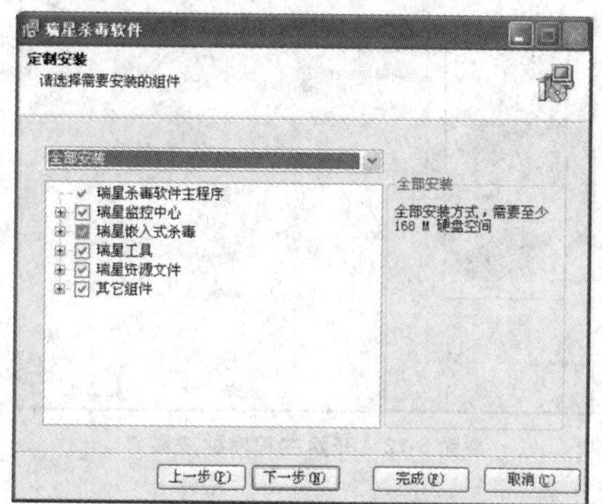

图 8-67　安装组件选择

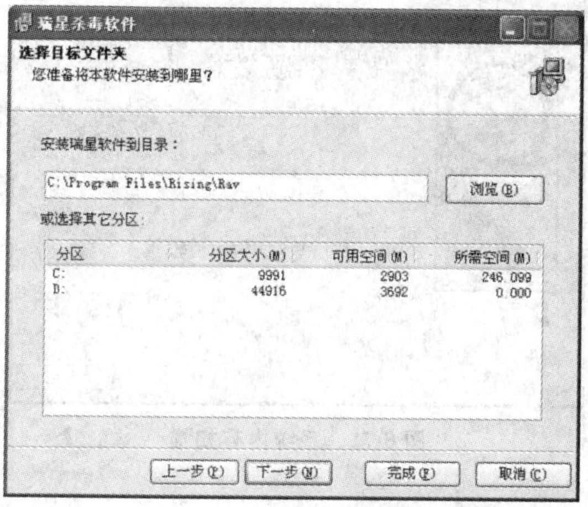

图 8-68　安装路径选择

(4)在弹出的如图 8-68 所示的安装路径对话框中,用户选择好安装的分区和路径,完成后点击“下一步”按钮。

(5)在弹出的如图 8-69 所示的“选择开始菜单文件夹”对话框中,用户按自己的需求设置,完成后点击“下一步”按钮。

(6)以上的设置安装程序会汇总成一张“安装信息”框,如图 8-70 所示(如果用户要更改,可点击“上一步”按钮返回,重新设置),选择好是否“安装前执行内存病毒扫描”选项(一般选取),再点击“下一步”按钮。

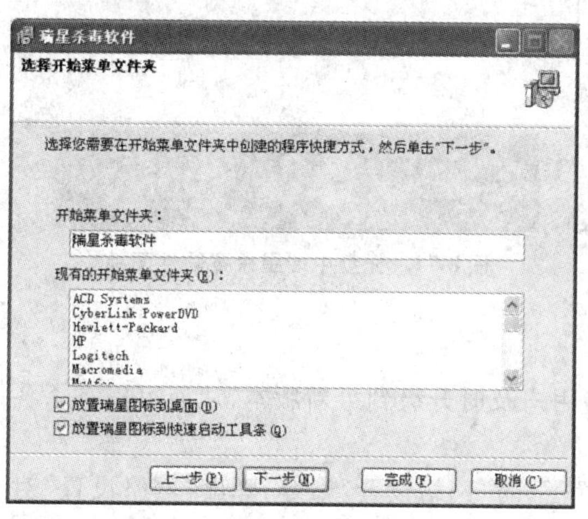

图 8-69　选择开始菜单文件夹

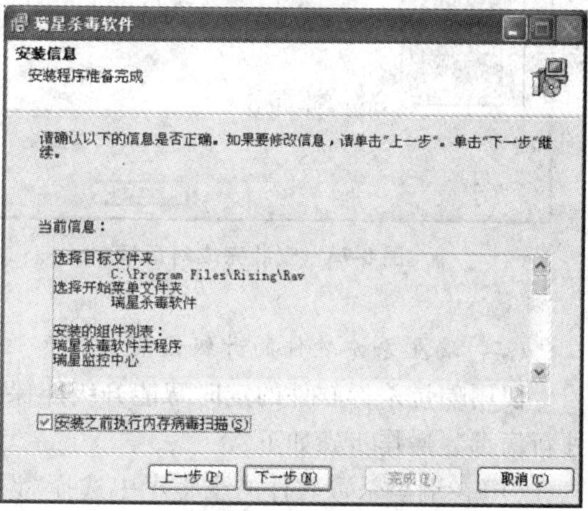

图 8-70　安装信息框

(7)为了能够安全地安装,在安装前一般需要进行系统内存的扫描,如图 8-71 所示。

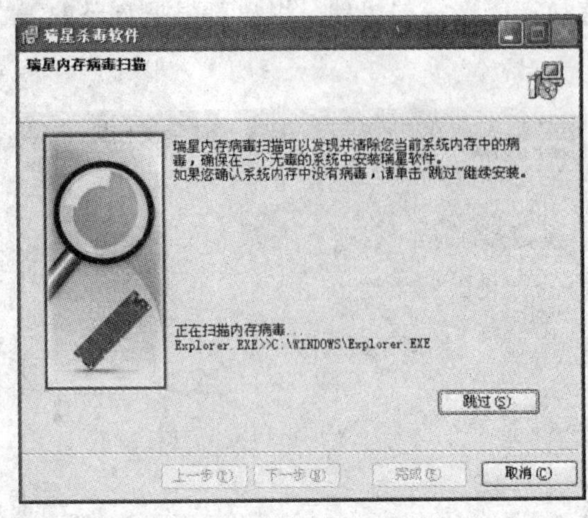

图 8-71　系统内存扫描

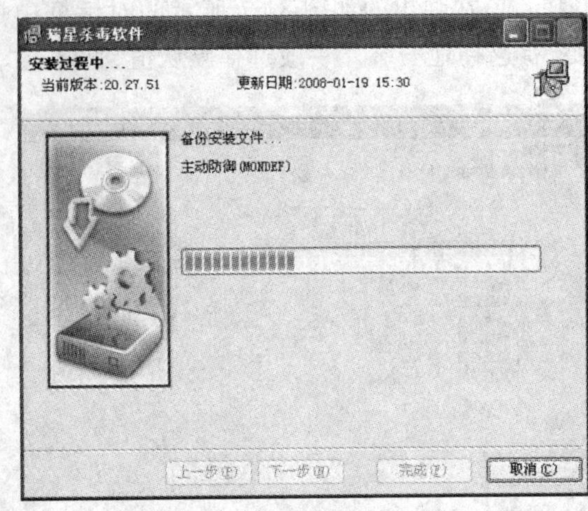

图 8-72　开始主程序的安装

(8)若扫描完成且没有发现病毒,安装程序立即开始主程序的安装,如图 8-72 所示。

(9)安装完成后将弹出如图 8-73 所示的对话框,并询问是否立即重新启动计算机。选择该选项后点击“完成”按钮,重启计算机可在如图 8-74 所示的托盘中确认。

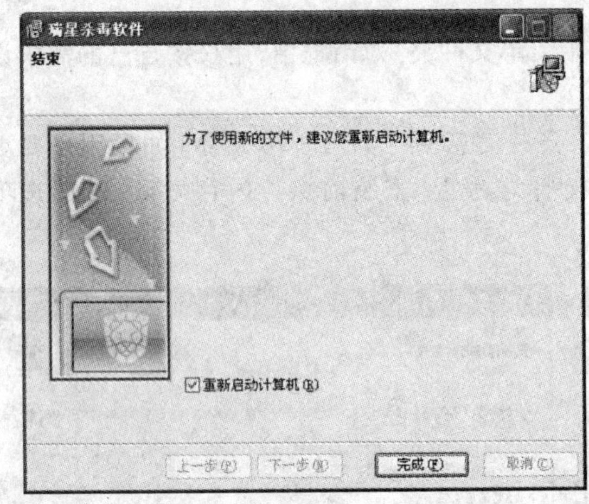

图 8-73　安装完成对话框

图 8-74　托盘中瑞星杀毒软件图标

(二)瑞星杀毒软件的升级设置

使用瑞星杀毒软件的定时智能升级能保持用户及时升级到最新版本,从而可以查杀各种新病毒。操作步骤如下:

(1)在瑞星杀毒软件的主程序中选择“设置”下的“网络设置”命令,弹出“网络设置”对话框,如图 8-75 所示,正确设置后点击“确定”按钮。

(2)在主程序中选择“设置”下的“用户 ID 设置”命令,弹出“用户 ID”对话框,如图 8-76 所示,输入正确的 ID 后点击“确定”按钮。

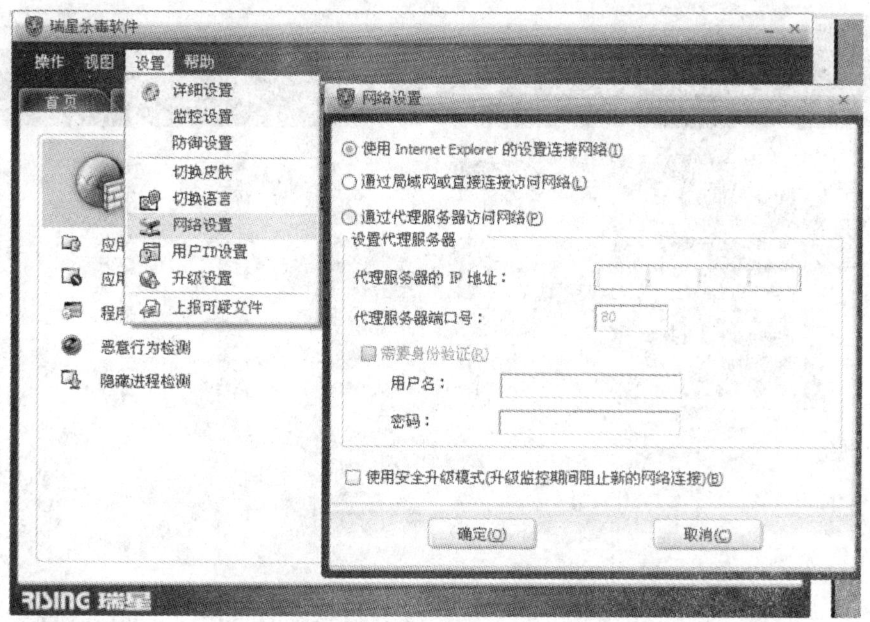

图 8-75　网络设置

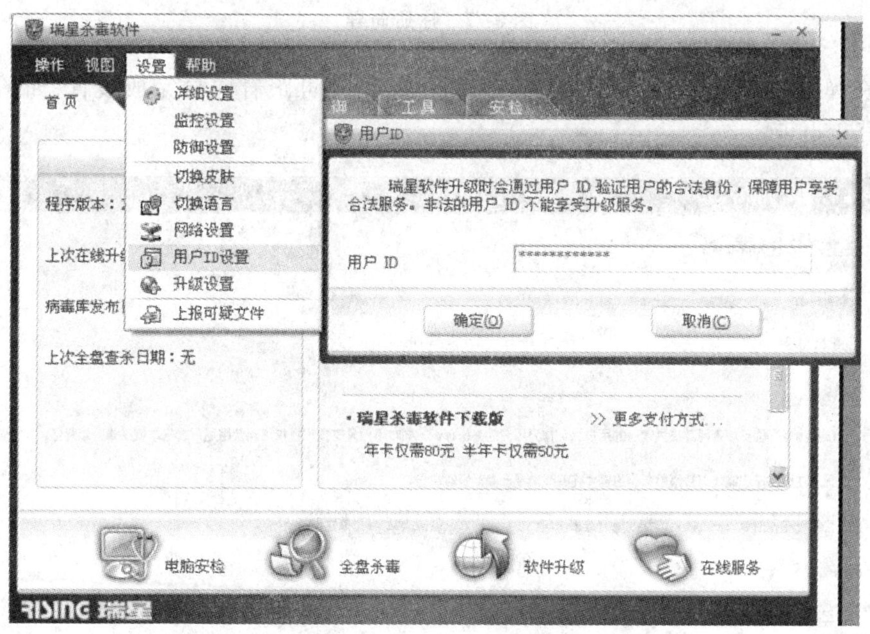

图 8-76　用户 ID 设置

(3)在主程序中选择“工具”选项卡，如图 8-77 所示，选择“注册”向导中的“运行”操作。

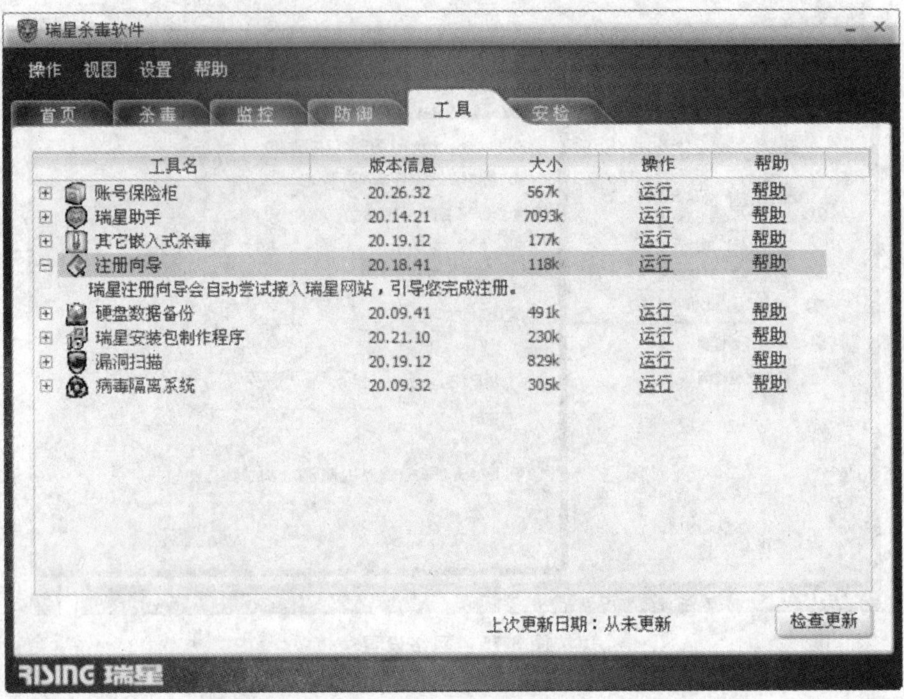

图 8-77 注册向导

(4)在弹出的“瑞星产品注册向导”对话框中,用户可跟着向导完成设置,如图 8-78 所示,一共有 4 小步。

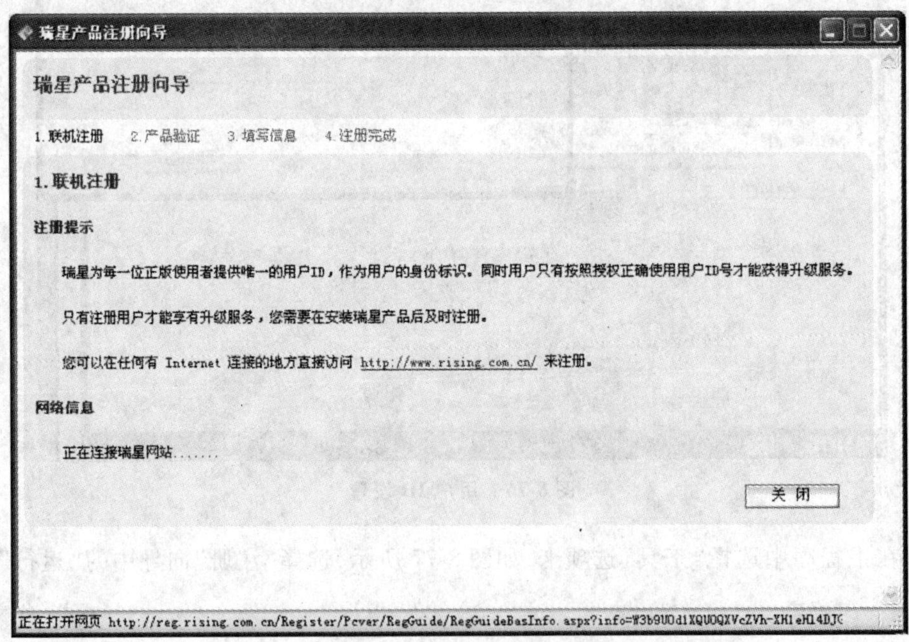

图 8-78 瑞星产品注册向导

(5)设置完成后,可在主程序的"首页"中,点击"软件升级"按钮进行立即升级。当然也可点击"菜单"下的"升级设置"命令,在弹出的"详细设置"对话框中进一步设置,如图8-79所示。

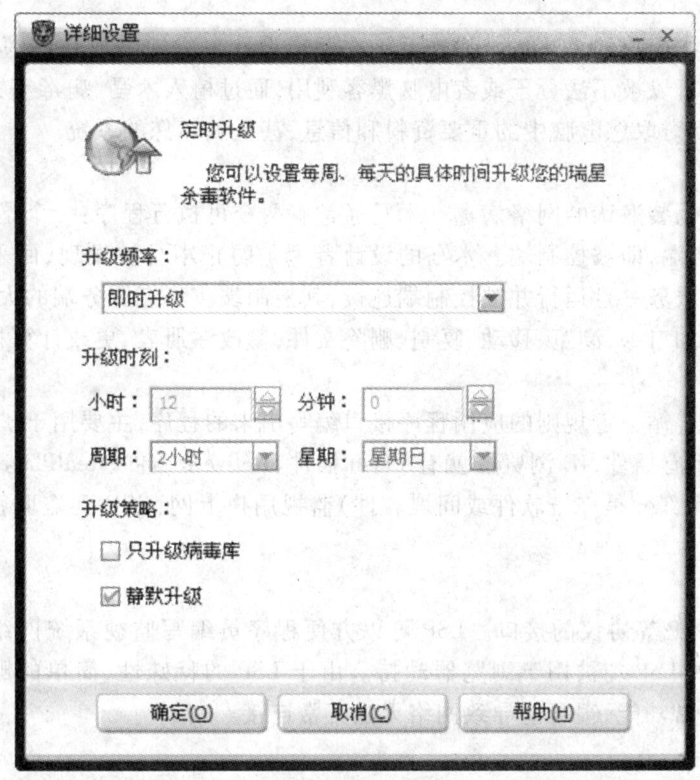

图 8-79　升级详细设置

活动 5　设置系统安全

一、教学目标

1. 掌握系统安全的相关知识;
2. 掌握 360 安全卫士的安装方法;
3. 掌握 360 安全卫士的使用方法。

二、工作任务

在新装操作系统 Windows XP 的计算机中,通过安装和使用 360 安全卫士掌握计算机系统安全的常用方法。

三、相关知识点

(一)系统漏洞

系统漏洞是指用户的 Windows 操作系统在逻辑设计上的缺陷或在编写时产生的错误,这个缺陷或错误可以被不法分子或者电脑黑客利用,通过植入木马、病毒等方式来攻击或控制整个电脑,从而窃取您电脑中的重要资料和信息,甚至破坏您的系统。

(二)木马

木马是一种伪装潜伏的网络病毒。木马通常有两个可执行程序:一个是客户端,即控制端,另一个是服务端,即被控制端。木马的设计者为了防止木马被发现,而采用多种手段隐藏木马。木马的服务一旦运行并被控制端连接,其控制端将享有服务端的大部分操作权限,例如给计算机增加口令,浏览、移动、复制、删除文件,修改注册表,更改计算机配置等。

(三)插件

插件是一种遵循一定规则的应用程序接口编写出来的程序,主要用于扩展软件的功能。目前,许多软件都有插件,IE 浏览器就有 Flash 插件、ActiveX 插件、RealPlayer 插件等。有些恶意插件程序(大部分是广告软件或间谍软件)监视用户上网,以达到盗取密码或网银账号等非法目的。

(四)LSP

LSP 是 TCP/IP 等协议的接口。LSP 可以方便程序员编写监视系统网络通信情况的小软件,可现在有些 LSP 却被用于浏览器劫持。由于 LSP 的特殊性,简单的删除恶意软件不能恢复 LSP 的正常功能,很可能导致网络无法正常连接。

四、实现方法

(一)安装 360 安全卫士

360 安全卫士的安装步骤如下:

(1)从网路上下载获得 360 安全卫士软件后,双击安装程序,弹出 360 安全卫士安装向导,如图 8-81 所示。

(2)点击安装向导的"下一步"按钮,将弹出"许可证协议"对话框,如图 8-81 所示。

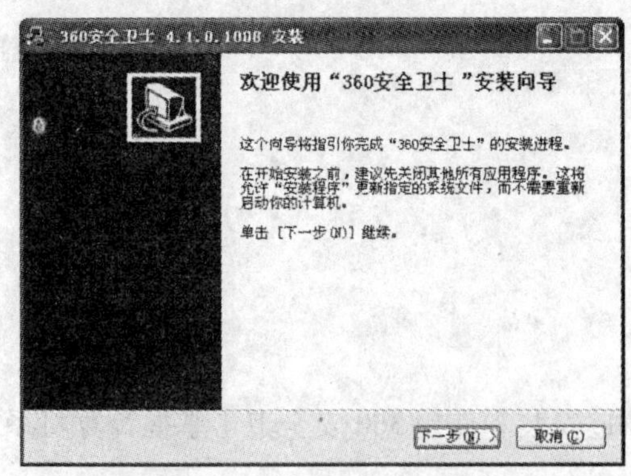

图 8-80　360 安全卫士安装向导

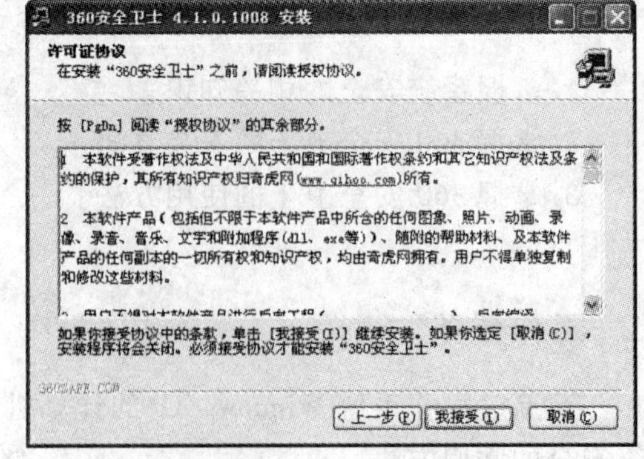

图 8-81　许可证协议

(3)在许可证协议对话框中,点选"我接受"按钮后,进入"选择安装位置"对话框,如图8-82所示。

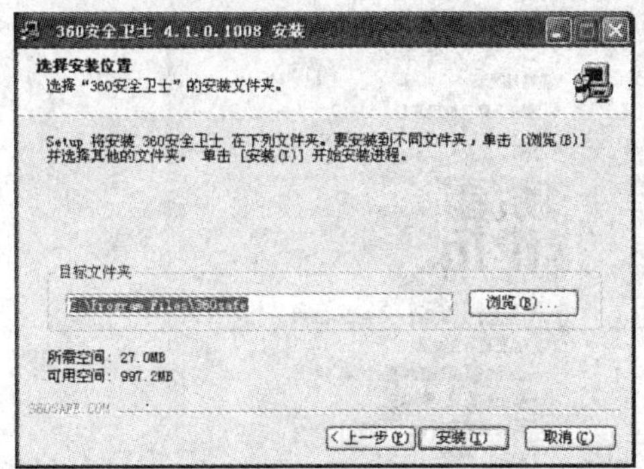

图 8-82　选择安装位置

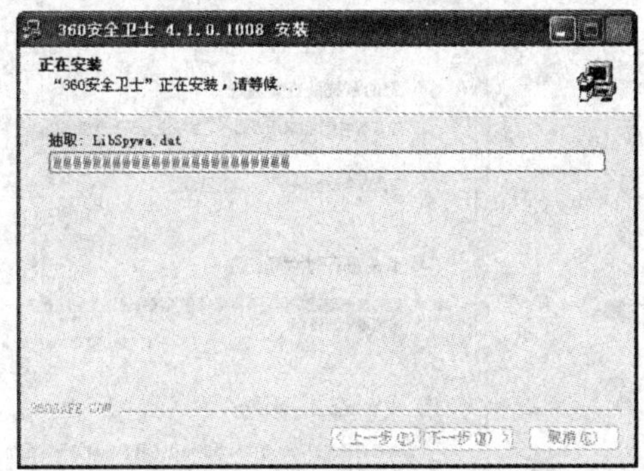

图 8-83　360 安全卫士正在安装

(4)通常选择默认安装位置,用户也可点击"浏览"按钮,选择其他安装路径。确定后,点击"安装"按钮,安装程序立即进行安装,如图8-83所示。

(5)安装过程中会让用户选择"360安全卫士实时保护设置",如图8-84所示,用户根据自己的实际情况选择一种保护设置。

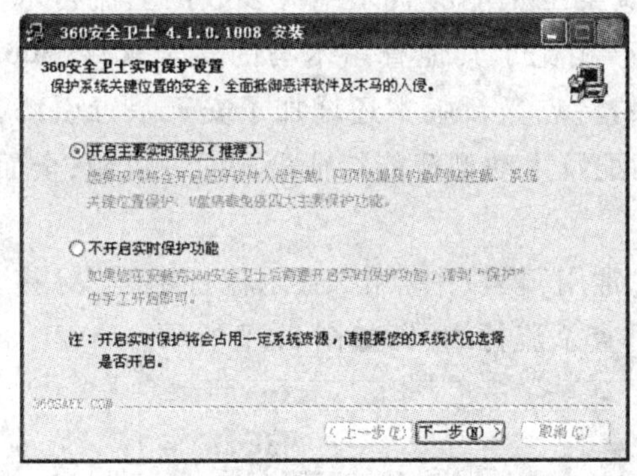

图 8-84　选择"360 安全卫士实时保护设置"

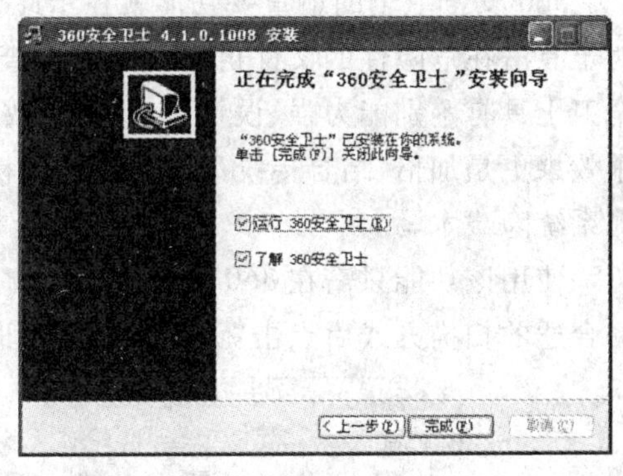

图 8-85　360 安全卫士完成安装

(6)选择保护设置后,点击"下一步"按钮,弹出如图8-85所示的对话框,用户可勾选"运行360安全卫士"和"了解360安全卫士"两个可选项,最后点击"完成"按钮,安装过程结束。

(二)使用360安全卫士

360安全卫士是一款针对恶意软件、插件、病毒并可以进行系统诊断的系统防护类安全软件。同时,还能提供插件免疫、清理使用痕迹、修复LSP连接、系统恢复、启动项管理、进程状态查询等诸多实用功能,可以为系统添加一道安全屏障。

(1)双击桌面上的"360安全卫士"快捷方式图标,启动软件后,用户即可看到主窗口界面,如图8-86所示,共有6大功能模块,分别是"常用"、"杀毒"、"高级"、"保护"、"求助"、"推荐"。选中每个功能模块又有许多功能标签。

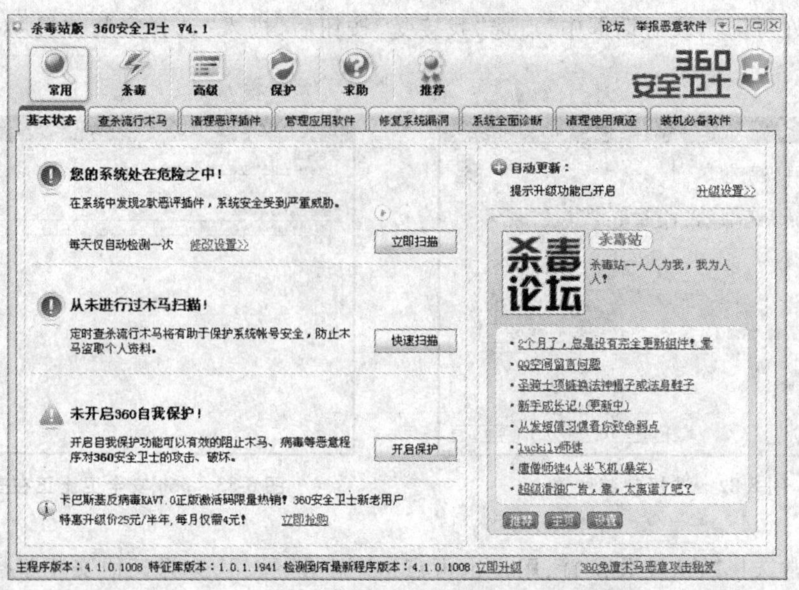

图 8-86 360 安全卫士主窗口

(2)使用“常用”模块的“查杀流行木马”功能。

360 安全卫士的最重要功能就在于此，360 安全卫士能够查杀绝大多数网上流行木马，对于有潜在危险性的文件也有一定的侦查能力。相比于其他查杀木马的安全软件，360 安全卫士具有鉴别能力强、误杀率低、查杀效果好的特点。新版本还增加了安天杀毒引擎，查杀效果更是加倍，结合传统型木马特征库精确匹配及主动型智能特征检测两种机制，全面检测系统隐藏木马。

使用该功能只需在 360 安全卫士主窗口的“常用”模块中点击“查杀流行木马”标签，选择合适的扫描方式后点击“开始扫描”按钮，即可查杀流行木马，如图 8-87 所示。

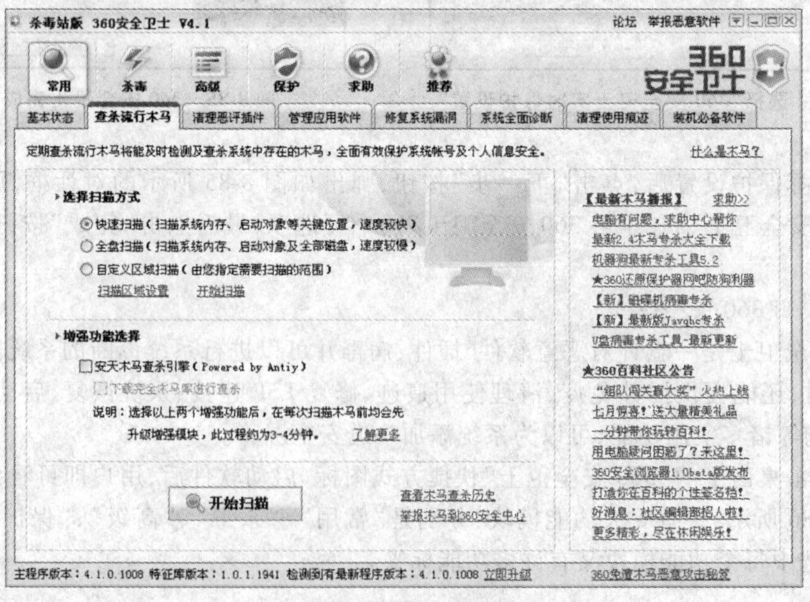

图 8-87 查杀流行木马

(3)使用“常用”模块的“清理恶意插件”功能。

本功能也是360安全卫士的强项之一。点击如图8-88所示界面中的“开始扫描”按钮,将查出来的系统插件中所有列入在“恶评插件”里的内容全部清理即可。“其他插件”里有的也是自己用不到的,比如“百度搜霸”、“雅虎助手”、“Windows临时文件”等也可清理,如图8-89所示。

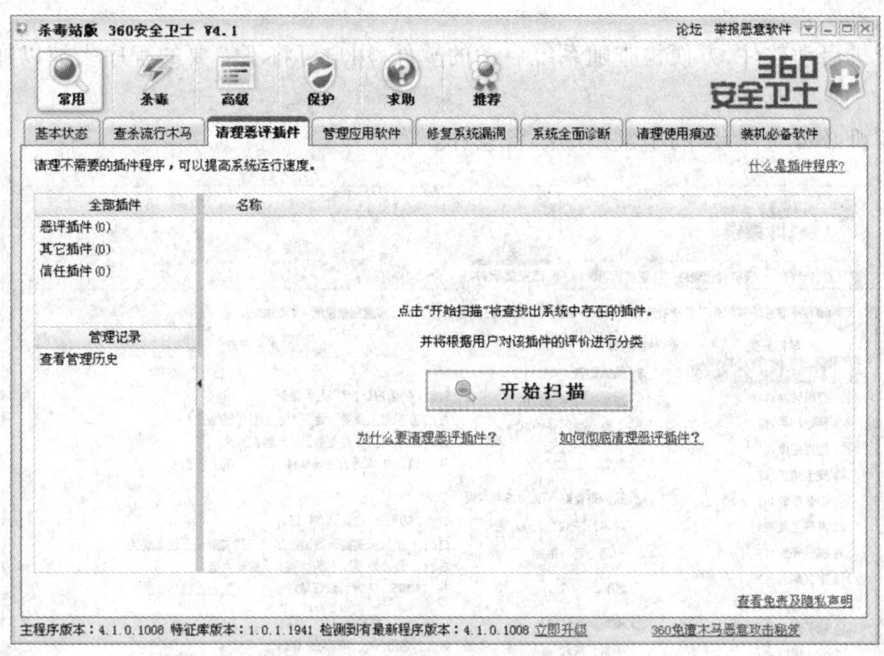

图8-88　清理恶意插件

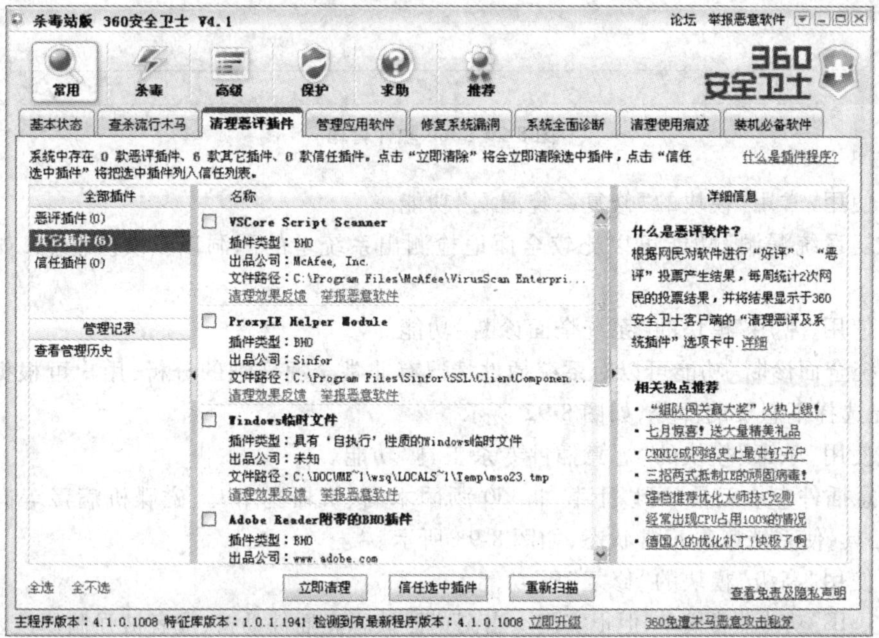

图8-89　清除其他插件

(4)使用“常用”模块的“管理应用软件”功能。

“管理应用软件”功能列出了系统中安装的所有软件,类似系统自带的“添加删除程序”,但功能要全面一些,共包括如图 8-90 所示的四个部分:

①已安装软件,是对系统里的软件进行分类排列,更方便管理。

②正在运行软件,其功能比较实用,可以检查每个软件的详细路径,以及系统资源占用情况等。

③开机启动软件,方便检查随系统启动的软件,用户可将不需要的程序去掉以加快启动时间。

④装机必备软件,罗列了常用的必备软件。

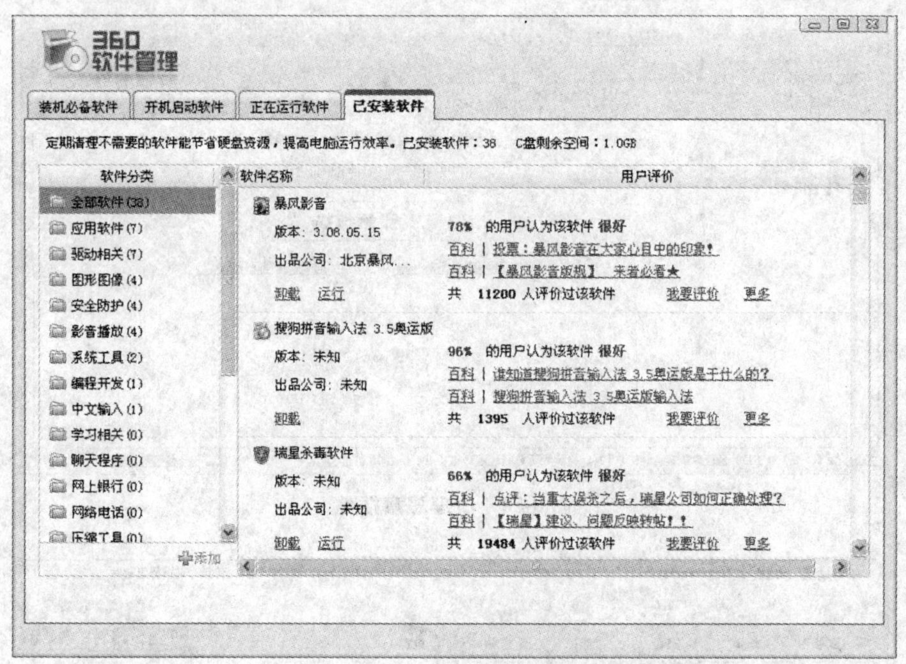

图 8-90　360 软件管理

(5)使用“常用”模块的“修复系统漏洞”功能。

“修复系统漏洞”功能可以比较全面地检测出系统里的漏洞以及安全隐患,如图 8-91 所示。

(6)使用“常用”模块的“系统全面诊断”功能。

“系统全面诊断”功能可以对系统插件情况有非常全面详细的分析,用户可根据自己的实际情况选择不想要的部分,如图 8-92 所示。

(7)使用“杀毒”模块的“恶意插件专杀工具”功能。

“恶意插件专杀工具”可以下载如 360 顽固木马、机器狗木马、磁碟机病毒等有针对性的查杀工具,使系统恢复正常状态,如图 8-93 所示。

(8)使用“高级”模块的“修复 IE”功能。

“修复 IE”功能非常简单,但很实用。当浏览器被恶意插件劫持,或者被强制修改恢复不了时,用户可以选择想要修复的项目,然后点击“立即修复”按钮进行修复,如图 8-94 所示。

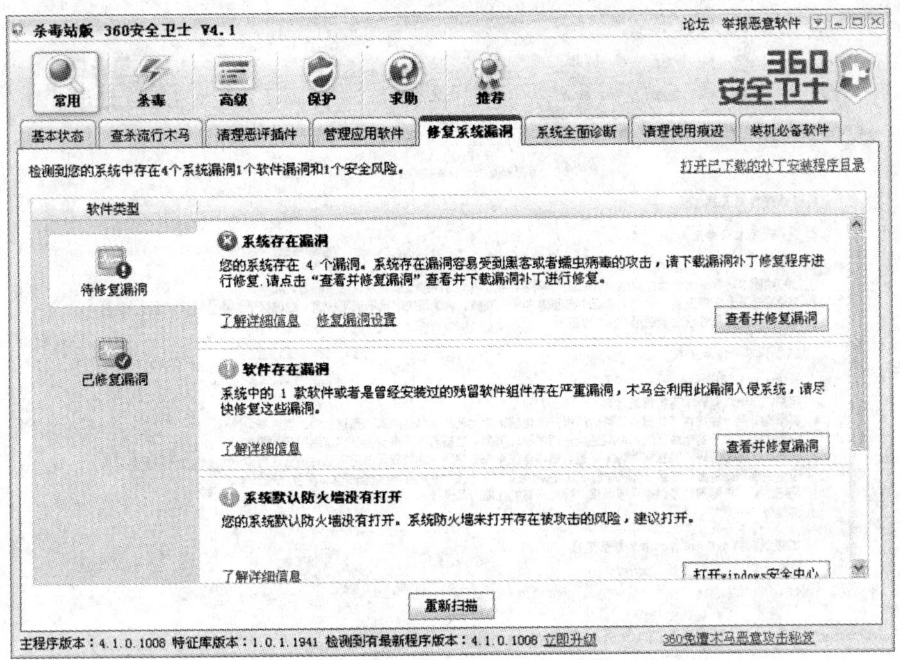

图 8-91　修复系统漏洞

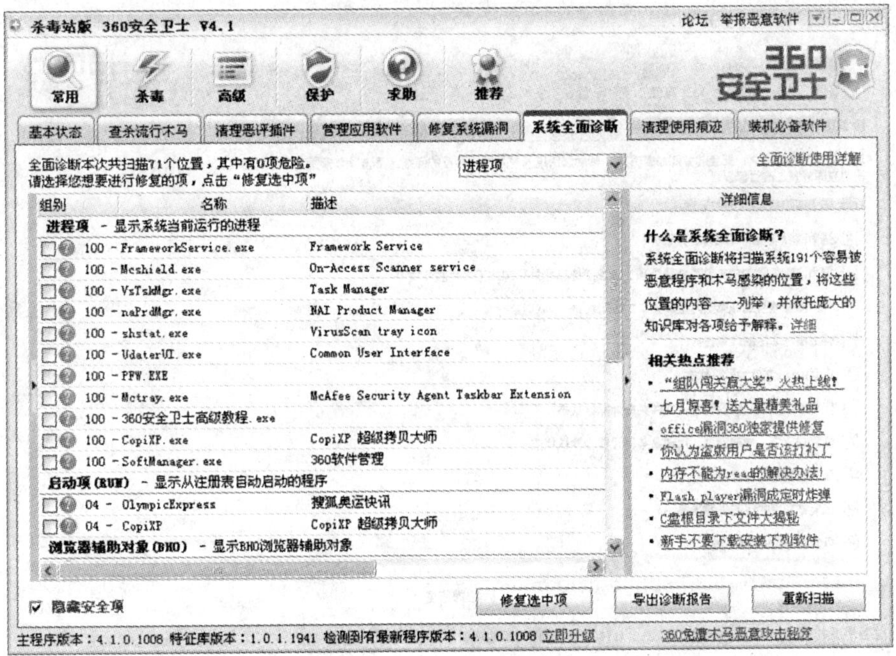

图 8-92　系统全面诊断

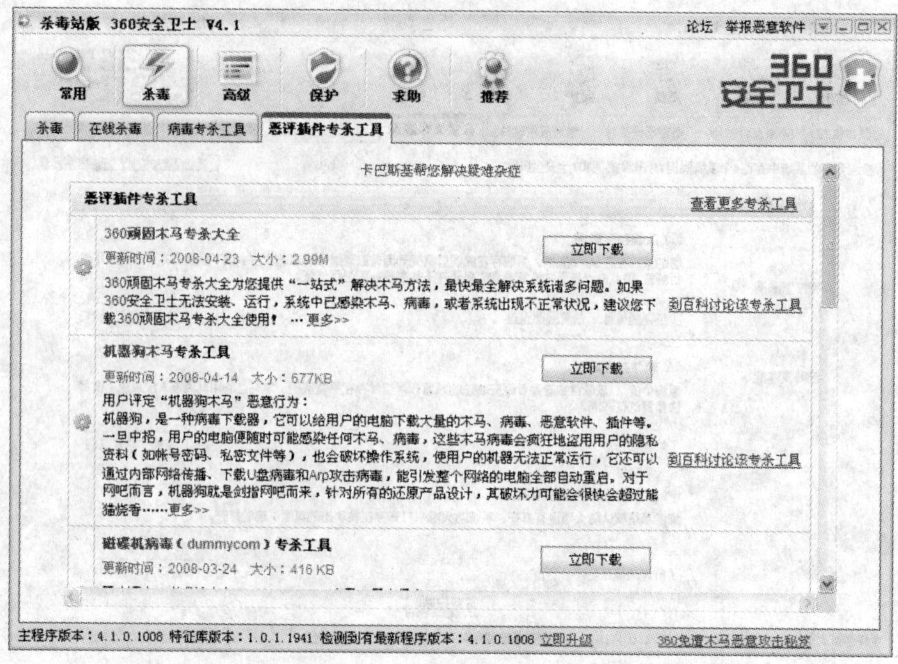

图 8-93 恶意插件专杀工具

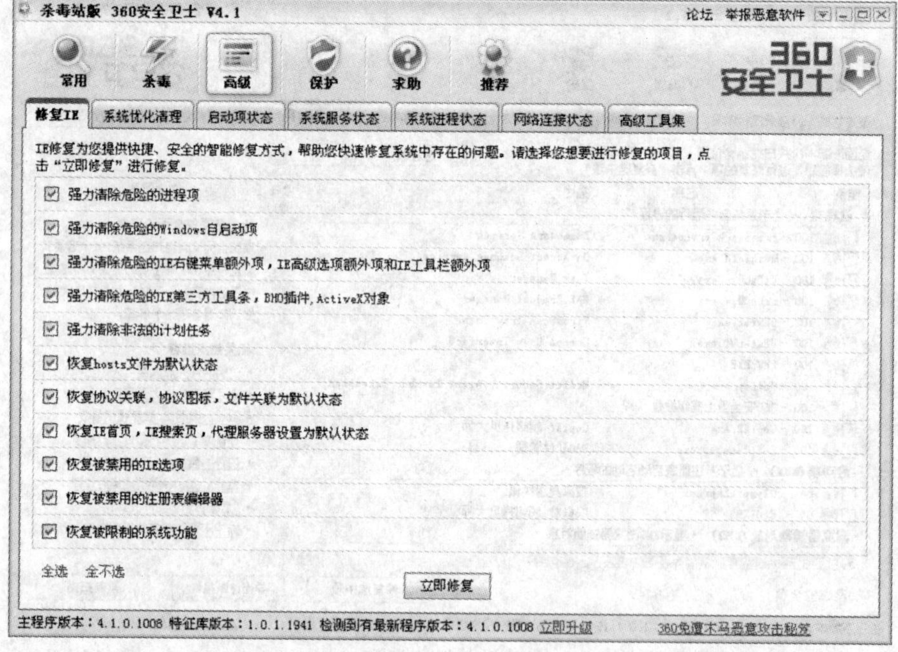

图 8-94 修复 IE

(9)使用"高级"模块的"高级工具集"功能。

"高级工具集"提供了常用的高级工具，能更好地帮助用户修复系统问题，特别是 LSP 可以恢复网络正常连接，如图 8-95 所示。

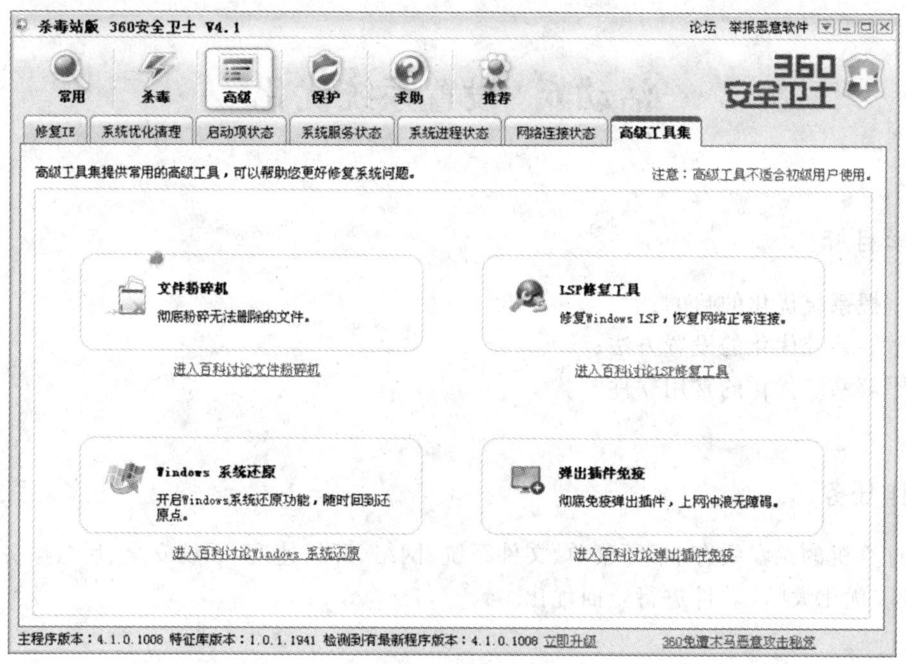

图 8-95　高级工具集

(10)使用“保护”模块的“开启实用保护”功能。

开启 360 安全卫士实时保护后,将在第一时间保护用户的系统安全,及时地阻击恶评插件和木马的入侵,如图 8-96 所示。

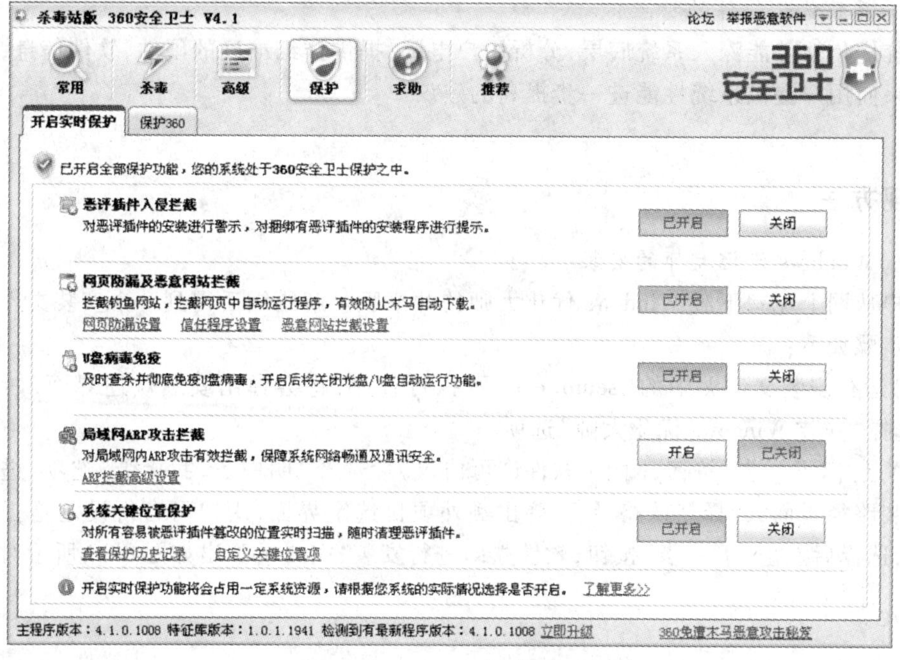

图 8-96　开启实用保护

活动6　设置系统优化

一、教学目标

1. 掌握系统优化的目的；
2. 掌握系统优化的设置方法；
3. 了解系统优化的常用软件。

二、工作任务

对计算机的磁盘缓存、桌面菜单、文件系统、网络、开机速度、系统安全、后台服务等使用"Windows 优化大师"软件进行全面优化。

三、相关知识点

（一）系统优化的目的

系统优化能全方位、高效、安全地提高用户的计算机系统性能，使用户计算机系统始终保持在最佳状态。

（二）系统优化软件的特点

系统优化软件能深入系统底层，分析用户电脑，提供详细准确的硬件、软件信息，并根据检测结果向用户提供系统性能进一步提高的建议。

四、实现方法

（一）Windows 优化大师的安装

用户从网上免费下载 Windows 优化大师的共享版。解压缩后得到一个安装文件夹。安装具体步骤如下：

（1）运行安装文件夹中的"setup. exe"可执行程序，将会弹出安装欢迎界面，如图 8-97 所示，选择"安装 Windows 优化大师"选项。

（2）点击"下一步"按钮，阅读《软件许可协议》后选择"明白了，我接受"选项，进入选择软件安装路径界面，选择默认路径后，弹出额外项目选定界面，用户可自行设定是否安装额外项目，选择后点击"下一步"按钮，软件立即进行安装，完成后弹出如图 8-98 所示对话框。

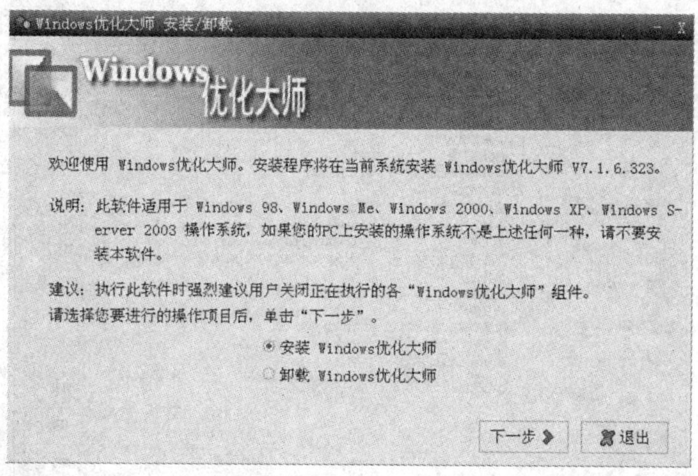

图 8-97　安装欢迎界面

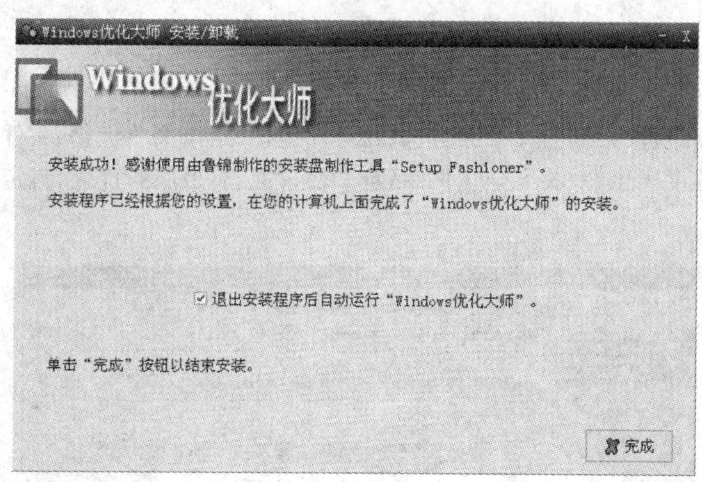

图 8-98　安装完成

(3)用户勾选“退出安装程序后自动运行 Windows 优化大师”选项，再点击“完成”按钮，则可立即启动 Windows 优化大师。

(二)Windows 优化大师软件的界面

Windows 优化大师的界面主要分三大模块：系统信息检测、系统性能优化以及系统清理维护。

1. 系统信息检测

系统信息检测模块共分为九个大类：系统信息总揽、处理器与主板、视频系统信息、音频系统信息、存储系统信息、网络系统信息、其他外部设备、软件信息列表、系统性能测试，如图 8-99 所示。

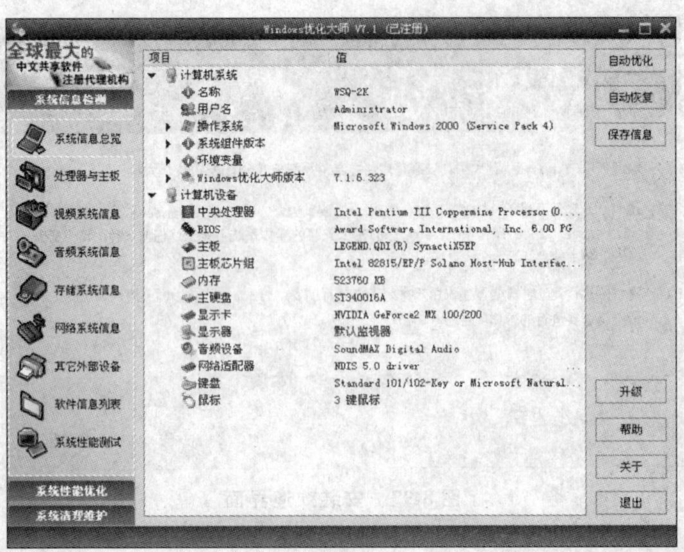

图 8-99 系统检信息测模块

2. 系统性能优化

系统性能优化模块共分为九个大类：磁盘缓存优化、桌面菜单优化、文件系统优化、网络系统优化、开机速度优化、系统安全优化、系统个性设置、后台服务优化、自定义设置项，如图 8-100 所示。

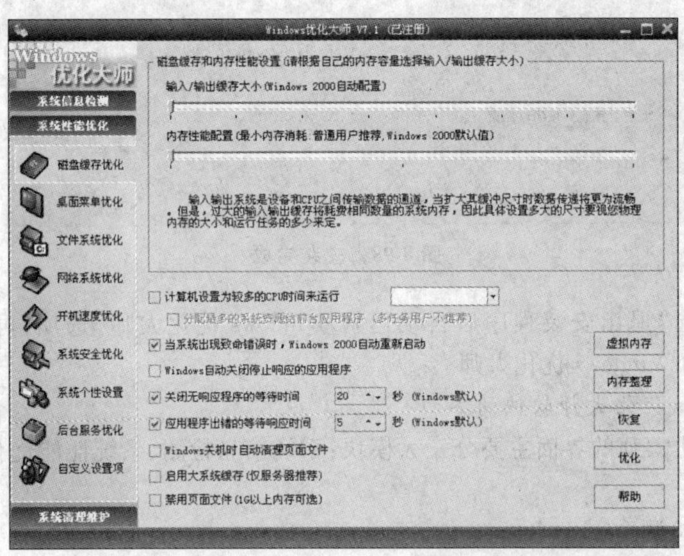

图 8-100 系统性能优化模块

3. 系统清理维护

系统清理维护模块共分为九个大类：注册信息清理、垃圾文件清理、冗余 DLL 清理、ActiveX 清理、软件智能卸载、驱动智能备份、系统磁盘医生、其他设置选项、优化维护日志，如图 8-101 所示。

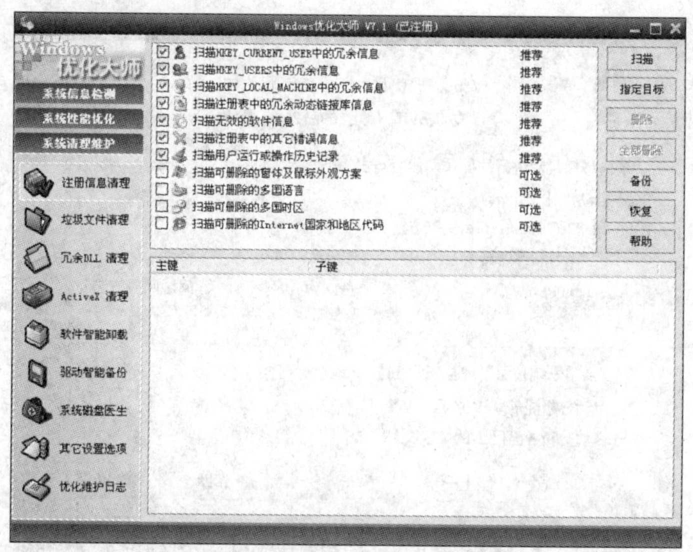

图 8-101 系统清理维护模块

(三)Windows 优化大师的自动优化

系统的优化、维护和清理常常让用户感到无从下手,有了 Windows 优化大师的自动优化功能,问题便轻松解决,具体操作步骤如下:

(1)运行 Windows 优化大师,选定系统信息检测模块,点击界面右侧“自动优化”按钮,将弹出“自动优化向导”,如图 8-102 所示。

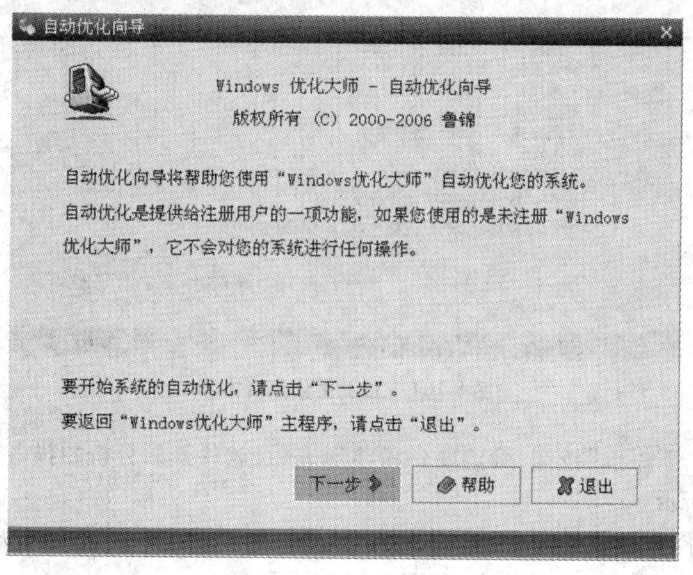

图 8-102 自动优化向导

(2)点击“下一步”按钮,打开如图 8-103 所示界面,选择需自动进行的操作。

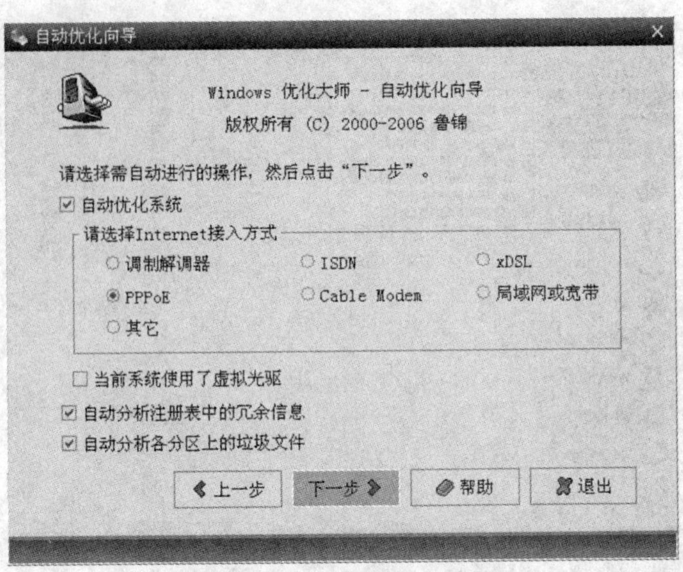

图 8-103　选择需自动进行的操作

(3)点击“下一步”按钮，将显示已生成的优化组合方案，如图 8-104 所示。

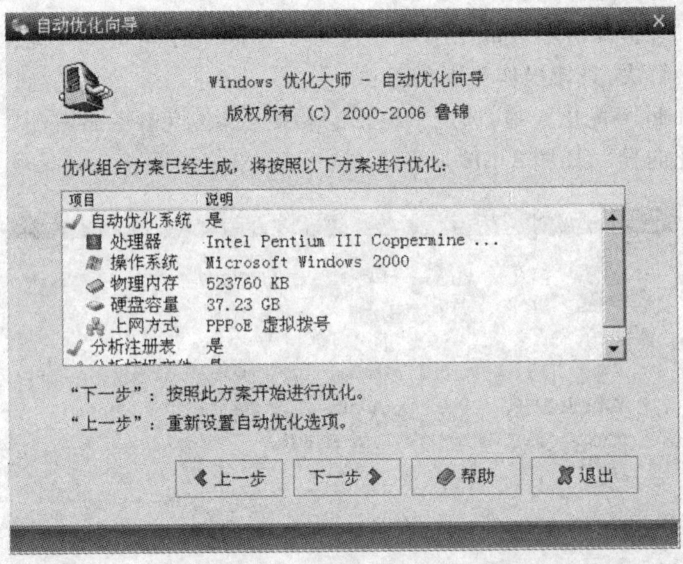

图 8-104　显示优化组合方案

(4)再点击“下一步”按钮，确定要备份注册表后，软件开始分析扫描各分区中的垃圾文件，如图 8-105 所示。

(5)垃圾文件扫描结束后，点击“下一步”按钮，删除扫描到的冗余或无效项目，紧接着软件继续扫描分析注册表中的信息，如图 8-106 所示。

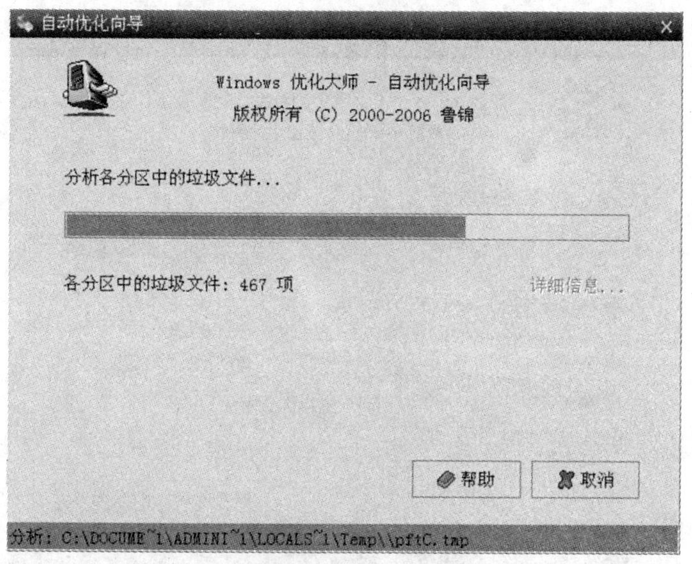

图 8-105　分析扫描

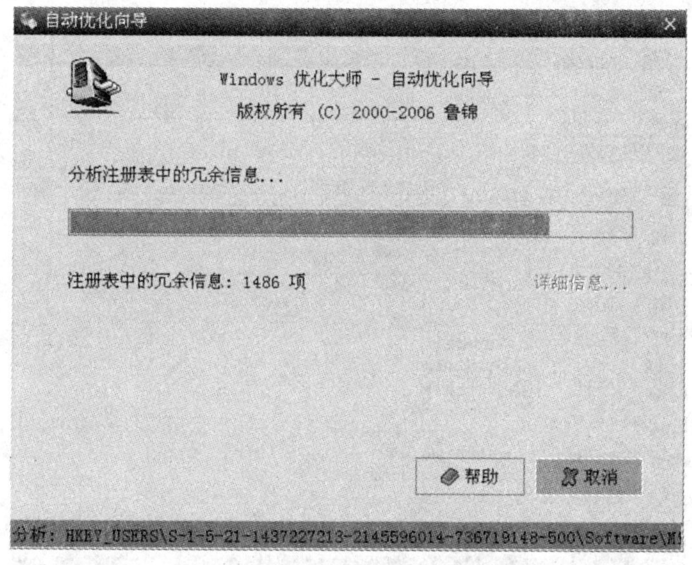

图 8-106　分析注册表中的冗余信息

(6)扫描结束后,点击“下一步”按钮,删除注册表冗余信息。而后弹出消息框,提示用户全部项目优化和清理完毕,如图 8-107 所示。

(7)自动优化全部结束后,关闭所有当前正在运行的程序,重新启动计算机,以便让优化效果立即生效。

(四)Windows 优化大师的桌面菜单优化

Windows 优化大师针对桌面菜单优化提供了很多实用功能,这些功能的实现给用户的感觉是最明显的。具体操作步骤如下:

(1)运行 Windows 优化大师,选择“系统性能优化”模块中的“桌面菜单优化”,如图 8-108所示。

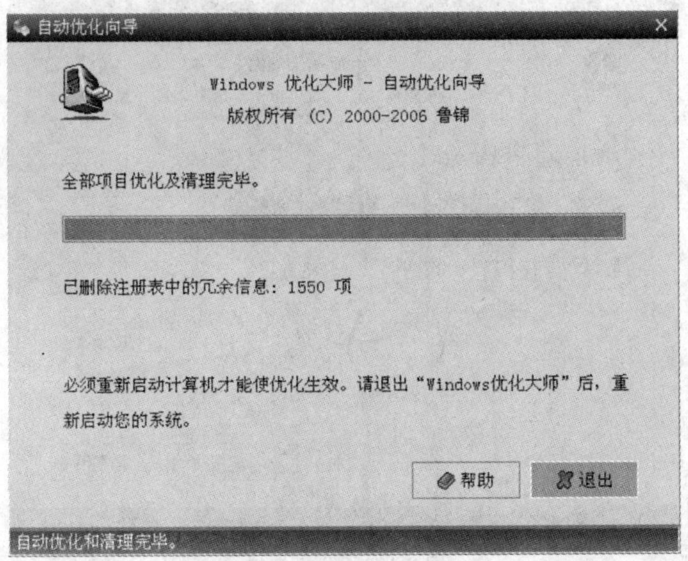

图 8-107　自动优化和清理完毕

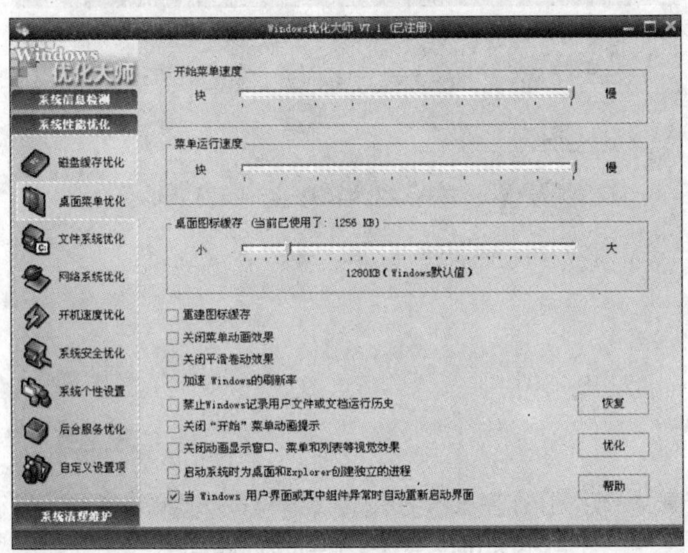

图 8-108　桌面菜单优化

(2)有选择地调整桌面菜单优化中提供的以下几种功能。

①开始菜单速度调整

开始菜单速度的优化可以加快开始菜单的运行速度，建议在调节棒中将该项调整到最快速度。

②菜单运行速度

菜单运行速度的优化可以加快所有菜单的运行速度，建议在调节棒中将该项调整到最快速度。

③桌面图标缓存

桌面图标缓存的优化可以提高桌面上图标的显示速度,该选项是设置系统存放图标缓存的文件最大占用磁盘空间的大小。建议使用默认值。

④其他设置

用户根据需要,可选择“重建图标缓存”、“关闭开始菜单动画效果”、“关闭平滑卷动效果”、“加速 Windows 刷新率”、“禁止 Windows 记录用户文件或文档运行历史”、“关闭开始菜单动画提示”、“关闭动画显示窗口、菜单和列表等视觉效果”、“启动系统时为桌面和Explorer创建独立的进程”、“当 Windows 用户界面或其中组件异常时自动重新启动界面”等复选框,再点击“优化”按钮,即可优化选定的项目。

提示:常用的系统优化软件有 Windows 优化大师、超级兔子等。

习　题

1. 准备 Windows XP 操作系统软件,在计算机中(或虚拟机)安装 Windows XP 操作系统,并记录安装过程,生成实验报告。

2. 对安装 Windows XP 完成的操作系统,查看硬件驱动是否全部安装。从网上下载最新驱动程序,更新部分硬件驱动,并生成实验报告。

3. 设置 Windows XP 操作系统更新,并手动更新全部系统补丁,生成实验报告。

4. 获取并安装瑞星杀毒软件,对软件升级进行设置,并生成实验报告。

5. 获取并安装 360 安全卫士软件,然后使用各个模块中的功能对系统进行安全维护,并生成实验报告。

6. 获取并安装 Windows 优化大师软件,对系统进行检测和优化操作,并生成实验报告。

项目九 备份与恢复数据

无论微软怎样吹嘘 Windows XP 有多么稳定,多么安全,也无论使用者怎样维护和管理自已的计算机,都无法绝对保证系统永远不会出现问题甚至崩溃,因为系统很有可能因操作失误或者其他无法预料的因素导致无法正常工作,因此很有必要在系统出现故障之前,先采取一些安全和备份措施,做到防患于未然。

一、教学目标

终极目标:会用几种常用的软件备份和恢复数据;能够恢复误删除的数据并进行修复。

促成教学目标:

1. 知道数据备份和恢复的常用软件;
2. 学会运用软件进行数据的备份;
3. 学会对已备份的数据进行恢复;
4. 学会对误删除的数据进行恢复;
5. 学会对错误文件或恢复的数据进行修复。

二、工作任务

1. 用 Ghost 软件进行备份,并学会如何还原。
2. 用 EasyRecovery 恢复误删除(格式化)的数据。

活动 1 Ghost 备份与恢复数据

一、教学目标

知道数据备份和恢复的常用软件,会运用软件进行数据的备份,会对已备份的数据进行恢复。

二、工作任务

一台新计算机，已经分区并完成系统软件和常用软件安装，用 Ghost 软件进行备份，并学会如何还原。

三、相关知识点

Ghost（幽灵）软件是美国赛门铁克公司推出的一款出色的硬盘备份还原工具，可以实现 FAT16、FAT32、NTFS、OS2 等多种硬盘分区格式的分区及硬盘的备份还原，俗称克隆软件。既然称之为克隆软件，说明 Ghost 的备份还原是以硬盘的扇区为单位进行的，也就是说可以将一个硬盘上的物理信息完整复制，而不仅仅是数据的简单复制；克隆人只能克隆躯体，但这个 Ghost 却能克隆系统中所有的东西，包括声音动画图像，连磁盘碎片都可以帮你复制。Ghost 支持将分区或硬盘直接备份到一个扩展名为.gho 的文件里，也支持直接备份到另一个分区或硬盘里。

四、实现方法

（一）用 Ghost 进行备份与恢复

使用 Ghost 进行系统备份，有整个硬盘（Disk）和分区硬盘（Partition）两种方式。在菜单中点击 Local（本地）项，在右面弹出的菜单中有 3 个子项，其中 Disk 表示备份整个硬盘（即克隆）、Partition 表示备份硬盘的单个分区、Check 表示检查硬盘或备份的文件，查看是否可能因分区、硬盘被破坏等造成备份或还原失败。

1. 分区备份

分区备份作为个人用户来保存系统数据，特别是在恢复和复制系统分区时具有实用价值。选 Local→Partition→To Image 菜单，弹出硬盘选择窗口，开始分区备份操作。点击该窗口中白色的硬盘信息条，选择硬盘，进入窗口，选择要操作的分区（若没有鼠标，可用键盘进行操作：TAB 键进行切换，回车键进行确认，方向键进行选择），如图 9-1 所示。在弹出的窗口中选择备份储存的目录路径并输入备份文件名称，注意备份文件的名称带有 GHO 的后缀名。接下来，程序会询问是否压缩备份数据，并给出 3 个选择：No 表示不压缩，Fast 表示压缩比例小而执行备份速度较快，High 就是压缩比例高但执行备份速度相当慢。最后选择 Yes 按钮即开始进行分区硬盘的备份。Ghost 备份的速度相当快，不用久等就可以完成，备份的文件以 GHO 后缀名储存在设定的目录中，如图 9-2 所示。

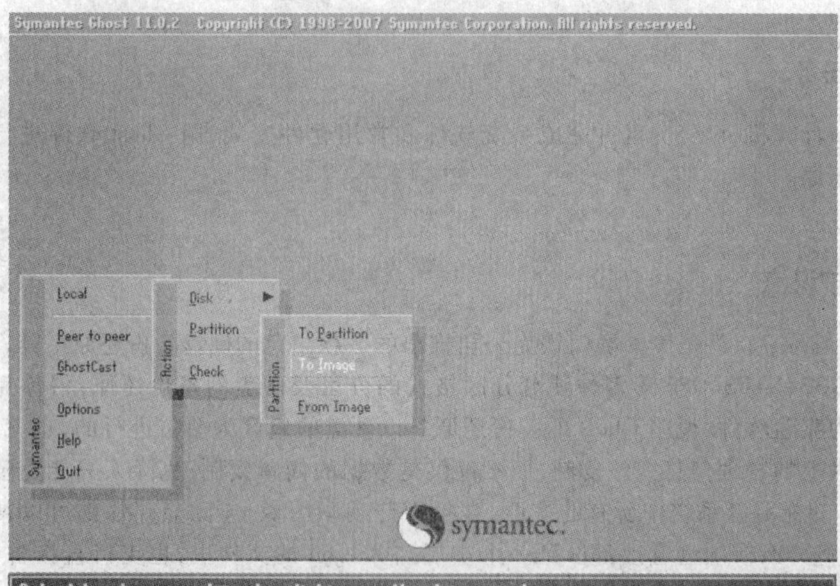

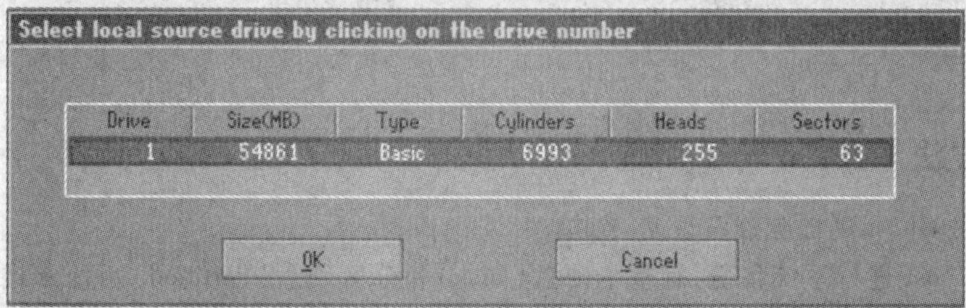

Select source partition(s) from Basic drive: 1

Part	Type	ID	Description	Volume Label	Size in MB	Data Size in MB
1	Primary	07	NTFS		10001	4835
2	Logical	07	NTFS extd	LENOVO	35299	26232
3	Logical	07	NTFS extd		9554	7242
				Free	6	
				Total	54861	38309

OK　　Cancel

图 9-1　备份操作

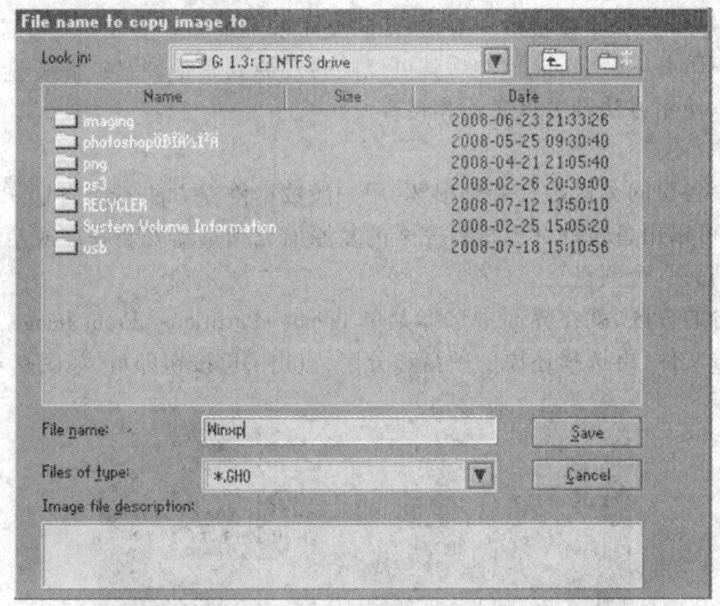

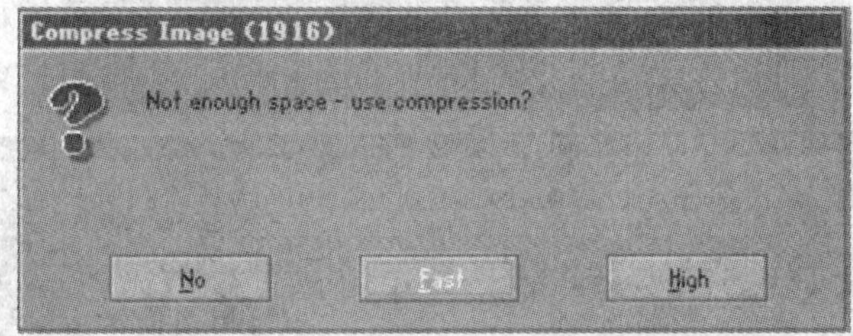

图 9-2　保存备份文件

2. 硬盘克隆与备份

硬盘的克隆就是对整个硬盘的备份和还原。选择菜单 Local→Disk→To Disk，如图 9-3 所示，在弹出的窗口中选择源硬盘（第一个硬盘），然后选择要复制到的目标硬盘（第二个硬盘）。注意，可以设置目标硬盘各个分区的大小，Ghost 可以自动对目标硬盘按设定的分区数值进行分区和格式化。选择 Yes 开始执行。

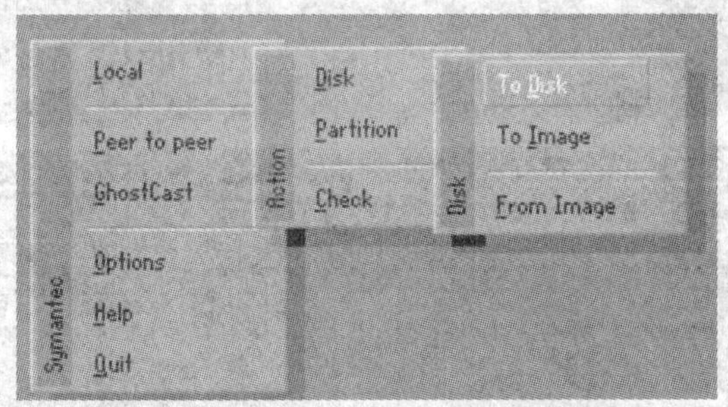

图 9-3　硬盘对硬盘克隆

Ghost 能将目标硬盘复制得与源硬盘几乎完全一样，并实现分区、格式化、复制系统和文件一步完成。只是要注意目标硬盘不能太小，必须能将源硬盘的数据内容装下。

Ghost 还提供了一项硬盘备份功能，就是将整个硬盘的数据备份成一个文件保存在硬盘上（菜单 Local→Disk→To Image），然后就可以随时还原到其他硬盘或源硬盘上，这对安装多个系统很方便。使用方法与分区备份相似。

3. 备份还原

如果硬盘中备份的分区数据受到损坏，用一般数据修复方法不能修复，以及系统被破坏后不能启动，都可以用备份的数据进行完全的复原而无须重新安装程序或系统。当然，也可以将备份还原到另一个硬盘上。

要恢复备份的分区，就在界面中选择菜单 Local→Partition→From Image，在弹出窗口中选择还原的备份文件，再选择还原的硬盘和分区，点击 OK 按钮即可，如图 9-4 所示。

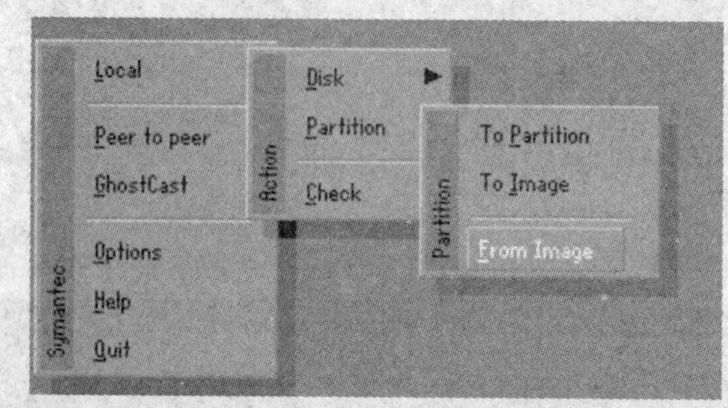

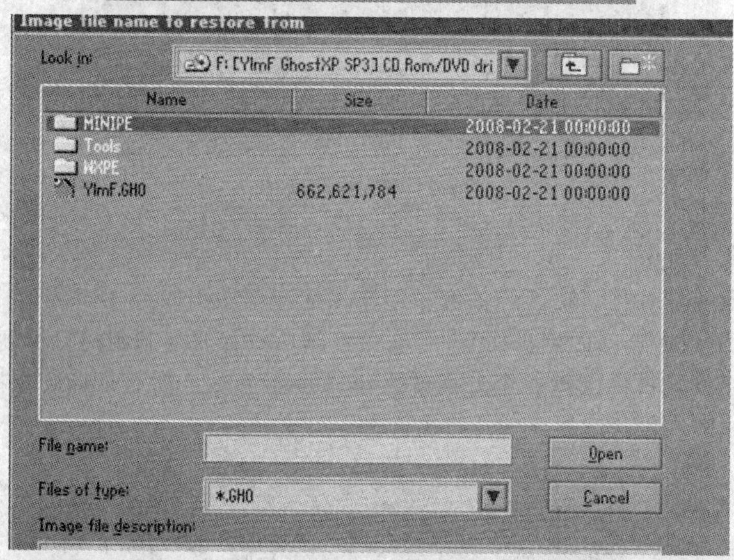

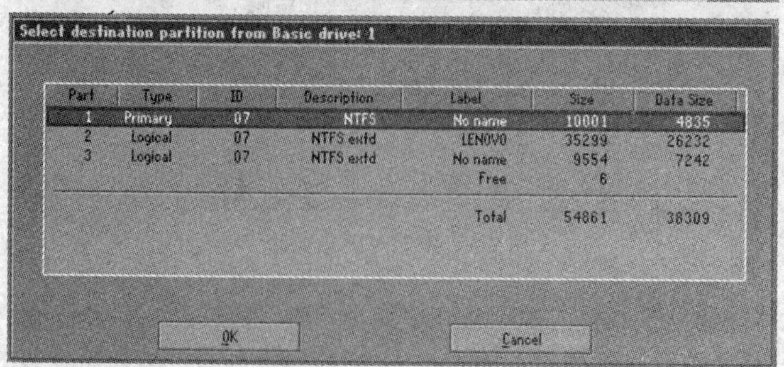

图 9-4　还原分区操作

（二）Ghost 的无人备份/恢复/复制操作

Ghost 的功能远远不止它主程序中显示的那些，Ghost 可以在其启动的命令行中添加众多参数以实现更多的功能。命令行参数在使用时颇为复杂，不过可以制作批处理文件，现在先了解一些常用的参数。

1. - rb

本次 Ghost 操作结束退出时自动重启。这样，在复制系统时就可以放心离开了。

2. - fx

本次 Ghost 操作结束退出时自动回到 DOS 提示符。

3. - sure

对所有要求确认的提示或警告一律回答“Yes”。此参数有一定危险性，只建议高级用户使用。

4. - fro

如果源分区发现坏簇，则略过提示而强制拷贝。此参数可用于试着挽救硬盘坏道中的数据。

5. @ filename

在 filename 中指定 txt 文件。txt 文件中存放 Ghost 的附加参数，这样做可以不受 DOS 命令行 150 个字符的限制。

6. - f32

将源 FAT16 分区拷贝后转换成 FAT32（前提是目标分区不小于 2G）。

7. - bootcd

当直接向光盘中备份文件时，此选项可以使光盘变成可引导。此过程需要放入启动盘。

8. - fatlimit

将 NT 的 FAT16 分区限制在 2G。此参数在复制 Windows NT 分区，且不想使用 64K/簇的 FAT16 时非常有用。

9. - span

分卷参数。当空间不足时提示复制到另一个分区的另一个备份包。

10. - auto

分卷拷贝时不提示就自动赋予一个文件名继续执行。

11. - crcignore

忽略备份包中的 CRC ERROR。除非需要抢救备份包中的数据，否则不要使用此参数，以防数据错误。

12. - ia

全部映像。Ghost 会对硬盘上所有的分区逐个进行备份。

13. - ial

全部映像，类似于 - ia 参数，对 Linux 分区逐个进行备份。

14. - id

全部映像。类似于 - ia 参数，但包含分区的引导信息。

15. - quiet

操作过程中禁止状态更新和用户干预。

16. －script

可以执行多个 Ghost 命令行。命令行存放在指定的文件中。

17. －split＝x

将备份包划分成多个分卷，每个分卷的大小为 x 兆。这个功能非常实用，用于大型备份包复制到移动式存储设备上，例如将一个 1.9G 的备份包复制到 3 张刻录盘上。

18. －z

将磁盘或分区上的内容保存到映像文件时进行压缩。－z 或 －z1 为低压缩率（快速）；－z2 为高压缩率（中速）；－z3 至 －z9 压缩率依次增大（速度依次减慢）。

19. －clone

这是实现 Ghost 无人备份/恢复的核心参数。使用语法为：

－clone，MODE＝（operation），SRC＝（source），DST＝（destination），[SZE（size），SZE（size）...]

此参数行较为复杂，且各参数之间不能含有空格。其中 operation 意为操作类型：

copy 硬盘到硬盘的复制（disk to disk copy）

load 文件还原到硬盘（file to disk load）

dump 将硬盘做成映像文件（disk to file dump）

pcopy 分区到分区的复制（partition to partition copy）

pload 文件还原到分区（file to partition load）

pdump 分区备份成映像文件（partition to file dump）

source 意为操作源，值可取：驱动器号，从 1 开始；或者为文件名，需要写绝对路径。destination意为目标位置，值可取：驱动器号，从 1 开始；或者为文件名，需要写绝对路径；@CDx，刻录机，x 表示刻录机的驱动器号，从 1 开始。下面举例说明：

（1）命令行参数：Ghost. exe －clone，mode＝copy，src＝1，dst＝2

完成操作：将本地磁盘 1 复制到本地磁盘 2。

（2）命令行参数：Ghost. exe －clone，mode＝pcopy，src＝1：2，dst＝2：1

完成操作：将本地磁盘 1 上的第二分区复制到本地磁盘 2 的第一分区。

（3）命令行参数：Ghost. exe －clone，mode＝load，src＝g：\3prtdisk. gho，dst＝1，sze1＝450M，sze2＝1599M，sze3＝2047M

完成操作：从映像文件装载磁盘 1，并将第一个分区的大小调整为 450MB，第二个调整为 1599MB，第三个调整为 2047MB。

（4）命令行参数：Ghost. exe －clone，mode＝pdump，src2：1：4：6，dst＝d：\prt246. gho

完成操作：创建仅含有选定分区的映像文件。从磁盘 2 上选择分区 1、4、6。

（5）命令行参数：Ghost. exe －clone，mode＝load，src＝g：\bac. gho，dst＝2，sze1＝60P，sze2＝40P

将映像文件还原到第二个硬盘，并将分区大小比例修改成 60：40

活动2　恢复数据

病毒感染、误格式化、误分区、误克隆、误删除、操作断电等原因很可能导致数据丢失而带来巨大的损失，本活动主要学习基本的数据恢复软件的应用。

一、教学目标

1. 会对误删除的数据进行恢复；
2. 会对错误文件或恢复的数据进行修复。

二、工作任务

用 EasyRecovery 软件恢复误删除的数据，并学会格式化数据的恢复和修复恢复后的数据。

三、相关知识点

EasyRecovery 提供了包括磁盘诊断、数据修复、文件修复、邮件修复等各种功能。

在磁盘诊断中，此软件可以对测试硬件潜在的故障（DriveTests）、监测并报告潜在的硬盘驱动器故障（SmartTests）、磁盘驱动器空间使用、详细报告（SizeManager）、查找磁盘驱动器的条件设置（JumperViewer）、分析现存的文件系统结构（PartitionTests）和创建可引导诊断工具的紧急启动盘（DataAdvisor）。在数据恢复中，EasyRecovery 提供了使用高级选项自定义数据恢复功能、查找并恢复已删除的文件、从一个已格式化的卷中恢复文件、不依赖任何文件系统结构信息进行恢复、继续一个以前保存的数据恢复进程、创建可引导的紧急引导软盘。在文件修复中，该软件提供了对 Word 文档、Excel 电子表格、PowerPoint 简报、Access 数据库及 Zip 压缩文件的修复功能。并且软件还提供了对电子邮件 Outlook 的修复功能。这款软件的功能十分强大。

四、实现方法

（一）安装 EasyRecovery

首先安装原版软件，可以一路按“Next”，安装完毕后会提示注册，按“Skip”跳过就可以了，如图 9-5 所示。

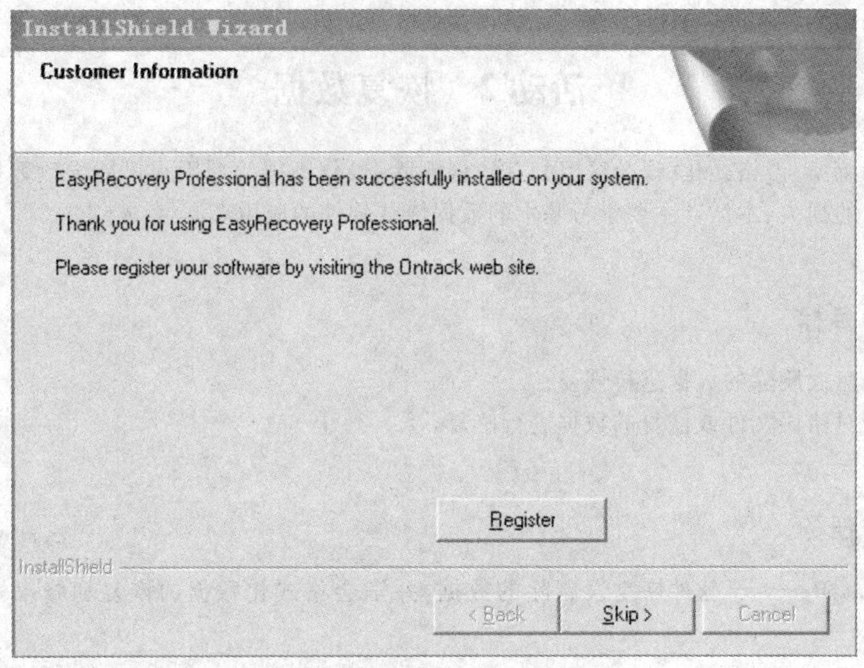

图 9-5 EasyRecovery 安装

安装好原版软件之后，再安装汉化包，只要一路按“下一步”就可以了，如图 9-6 所示。需要注意的地方时，安装汉化包之前，如果已经运行了 EasyRecovery，一定要先退出，再汉化，否则会导致汉化失败。

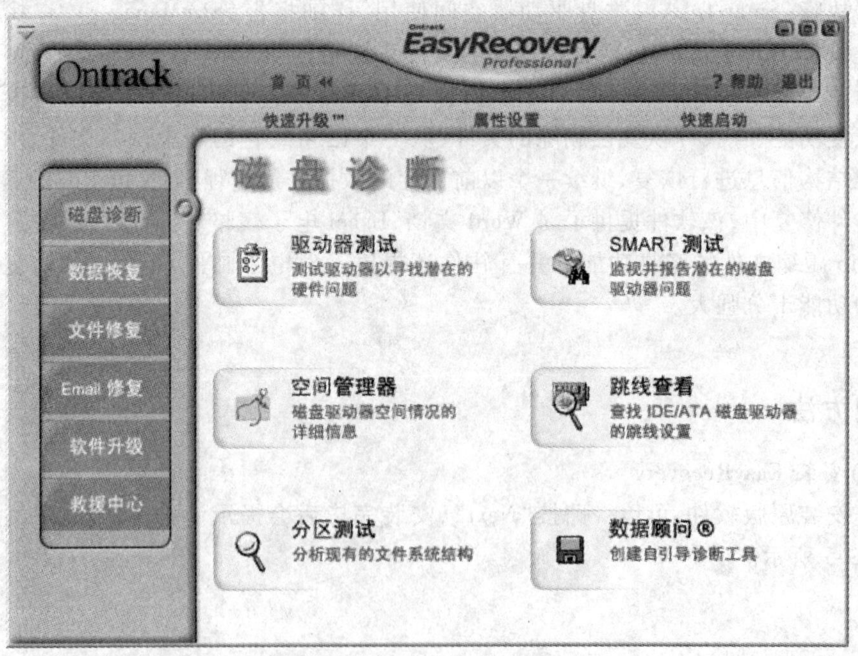

图 9-6 汉化 EasyRecovery

(二)数据恢复

1. 找回被误删除的数据

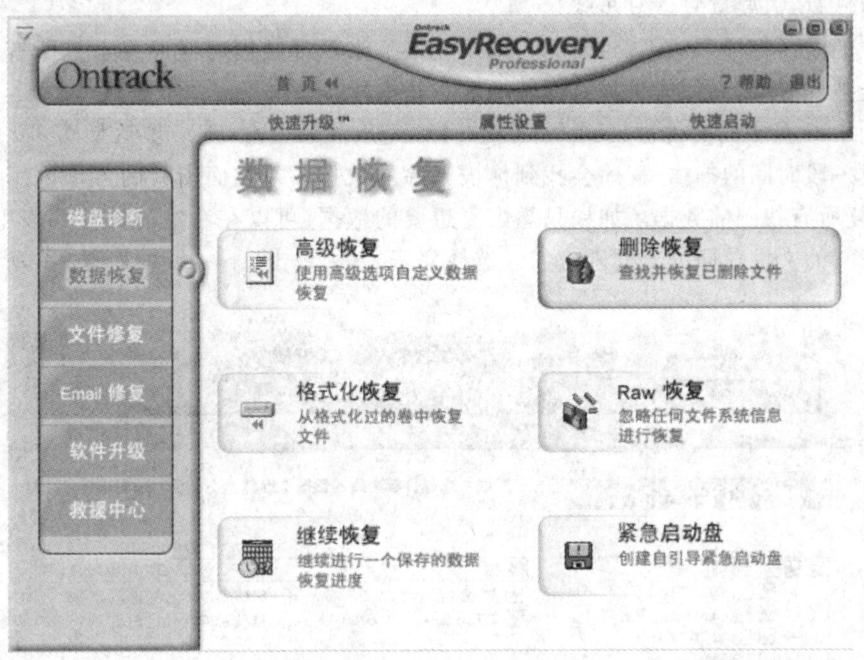

图 9-7　删除恢复操作

选择左面选项中的第二项“数据恢复”,然后选择右侧的“删除恢复”,如图 9-7 所示。软件会自动扫描一下系统,稍等一会,然后会出来下一个界面,如图 9-8 所示。

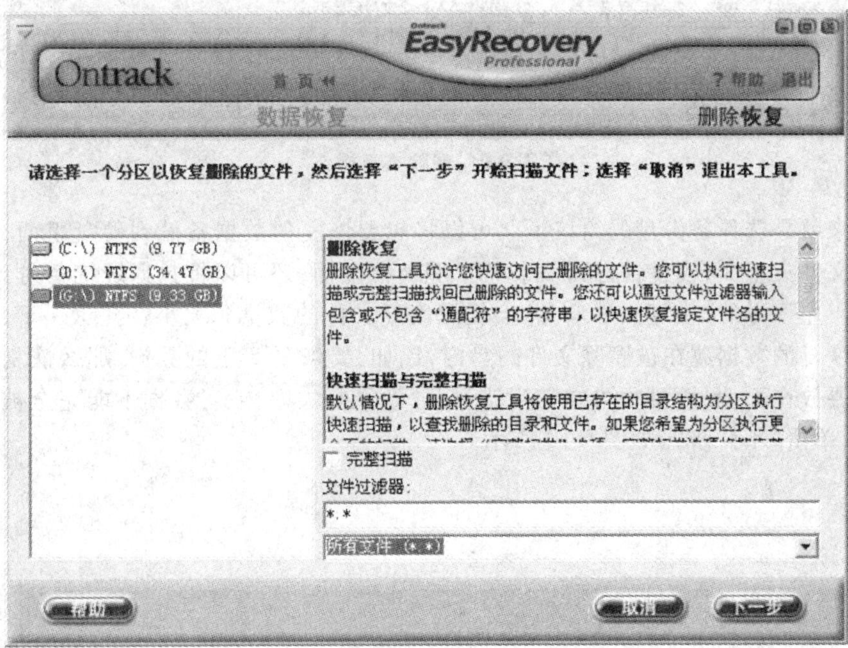

图 9-8　删除恢复操作

左面是选择分区,被删除的文件本来是在哪个分区的,那么就选择这个分区,如果被删除的文件原来是放在桌面上的,选择 C 分区,如果 C 盘、D 盘、E 盘都有被误删的文件,不能一下通通恢复,需要重复恢复步骤。

右边的全面扫描一般不需要选择,如果在接下来恢复数据时候发现不是所有被删除的文件都能被恢复,那么可以选择这个选项再重新恢复一遍。

本例中 G 盘中的文件被误删除了,就选择 G 盘,然后单击"下一步",如图 9-9 所示。

经过一段时间的扫描,程序会找到你被删除的数据。在左面窗口的方框内用鼠标点击一下,恢复所有找到的数据。如果只想恢复想要的数据,可以在右边的文件列表中寻找,并在想要恢复的文件前面的方框内打勾。选择完毕之后,单击"下一步",如图 9-9 所示。

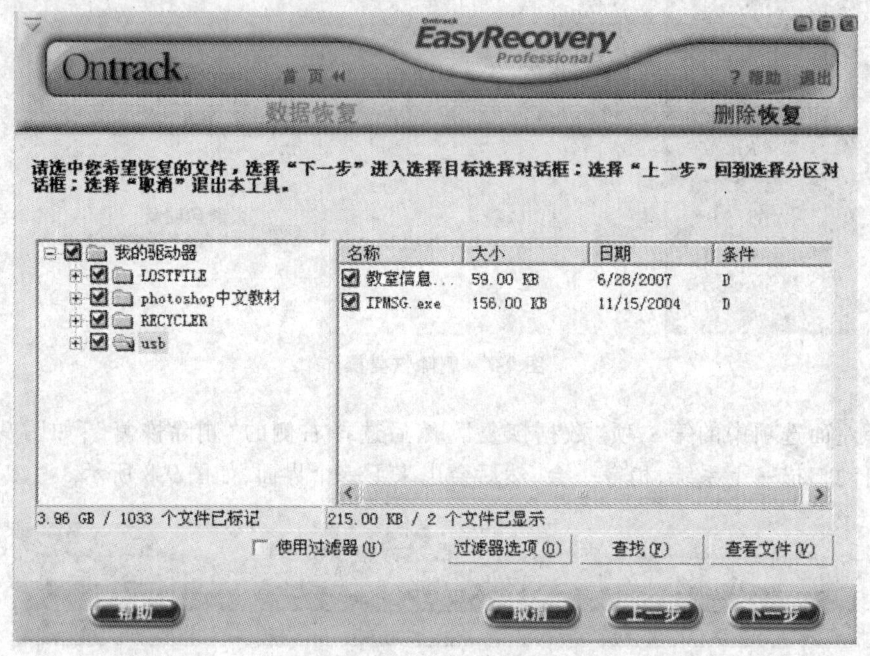

图 9-9 删除恢复操作

接下来就是选择备份盘的窗口了。可以将想要恢复的数据备份到硬盘里面,也可以选择放置在文件夹里面,或者备份到一个 FTP 服务器上面,还可以将数据统统备份到一个 Zip 压缩包内。左下方的"恢复文件信息"会提示恢复文件的数量和大小。提示一下,最好不要将这些要恢复的数据放在被删除文件的盘内,比如,要恢复 E 盘的数据,那么恢复出来的数据最好不要放在 E 盘,否则很可能发生错误,导致恢复失败,或者数据不能完全被恢复。做好选择后,单击"下一步",如图 9-10 所示。

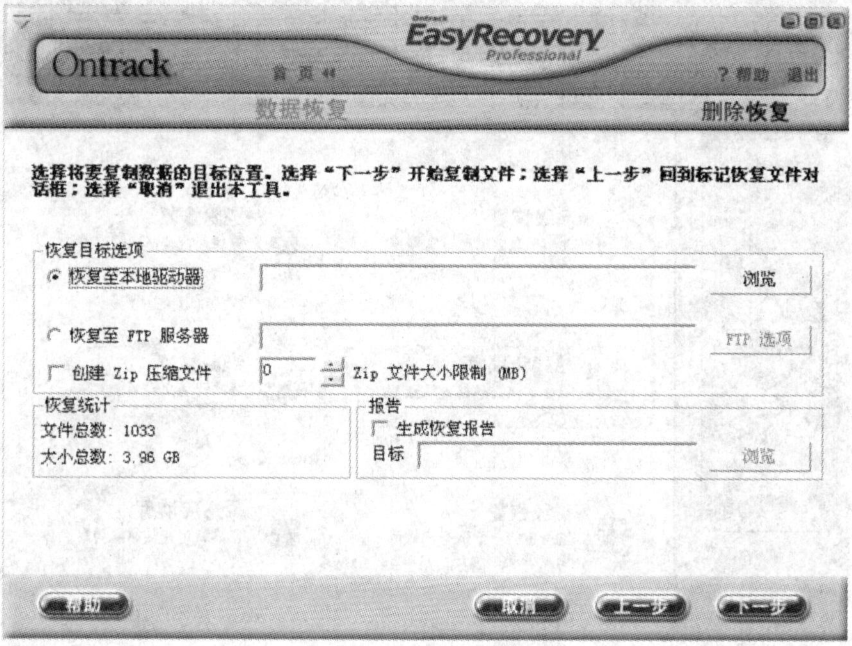

图 9-10　删除恢复操作

接下来程序就会恢复数据了，耐心地等待一下，如图 9-11 所示。恢复完毕后，就可以到相应的盘内找到相应数据了。

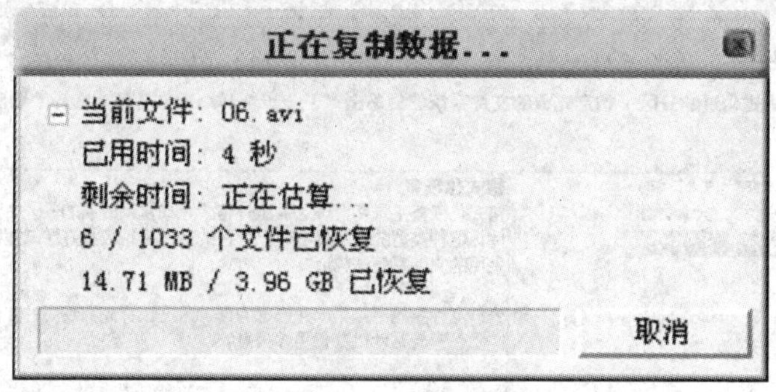

图 9-11　恢复数据中

2. 找回被格式化盘中的数据

运行软件，选择“格式化恢复”，如图 9-12 所示。软件会先扫描一下硬盘，稍等片刻。

图 9-12 格式化恢复操作

选择被格式化的分区,按"下一步",如图 9-13 所示。

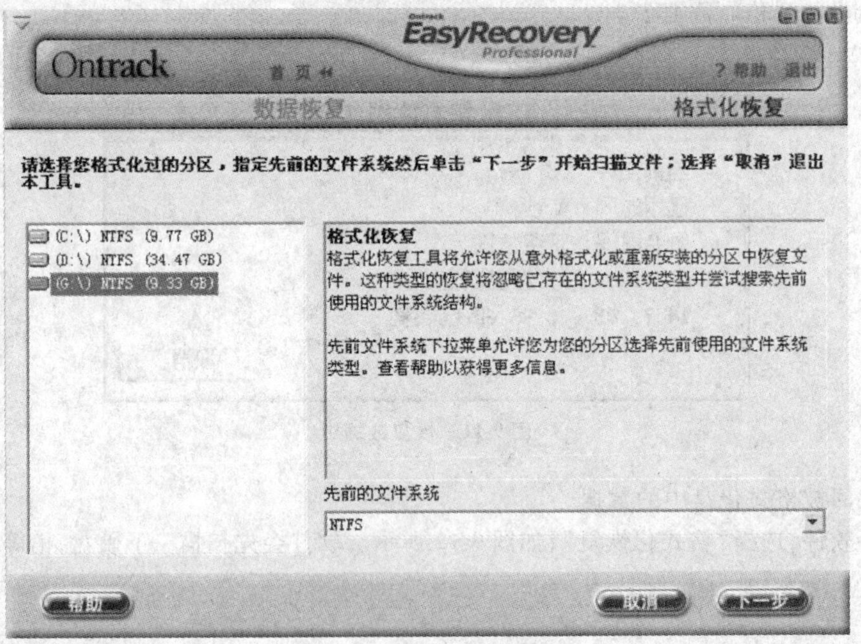

图 9-13 格式化恢复操作

程序会判断硬盘区块的大小,稍等一下,如图 9-14 所示。

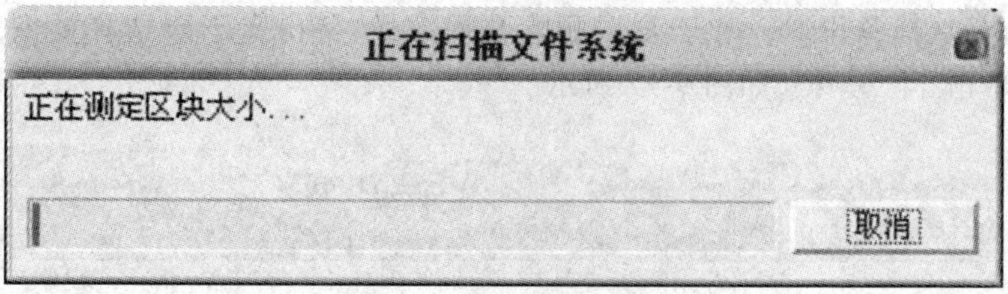

正在扫描文件系统

正在测定区块大小...

取消

图 9-14　格式化恢复操作

然后就会扫描要恢复的文件，时间比较长，是根据要恢复数据的分区大小来决定的，如图 9-15 所示。

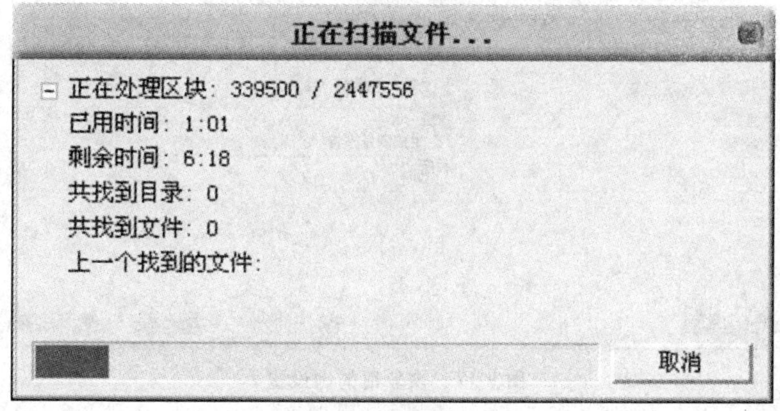

图 9-15　数据扫描中

扫描结束后，列出丢失文件的列表，并且都放在 LOSTFILE 目录下，在前面的小方框内打上勾，恢复所有找到的文件。也可以用鼠标左键按一下 LOSTFILE 前面的 + 号，显示列表，然后从中选取要恢复的文件，如图 9-16 所示。选择完成后，单击“下一步”。

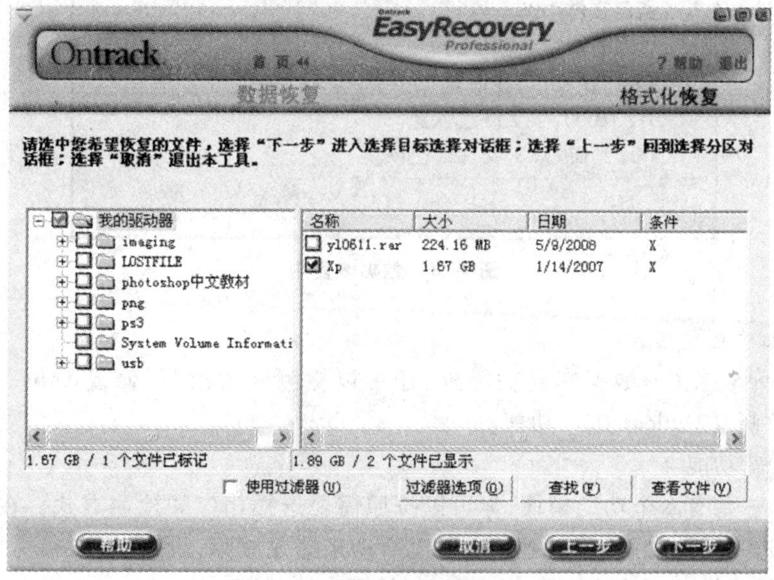

图 9-16　数据扫描后

接下来就是选择备份盘。和恢复误删除数据一样，备份盘不要选择要恢复数据的盘。选择完毕后，单击“下一步”，如图 9-17 所示。

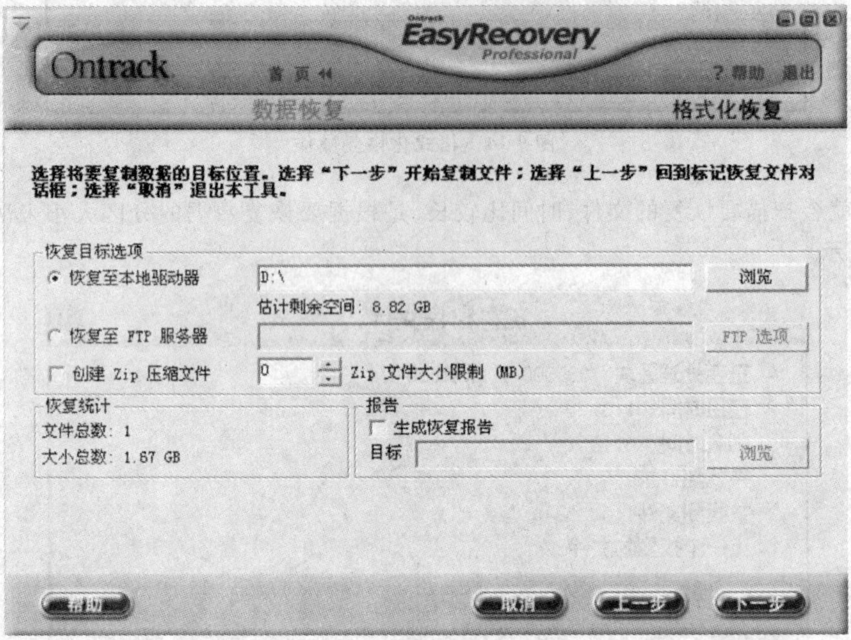

EasyRecovery
Professional
Ontrack
首 页
? 帮助 退出
数据恢复
格式化恢复
选择将要复制数据的目标位置。选择“下一步”开始复制文件；选择“上一步”回到标记恢复文件对话框；选择“取消”退出本工具。
恢复目标选项
恢复至本地驱动器
D:\
浏览
估计剩余空间: 8.82 GB
恢复至 FTP 服务器
FTP 选项
创建 Zip 压缩文件
0
Zip 文件大小限制 (MB)
恢复统计
文件总数: 1
大小总数: 1.67 GB
报告
生成恢复报告
目标
浏览
帮助
取消
上一步
下一步

图 9-17　恢复目的地设置

然后就开始恢复数据了，如图 9-18 所示，这个过程是比较慢的，恢复 3.58G 的数据用了将近一个半小时。恢复完毕后，在相应盘内就可以看到恢复出来的数据了。

正在复制数据...
当前文件: 06.avi
已用时间: 4 秒
剩余时间: 正在估算...
6 / 1033 个文件已恢复
14.71 MB / 3.96 GB 已恢复
取消

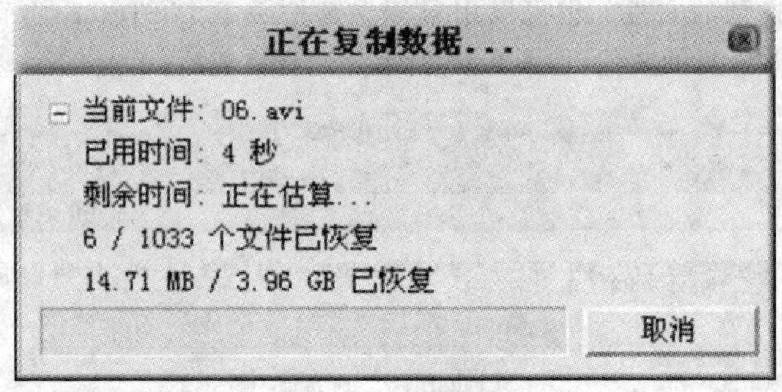

图 9-18　数据恢复中

（三）其他功能介绍

EasyRecovery 除了有数据恢复功能外，还可以检测硬盘故障，修复 Office 文档文件和 Zip 文件，以及修复 Outlook 邮件功能。

1. 检测硬盘功能

硬盘故障一共有 6 个功能模块，你可以按照需要选择相应的检测方式。在 Windows 发生故障，不能进入系统时候，可以通过引导盘启动来修复故障。操作步骤很简单，选择需要的检测模块，按照提示一路按“下一步”即可，如图 9-19 所示。

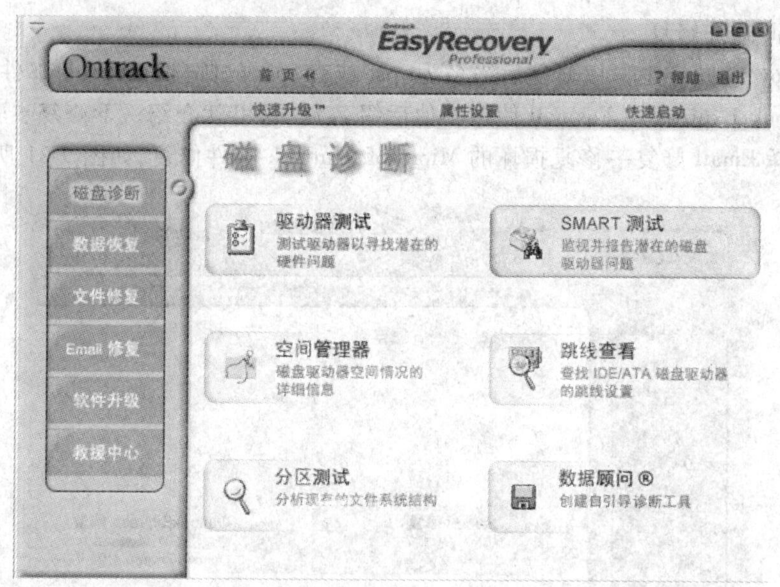

图 9-19　EasyRecovery 诊断功能

2. Office 文档文件和 Zip 文件的修复

如果打开 Office 文档(包括 Word,PowerPoint,Execl 文档和 Access 数据库)时发生错误,不能打开;Zip 压缩文件打不开,或者解压缩时发生错误,不能完全将里面的文件解压缩出来,那么可以用 EasyRecovery 来修复它们。EasyRecovery 修复这些文件时候会生成备份文件,不改动原来的文件,并最大限度地将原来文档中的内容恢复出来。经过 Zsoft 测试,修复效果比较完美,Office 文档中的文字和图片都能恢复出来,并且排版格式也能很好地保留下来,Zip 文件也基本能够将里面的数据恢复出来。修复步骤也很简单,根据要修复文件的类型选择相应模块,然后选择要修复的文件,按"下一步"即可修复,如图 9-20 所示。

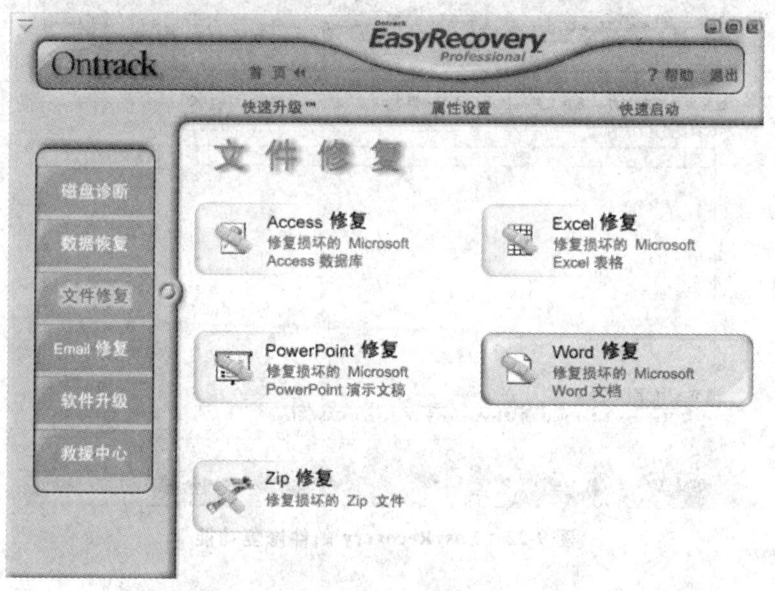

图 9-20　EasyRecovery 文件修复功能

3. Outlook 邮件修复

EasyRecovery 同样也可以修复后缀名为. pst 或者. ost 的邮件(Outlook 邮件使用这两个后缀名,Outlook Express 和 Foxmail 使用其他后缀名)。这里就介绍一下修复步骤。

首先选择 Email 修复→修复损坏的 Microsoft Outlook 邮件修复,如图 9-21 所示。

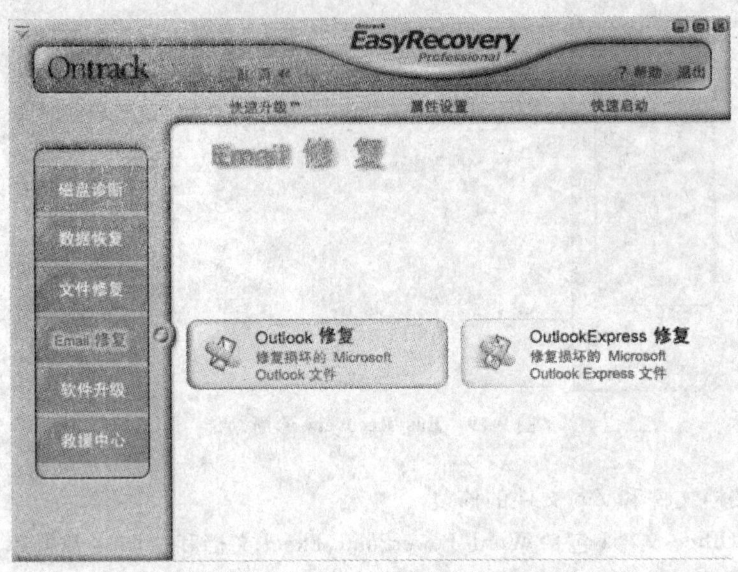

图 9-21 EasyRecovery 邮件修复功能

然后进入选项窗口,点击"浏览文件夹"选择要修复的邮件,下方的存放选项选择第二个,创建该文件已修复的副本。这样,就是修复不成功,也可以保留原文件,以后还可以用其他邮件修复软件试着修复,如图 9-22 所示。

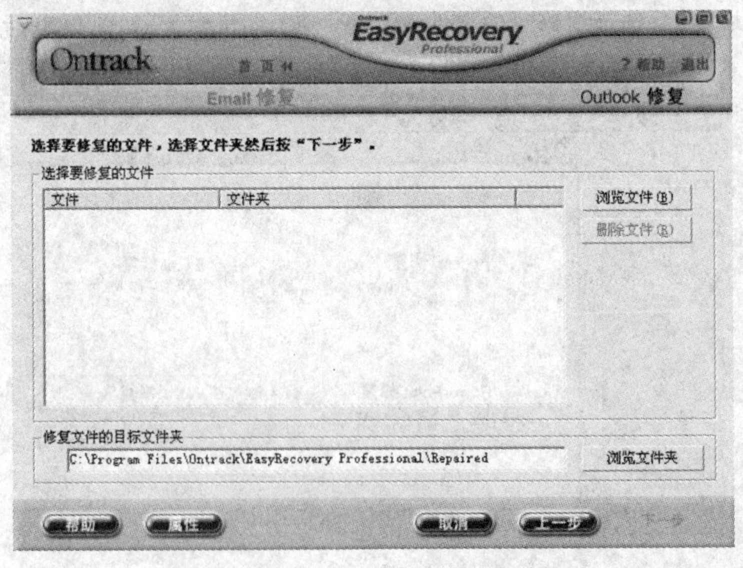

图 9-22 EasyRecovery 邮件修复功能

习 题

1. 使用 Ghost 对文件进行备份和在 Windows XP 中建立还原点有何区别？请说明其应用场合。

2. 为什么要对系统（文件）进行备份？

3. 什么样的数据不能被恢复？

4. 根目录下的文件和子目录下的文件误删除以后，哪个恢复的可能性大？

5. 练习用软件恢复删除的文件。

项目十 维护与检修计算机

计算机硬件是运行各种软件的物理基础,一旦出现故障将会影响正常的学习和工作。如果能在使用计算机的过程中养成良好的习惯,不仅可以延长计算机硬件的工作寿命,而且还能让计算机的运行速度更快,运行更畅通。

一、教学目标

终极目标:掌握计算机的日常维护方法,会诊断和解决一般的计算机故障。

促成教学目标:

1. 掌握计算机硬件的维护方法;
2. 学会用 Windows 系统自带的工具软件维护系统;
3. 学会用一些专业的维护软件维护系统;
4. 学会诊断和解决一般的计算机软件故障;
5. 学会诊断和解决一般的计算机硬件故障。

二、工作任务

1. 学习计算机硬件的维护方法;
2. 学习 Windows 系统自带的工具软件的使用方法;
3. 学习 Windows 优化大师的使用方法;
4. 学习一般的计算机软件故障的诊断和解决方法;
5. 学习一般的计算机硬件故障的诊断和解决方法。

活动 1 系统日常维护

一、教学目标

1. 学会简单的系统硬件维护;
2. 学会用 Windows 系统自带的工具软件维护系统。

二、工作任务

1. 对计算机硬件作一次简单的维护；

2. 清理系统磁盘 C 分区的空间；

3. 对系统磁盘 C 分区进行碎片整理；

4. 使用性能监视器监视系统性能；

5. 优化系统内存；

6. 使用 Windows 优化大师维护系统。

三、相关知识点

（一）常用维护工具

1. 起子：备用长把和短把带磁性的十字起子各一把，小一字起子一把；

2. 尖头镊子：可以用来夹持小物件，如螺丝和跳线等，备用不锈钢镊子；

3. 扁嘴钳或尖嘴钳：用来拧紧固定主板的铜螺柱和拆卸机箱上铁挡片；

4. 毛刷、吹尘或吸尘器：毛刷用来清扫计算机内部的灰尘，然后用吹尘或吸尘器清除灰尘；

5. 无水酒精：用于软盘驱动器磁头或腐蚀部位的清洁；

6. 棉球：用来蘸取无水酒精后擦拭硬件；

7. 清洗盘。

（二）清理磁盘

默认情况下 Windows XP 保留系统还原功能。只要正常使用机器，XP 会每隔一段时间自动设置一个还原点，方便用户在系统出问题时恢复到当时的状况。系统还原点占用一定的磁盘空间，累积的还原点多了，会占用大量的磁盘空间。

每一次上网，系统都会将相应文件保存在用户的 Temporary Internet Files 目录下，并在 Cookies 目录有相应记录。其他常规操作也会创建一些临时文件及备份文件，所有这些文件占用的容量是不可忽视的。所以我们有必要在计算机使用了一段时间后，对系统磁盘进行清理，以删去这些临时文件，使硬盘有更大的可用空间。

（三）磁盘碎片整理

磁盘碎片应该称为文件碎片，在磁盘分区中，文件是被分散保存到磁盘的不同地方的，而不是连续地保存在磁盘连续的簇中，又因为在文件操作过程中，Windows 系统可能会调用虚拟内存来同步管理程序，这样就会导致各个程序对硬盘频繁读写，从而产生磁盘碎片。

硬盘使用的时间长了，文件的存放位置就会变得支离破碎——文件内容将会散布在硬盘的不同位置上。这些“碎片文件”的存在会降低硬盘的工作效率，还会增加数据丢失和数据损坏的可能性。碎片整理程序把这些碎片收集在一起，并把它们作为一个连续的整体存放在硬盘上。Windows 自带有这样的程序：磁盘碎片整理程序（Disk Defragmenter），一些专业的工具软件如：Norton Utilities 和 Nuts & Bolts 等也可以很好地完成此项工作。

(四)虚拟内存

虚拟内存是用硬盘空间做内存来弥补计算机 RAM 空间的缺乏,它是作为物理内存的"后备力量"而存在的,当实际 RAM 满时(实际上,在 RAM 满之前),虚拟内存就在硬盘上创建了。虚拟内存实际在硬盘中表现为一个临时文件,用来保存程序运行时要用的,但系统物理内存又没有存放空间的数据。在 Windows 2000(XP)目录下有一个名为 pagefile. sys 的系统文件(Windows98 下为 Win386. swp),它的大小经常自己发生变动,小的时候可能只有几十兆,大的时候则有数百兆,这就是虚拟内存的页面文件。

(五)注册表

注册表可以说是一个操作系统用来存储计算机系统硬件、软件、用户环境以及系统运行状态信息的一个数据库。有了注册表,操作系统就知道了当前计算机拥有哪些硬件、各硬件的品牌、安装了哪些软件,从而能够很好地去控制这些硬件和软件。

注册表由用户配置文件和注册表文件两大部分组成。用户配置文件存放在安装操作系统的磁盘根目录 Documents and Settings 目录下的用户名目录中,包含两个隐藏文件 Ntuser. dat 和 Ntuser. int 以及日志 Ntuser. log。注册表文件一般存放于安装操作系统的磁盘的 Windows\system32\config 文件中,包含文件名为 Default、Sam、Security、Software、System 而扩展名为 Log、Sav 等多个文件。

四、实现方法

(一)硬件设备的维护

现在介绍一下各种硬件设备的一般维护方法,在开始拆卸电脑之前首先要除去身上的静电,这一点是和装机相同的。具体步骤如下:

第一步:准备工作

拔下显示器、键盘、鼠标、电源等与主机的连线,然后打开机箱,断开机箱内部的各条数据线、电源线、信号线,接下来拆卸各种板卡、CPU 和内存。

第二步:清洁机箱的内部

长期使用的计算机机箱内往往存有大量的灰尘,各种板卡的表面也会积有大量的灰尘。用拧干的湿抹布擦拭机箱,个别不易擦拭的角落可以使用毛刷清洁,然后将计算机放在容易晾干水分的地方。

各种板和内存条的"金手指"可能被氧化了,可把板卡或内存条在各自的插槽中反复插拔几次,将"金手指"表面的氧化层磨去。主板或各种板卡可以用蘸取无水酒精后的棉球擦拭。

CPU 的风扇的灰尘或许是最多的,仍然可以用毛刷将风扇扇叶里的灰尘清除。

第三步:清洁显示器

把湿抹布拧干,仔细擦拭显示器外壳,注意不要把水挤出来,否则流进散热孔里就麻烦了。如果污垢难以擦掉,可以用橡皮来擦,只是不要把碎屑掉进散热孔里。

显示器屏幕表面涂有各种保护层,不能使用任何有机溶剂来擦拭。可以用拧干的湿抹布(也可以用脱脂棉或镜头纸)擦拭屏幕,拭擦时,从屏幕中央逐渐扩展到边框,用力要轻。擦完后水分一定要晾干,否则不能开机。

第四步:清洁键盘和鼠标

键盘和鼠标也可以用湿抹布来清洁。键盘按键之间可能难以擦到,可以用棉签蘸水去擦。有的键盘是防水的,可以在自来水龙头下使用刷子刷干净,不过晾晒需要的时间长一些。

(二)利用 Windows XP 系统自带的工具维护软件系统

1. 清理系统磁盘 C 分区的空间

使用磁盘清理工具可以帮助用户释放硬盘驱动器空间,删除临时文件、Internet 缓存文件和安全删除不需要的文件,腾出它们占用的系统资源,以提高系统性能。

(1)单击【开始】【程序】【附件】【系统工具】【磁盘清理】,打开“选择驱动器”窗口,如图 10-1 所示。

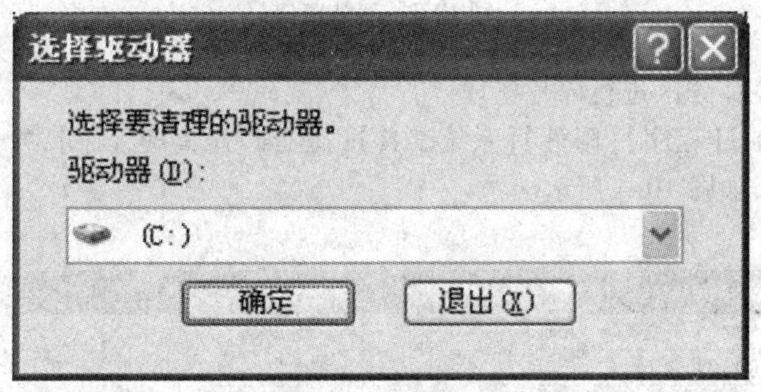

图 10-1　选择驱动器

(2)在“选择驱动器”窗口的下拉列表中选择所要清理的 C 磁盘分区后,单击【确定】按钮,则弹出“清理选项设置”窗口,如图 10-2 所示,在磁盘清理标签页中选择要删除的文件。

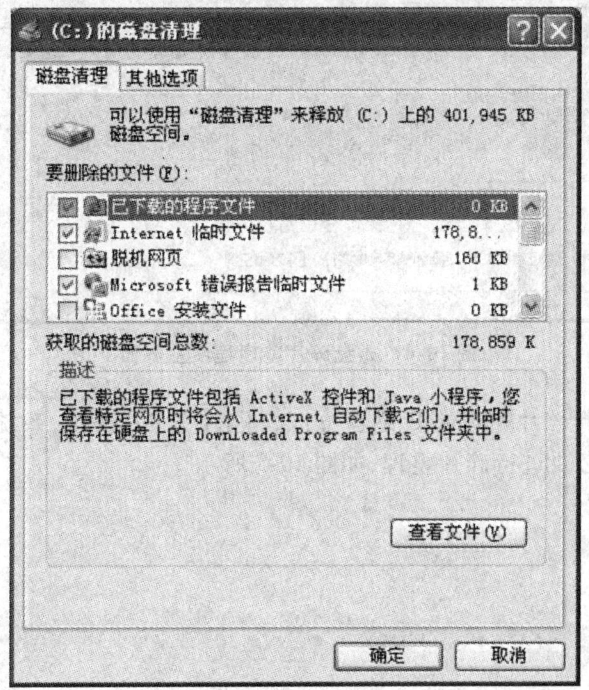

图 10-2　清理选项设置

(3)在清理选项设置窗口中单击【确定】按钮，则弹出一个确认窗口，如图 10-3 所示，单击其中的【是】按钮则开始磁盘清理，清理完成后自动关闭该磁盘清理工具软件。

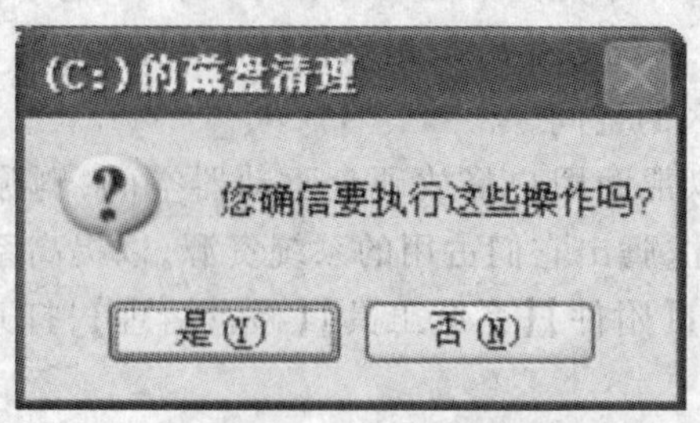

图 10-3　确认窗口

2. 对系统磁盘 C 分区进行碎片整理

(1)单击【开始】【程序】【附件】【系统工具】【磁盘碎片整理程序】，打开“磁盘碎片整理程序”主界面窗口，如图 10-4 所示。

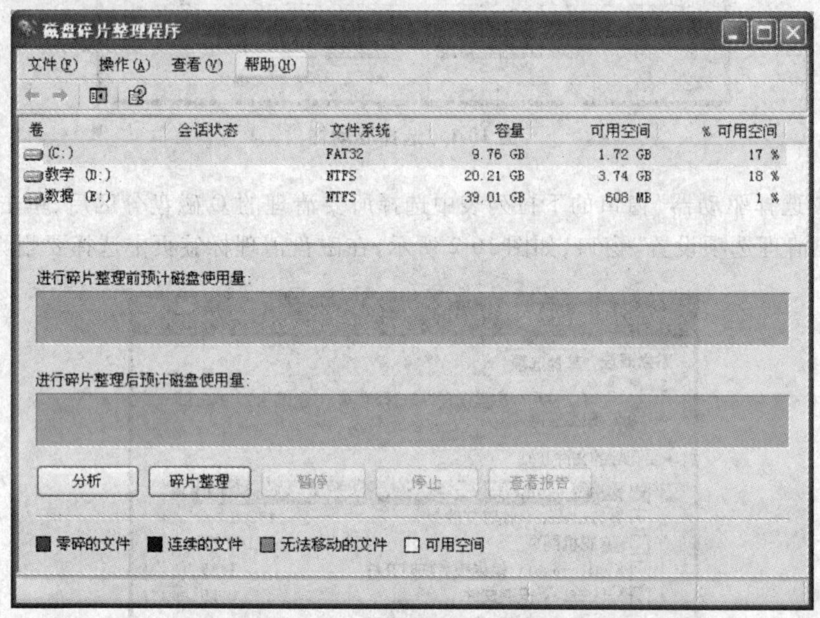

图 10-4　磁盘碎片整理程序主界面

(2)选择所要进行碎片整理的 C 磁盘分区，单击【分析】按钮，系统开始对 C 磁盘分区进行分析，查看有否必要进行碎片整理，如图 10-5 所示。

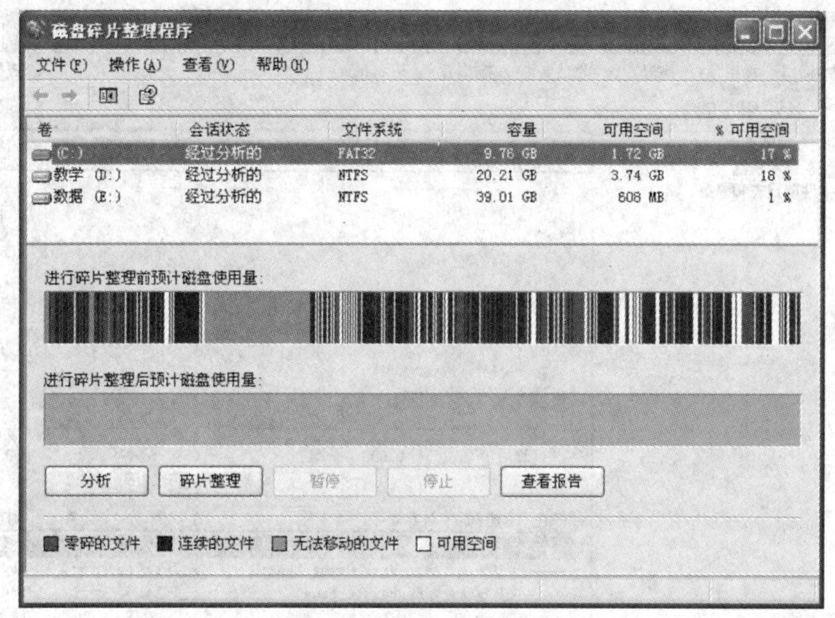

图 10-5 C 分区磁盘碎片情况

(3)分析后得出需要对磁盘进行整理,单击【碎片整理】按钮,开始对 C 磁盘分区进行碎片整理,如图 10-6 所示。

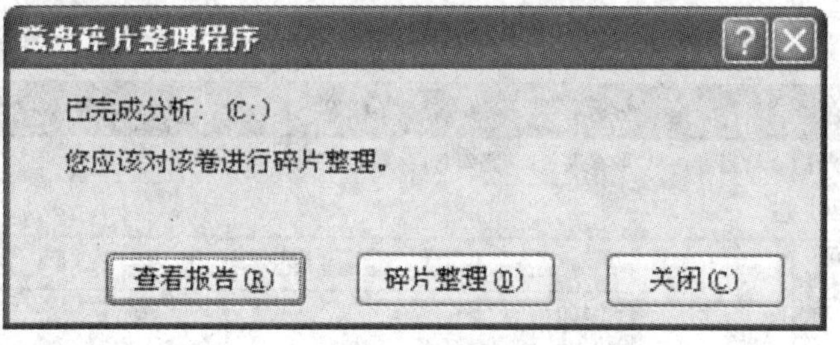

图 10-6 分析结果

提示:在对磁盘进行碎片整理期间,最好关闭病毒防火墙等一些常驻内存的程序,并且不要运行其他应用程序,以保证碎片整理工作的正常进行。

3. 实时监视系统:读取硬盘数据的速度、CPU 的空闲时间、网卡的流量

使用系统自带的性能监视器,用户可以收集和查看大量有关正在运行的计算机中硬件资源使用和系统服务活动的数据,使用户详细地了解各种程序运行过程中资源的使用情况,通过对得到的数据的分析,可以评测计算机的性能,并以此来识别计算机可能出现的问题。

(1)单击【开始】【设置】【控制面板】【管理工具】【性能】,打开性能监视器的主窗口,如图 10-7 所示。

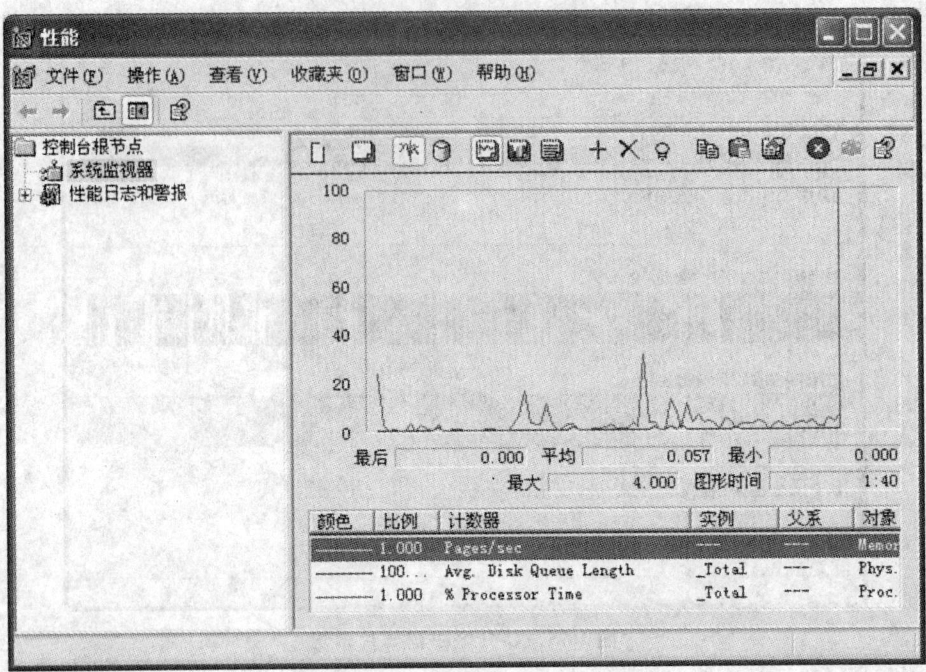

图 10-7　性能窗口

(2)在工具栏中点击【新计数器集】按钮,删除默认的计数器,使得监视器没有监视对象,如图 10-8 所示。

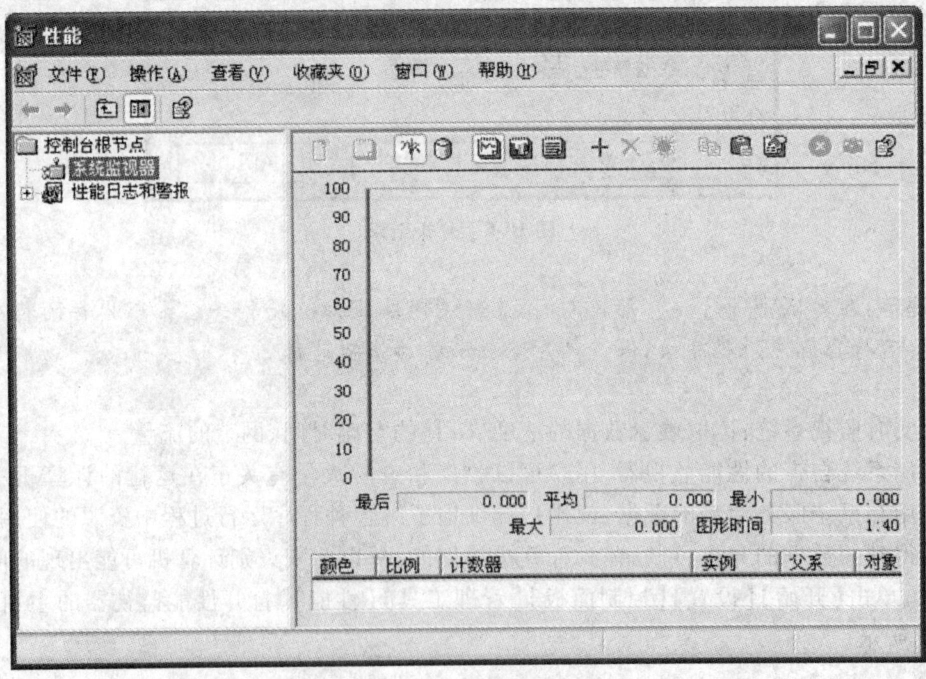

图 10-8　清除监视对象

(3)点击工具栏上的按钮,弹出添加计数器窗口,并作相应的选择,具体如图 10-9 所示,然后单击【添加】按钮。

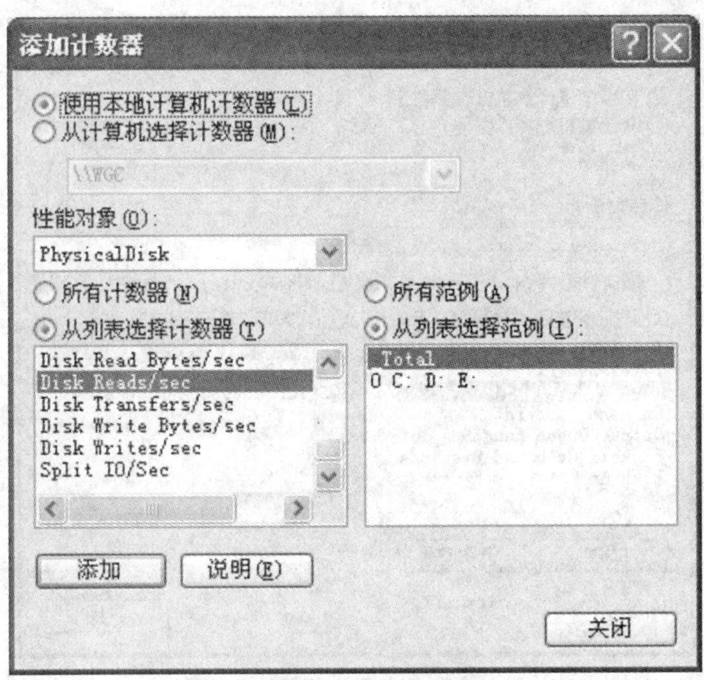

图 10-9　添加读取硬盘数据速度的计数器

(4)重新对窗口的 CPU 空闲时间作选择,具体参见图 10-10,然后单击【添加】按钮。

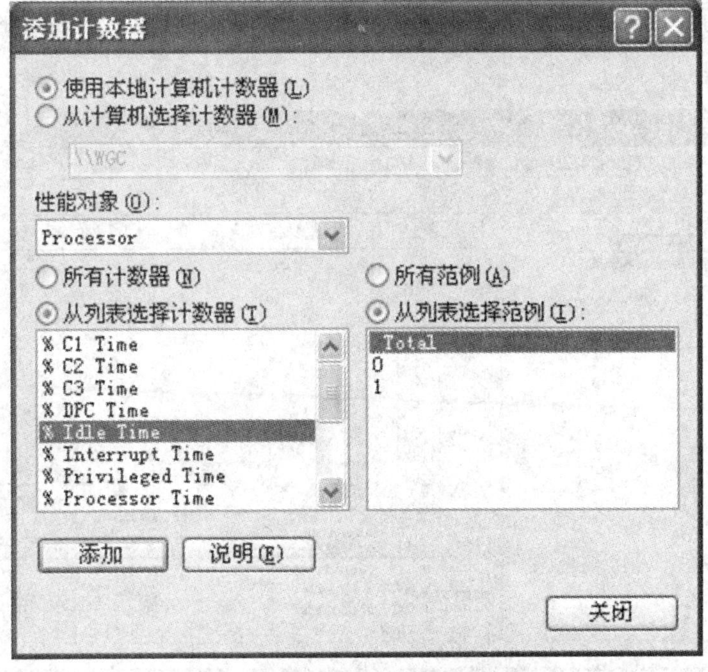

图 10-10　添加 CPU 空闲时间的计数器

(5)重新对窗口的其他选项作选择,具体参见图 10-11,然后单击【添加】按钮,最后点击【关闭】按钮。

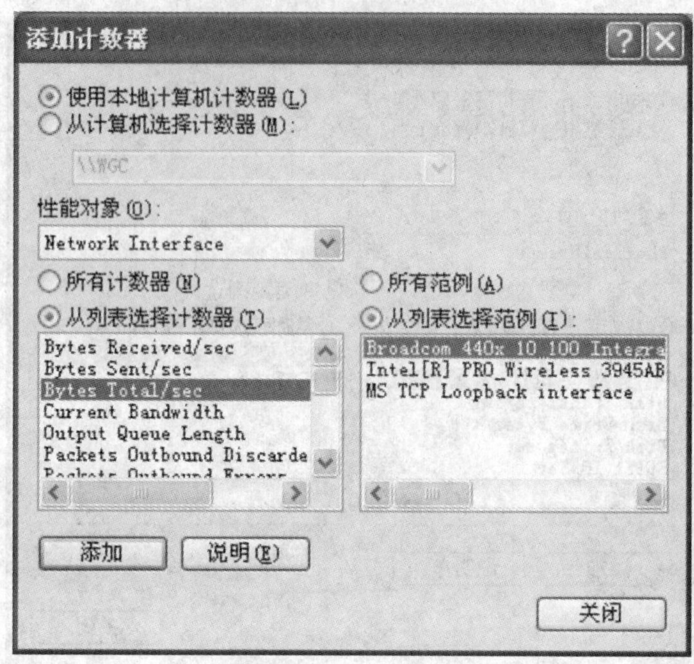

图 10-11 添加网卡流量的计数器

(6)关闭"添加计数器"窗口回到主界面窗口,主界面窗口增加了所要监视的:读取硬盘数据的速度、CPU 的空闲时间、网卡的流量的信息,如图 10-12 所示。其中:蓝色曲线表示的是网卡的流量的信息,黑色曲线表示的是 CPU 的空闲时间,红色曲线表示的是读取硬盘数据的速度。

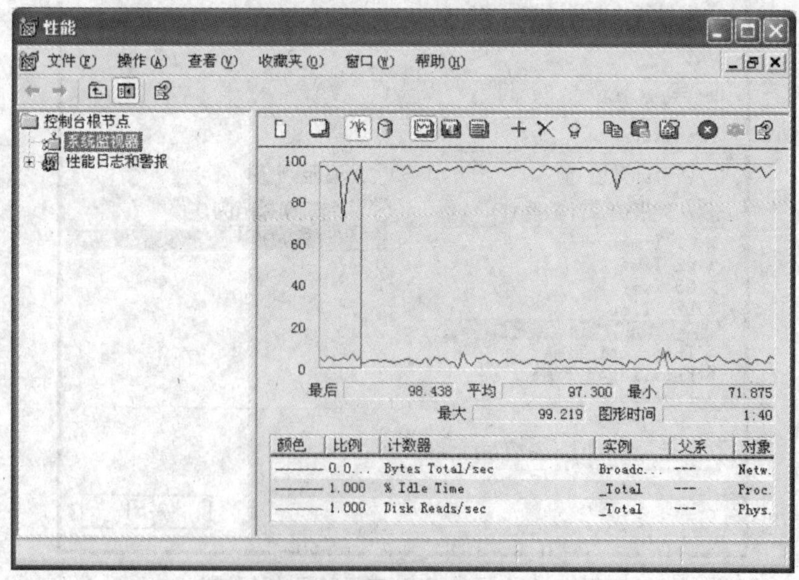

图 10-12 实时监视

提示：可以用右键单击某个监视对象后，选择属性选项，弹出监视器属性窗口，如图 10-13 所示，对各个监视对象的属性进行设置，如表示监视对象的动态曲线的颜色等。

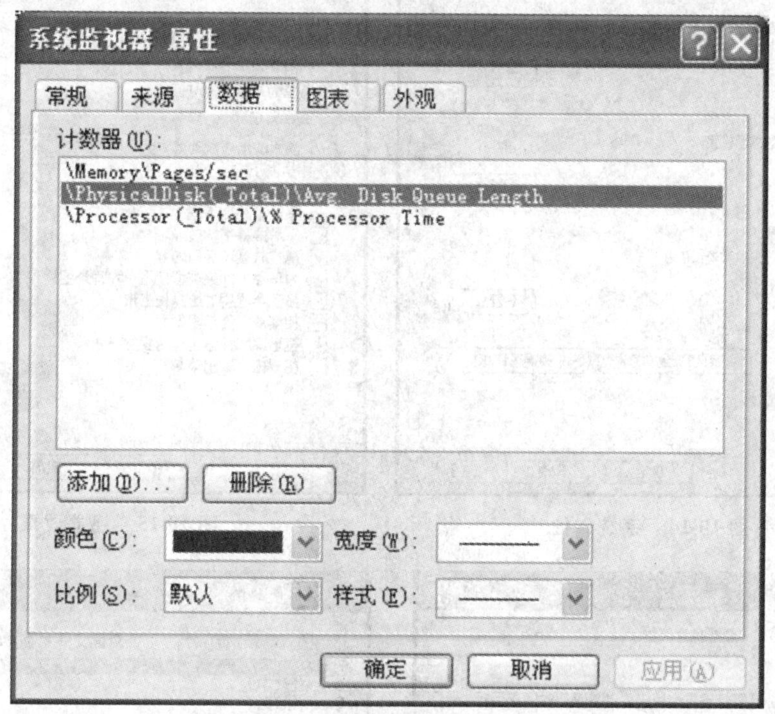

图 10-13　系统监视器属性

4. 内存优化

除了上述三种基本工具之外，还可以利用操作系统自身的调节功能优化内存，优化内存的方法主要是通过关闭视觉效果、修改性能高级选项来实现的。

(1)关闭不必要的视觉效果

目前主流的 Windows XP 操作系统提供了许多令人赏心悦目的新效果，但这也占用了一定的内存空间，关闭这些视觉效果可以释放更多的内存空间用于其他应用程序的执行。具体步骤如下：

①右键单击【我的电脑】【属性】【高级】，具体界面如图 10-14 所示。

②单击【性能】项目中的【设置】按钮，弹出“性能选项”对话框，选择【视觉效果】选项卡，如图 10-15 所示，如果为了最大限度地提高性能，在此可以选择“调整为最佳性能”，然后单击【应用】按钮使设置生效，高级用户可以手动定义使用哪些视觉效果。

(2)更改性能高级选项

Windows 对内存的消耗是非常巨大的，为了更好地使用系统，一般通过设置虚拟内存来提高内存的使用效率。设置合适的虚拟内存，有助于提高系统的速度和效率。具体操作步骤如下：

①在图 10-15 所示的对话框中选择【高级】选项卡，可以对虚拟内存进行设置，如图 10-16所示。

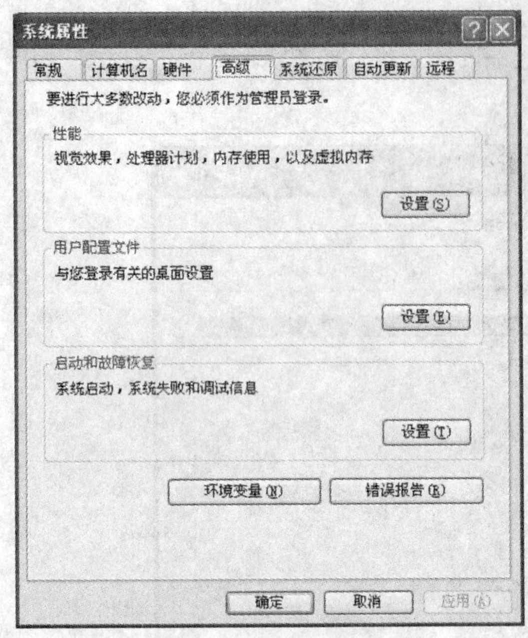

图 10-14　系统属性

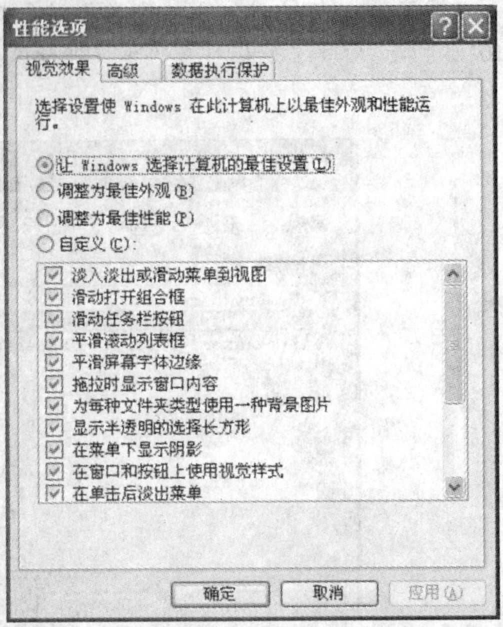

图 10-15　视觉效果

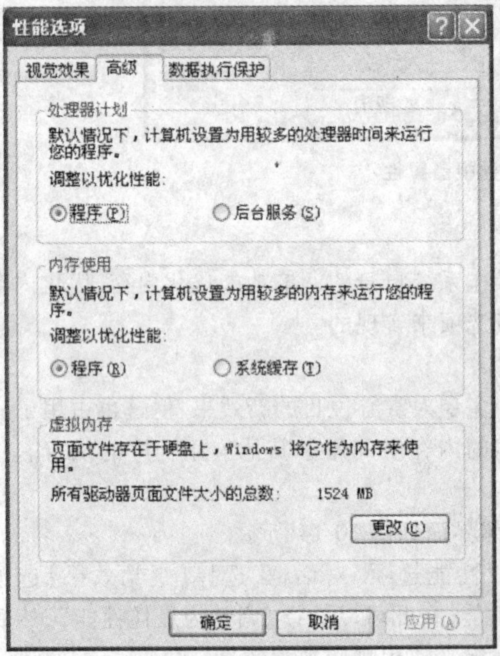

图 10-16　高级选项

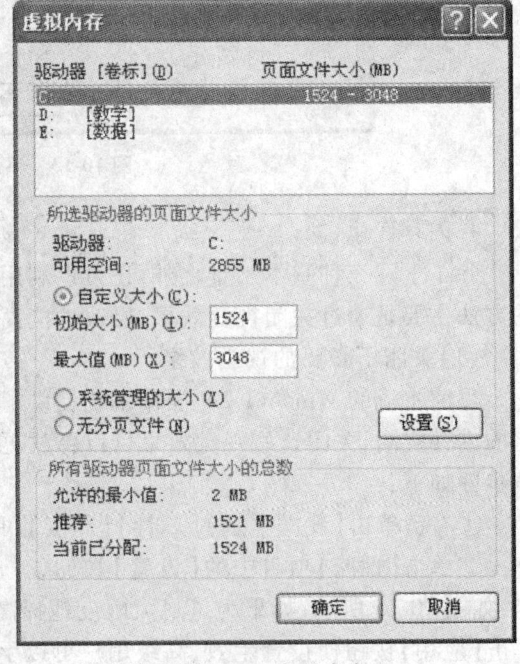

图 10-17　虚拟内存

②单击【虚拟内存】项目中的【设置】按钮，打开“虚拟内存”对话框，如图 10-17 所示，即可以对虚拟内存进行设置。

如何确定虚拟内存的大小呢？初学者如果不知道怎么设置，则可以选择“系统管理的大小”，即由系统来自动地管理虚拟内存的大小；也可以根据系统的实际应用情况进行设置虚拟内存的大小,该过程需要用到前面讲到的性能监视器。

③打开性能监视器,展开左侧的性能日志和警报,并右键单击【计数器日志】,如图10-18所示,在弹出菜单中选择【新建日志设置】,并命名为 Pagefile,然后回车确认,然后会出现图10-19所示的窗口。

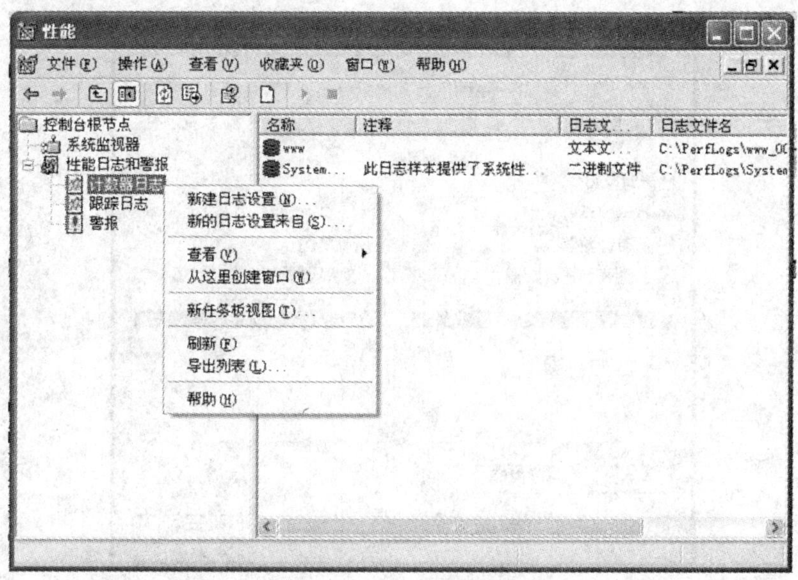

图 10-18　性能监视器

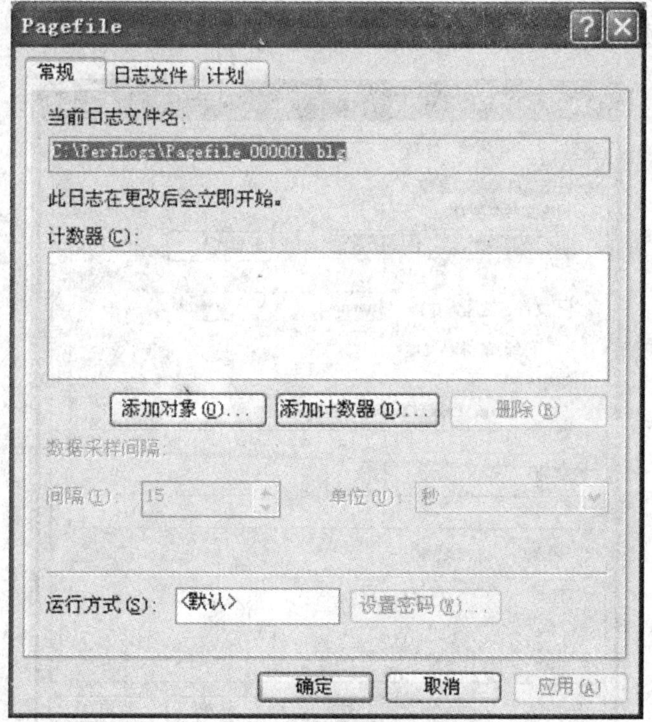

图 10-19　创建日志文件

④在【常规】选项卡下，点击【添加计数器】按钮，在新弹出的窗口的性能对象下拉菜单中选择 Paging File，并选择“从列表选择计数器”，然后点击% Usage Peak，在范例中选择“_Total”，接着点击【添加】按钮，完成后的设置如图 10-21 所示，最后单点击【确定】按钮关闭这个窗口。

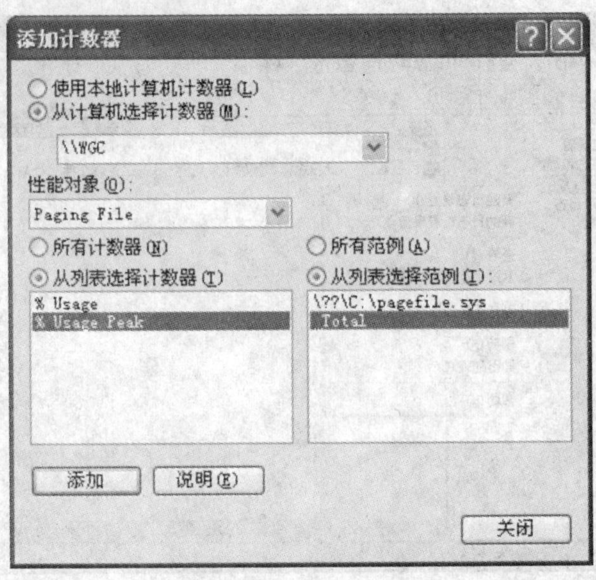

图 10-20　添加计数器

⑤接着打开“日志文件”选项卡，在日志文件类型下拉菜单中选择“文本文件(逗号分隔)”，然后记住“例如”框中显示的日志文件的路径。

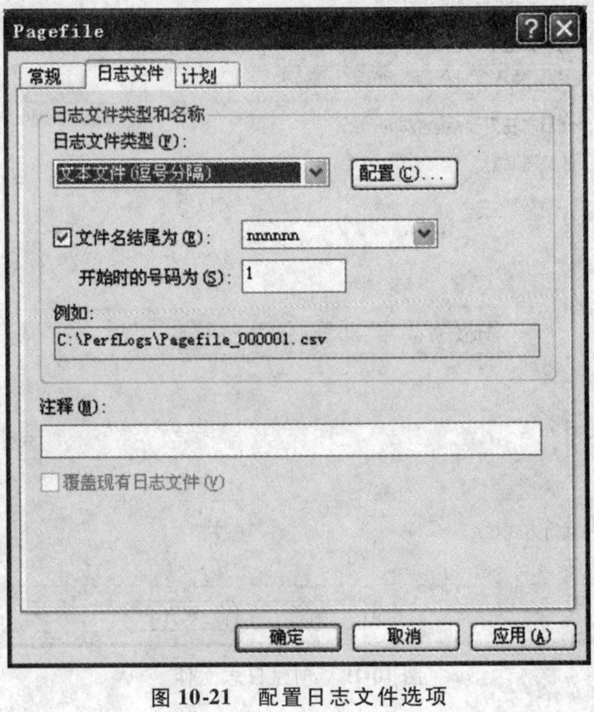

Pagefile
常规　日志文件　计划
日志文件类型和名称
日志文件类型(F):
文本文件(逗号分隔)
配置(C)...
文件名结尾为(E): nnnnnn
开始时的号码为(S): 1
例如:
C:\PerfLogs\Pagefile_000001.csv
注释(M):
覆盖现有日志文件(V)
确定　取消　应用(A)

图 10-21　配置日志文件选项

⑥点击确定后这个计数器已经开始运行了，可以在电脑上进行你的日常操作，并尽可能多地打开和关闭各种经常使用的应用程序和游戏。经过几个小时的使用，基本上计数器已经可以对你的使用情况做出一个完整的评估。

需要停止这个计数器的运行时，同样是在计数器日志窗口中，选中我们新建的 Page File 计数器，然后右键点击，并且选择停止。用记事本打开日志文件，看到的结果如图 10-22 所示。根据这幅图一起来分析一下分页文件的使用。

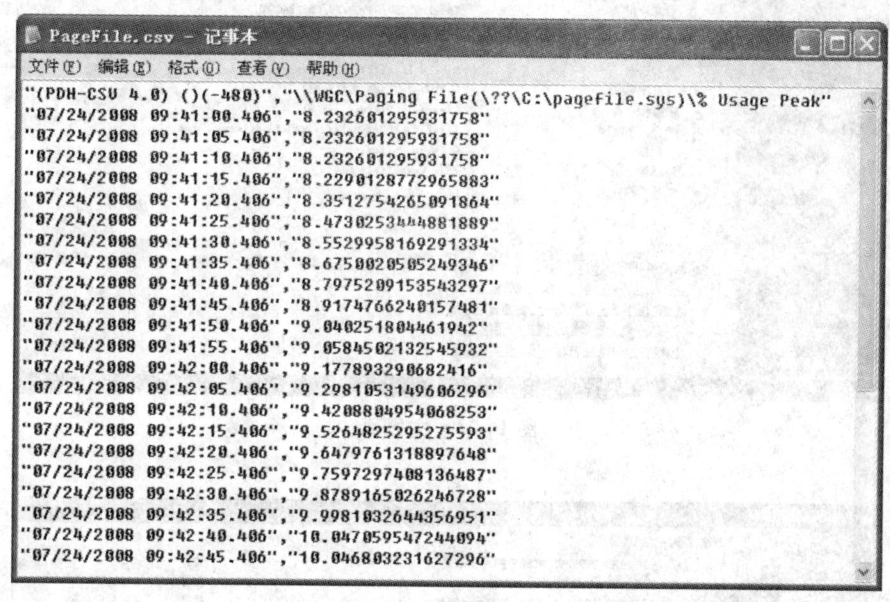

PageFile.csv - 记事本
文件(F)　编辑(E)　格式(O)　查看(V)　帮助(H)
"(PDH-CSV 4.0) ()(-480)","\\WGC\Paging File(\??\C:\pagefile.sys)\% Usage Peak"
"07/24/2008 09:41:00.406","8.232601295931758"
"07/24/2008 09:41:05.406","8.232601295931758"
"07/24/2008 09:41:10.406","8.232601295931758"
"07/24/2008 09:41:15.406","8.229012877296588З"
"07/24/2008 09:41:20.406","8.3512754265091864"
"07/24/2008 09:41:25.406","8.4730253444881889"
"07/24/2008 09:41:30.406","8.552995816929133 4"
"07/24/2008 09:41:35.406","8.675002050524934 6"
"07/24/2008 09:41:40.406","8.797520915354329 7"
"07/24/2008 09:41:45.406","8.917476624015748 1"
"07/24/2008 09:41:50.406","9.04025180446194 2"
"07/24/2008 09:41:55.406","9.058450213254593 2"
"07/24/2008 09:42:00.406","9.17789329068241 6"
"07/24/2008 09:42:05.406","9.298105314960629 6"
"07/24/2008 09:42:10.406","9.420880495406825 3"
"07/24/2008 09:42:15.406","9.526482529527559 3"
"07/24/2008 09:42:20.406","9.647976131889764 8"
"07/24/2008 09:42:25.406","9.759729740813648 7"
"07/24/2008 09:42:30.406","9.878916502624672 8"
"07/24/2008 09:42:35.406","9.998103264435695 1"
"07/24/2008 09:42:40.406","10.04705954724409 4"
"07/24/2008 09:42:45.406","10.04680323162729 6"

图 10-22　生成的日志文件

需要注意的是，在日志中的数值并不是分页文件的使用量，而是使用率。也就是说，根据日志文件的显示，该系统一般情况下的分页文件只使用了 10% 左右，而系统当前设置的分页文件如果有 2GB，那么为了节省硬盘空间，完全可以把分页文件最大值缩小为 200MB 大小。而对于最小值，可以先根据日志中的占用率求出平均占用率，然后再与最大值相乘，就可以得到了。

（三）使用专业的系统维护软件

Windows 优化大师是国内知名的系统优化软件，同时适用于 Windows98/Me/2000/XP/2003/Vista 操作系统平台，有着丰富的优化功能，而且软件体积小巧，功能强大，是装机必备软件之一。因此，这里我们着重介绍 Windows 优化大师 7.67 标准版的使用。

1. 使用 Windows 优化大师软件对系统的注册表进行备份、清理、恢复

（1）单击桌面上【Windows 优化大师】图标，进入 Windows 优化大师界面，如图 10-23 所示。

（2）在主界面左侧的面板中选择【系统清理】，进入系统清理界面，如图 10-24 所示。

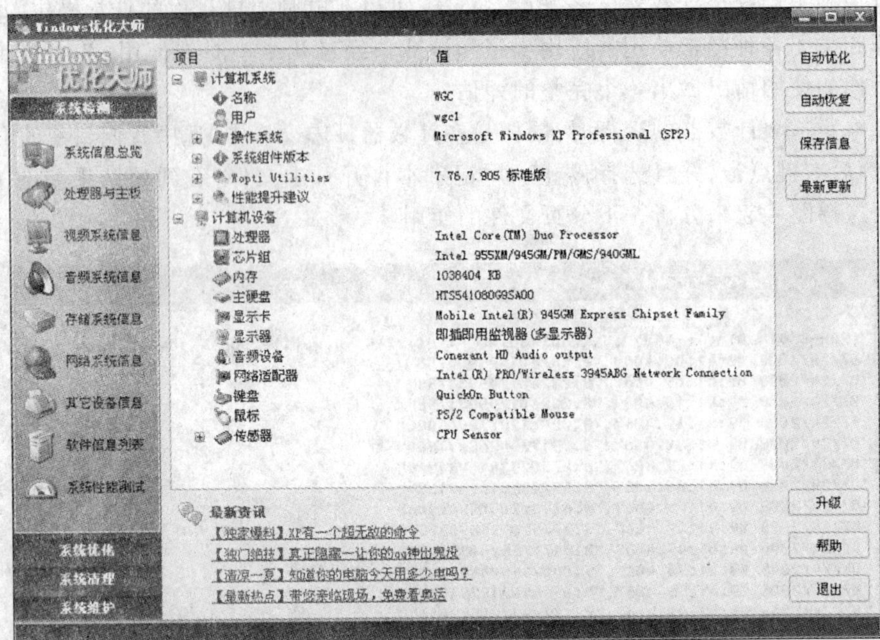

图 10-23 主界面

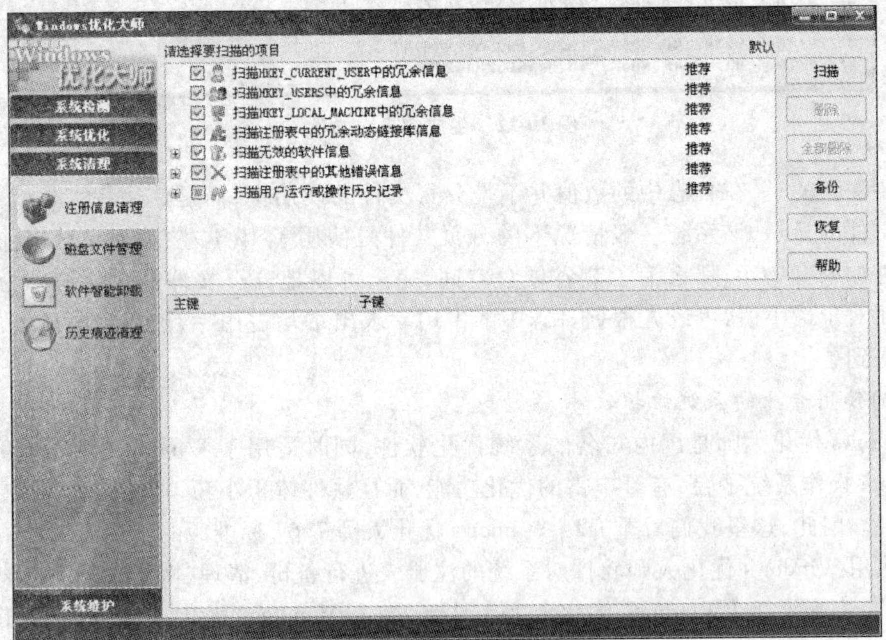

图 10-24 系统清理

(3)单击【备份】按钮,弹出如图 10-25 所示的窗口,说明正在备份注册表。

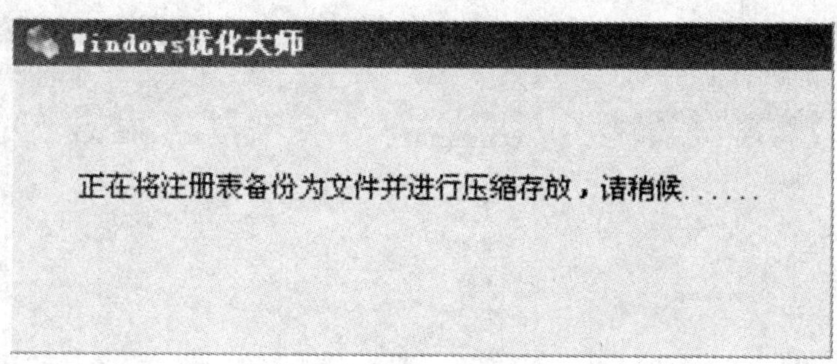

图 10-25

(4)单击【扫描】按钮,对系统注册表进行扫描,扫描完毕则弹出如图 10-26 所示的窗口,然后单击【删除】按钮,可以删除部分选中的待清理的注册表项,单击【全部删除】按钮可以删除扫描出的全部待清理的注册表项。

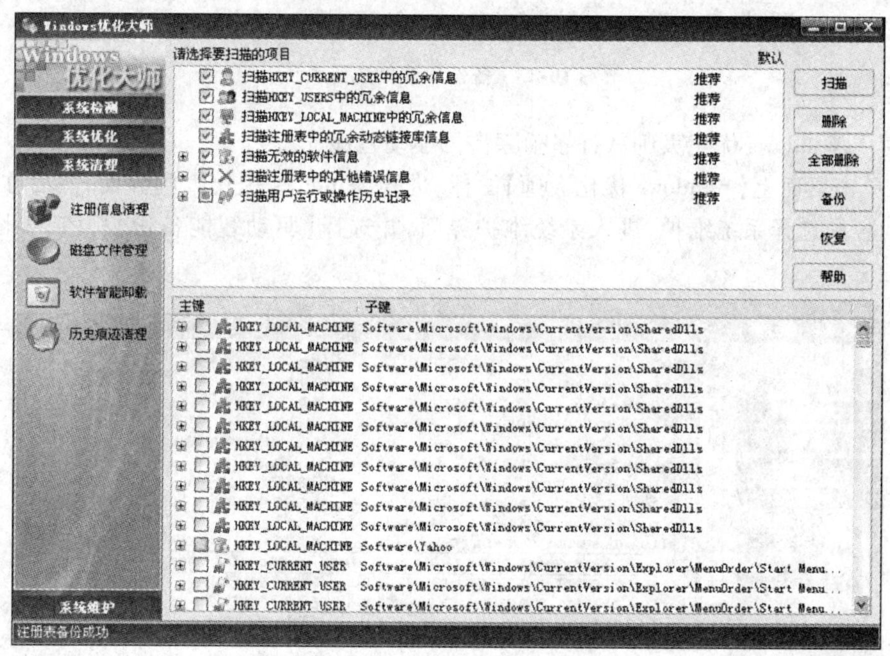

图 10-26　注册表扫描结果

(5)单击【恢复】按钮,弹出如图 10-27 所示的对话框,选择某个先前备份的注册表文件,再单击对话框中的【恢复】按钮可以恢复注册表。

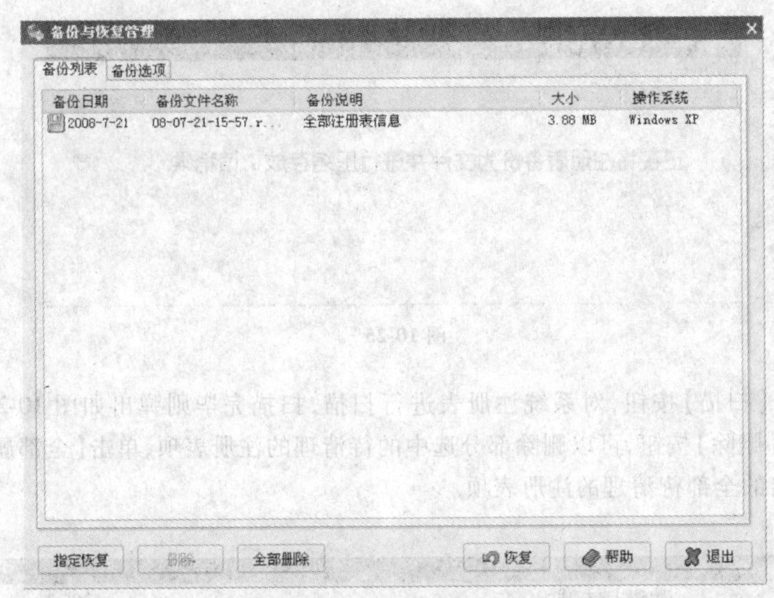

图 10-27 备份和恢复注册表

2. 使用 Windows 优化大师软件备份系统的驱动程序

(1)单击桌面上【Windows 优化大师】图标,进入 Windows 优化大师界面,然后在主界面左侧的面板中选择系统维护,进入系统维护界面,并选择【驱动智能备份】标签,如图 10-28 所示。

图 10-28 驱动智能备份

(2)选择要备份驱动程序的设备,然后单击【备份】按钮就可以备份驱动程序。

3. 使用 Windows 优化大师软件对计算机的性能进行整体评估、打分

(1)单击桌面上【Windows 优化大师】图标，进入 Windows 优化大师界面，然后在主界面左侧的面板中选择【系统检测】，进入系统检测界面，并选择【系统性能测试】标签，如图 10-29 所示。

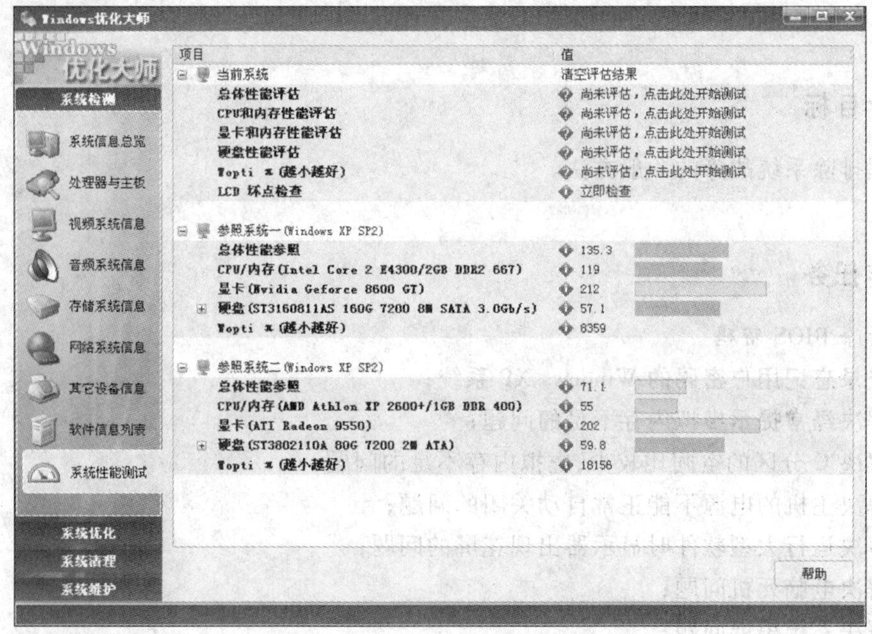

图 10-29　系统性能测试

(2)点击总体性能评估选项，则开始对计算机整机测评，最后显示测评结果，如图 10-30 所示。

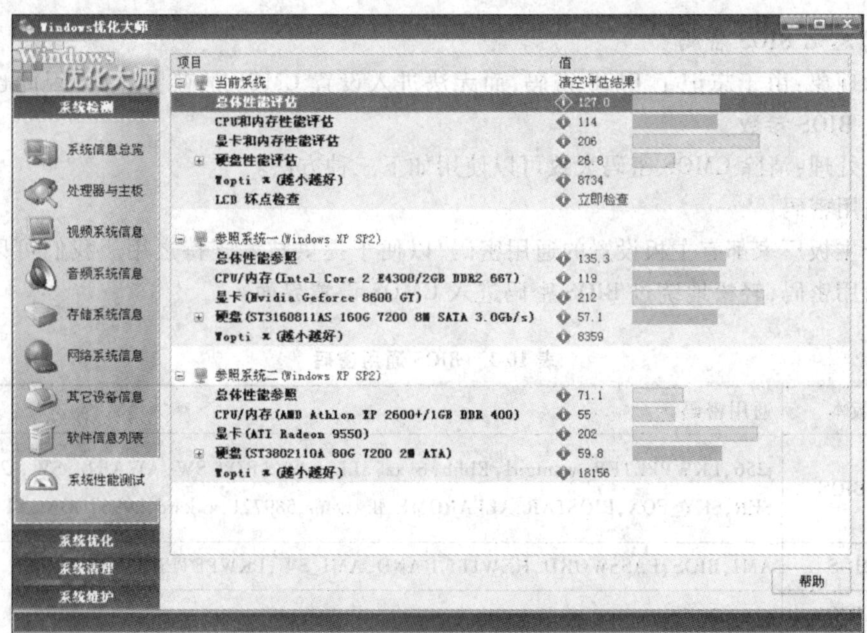

图 10-30　系统性能测试结果

活动2　排除系统故障

一、教学目标

掌握排除系统故障的一般方法。

二、工作任务

1. 清除 BIOS 密码
2. 登录忘记用户密码的 Windows XP 系统；
3. 解决经常提示虚拟内存不足的问题；
4. 解决 C 分区的空间比较少，虚拟内存不足的问题；
5. 解决主机的电源不能正常自动关闭的问题；
6. 解决运行大型软件时显示器出现花屏的问题；
7. 解决电脑死机问题；
8. 解决系统黑屏问题；
9. 解决开机报警问题。

三、实现方法

(一)忘记 BIOS 密码

故障现象：由于忘记了 BIOS 密码，而无法进入设置 CMOS 的蓝屏界面，因此也无法设置或更改 BIOS 参数。

分析处理：清除 CMOS 密码大致可以使用如下三种方法。

1. 通用密码

每个主板厂家都有主板设置的通用密码，以便于提供技术支持之用。我们可以使用该主板的通用密码，轻松地绕过 BIOS 密码进入 CMOS 设置界面。

表 10-1　BIOS 通用密码

BIOS 版本	通用密码
Award BIOS	j256，LKWPPETER，wantgirl，Ebbb，Syxz，aLLy，AWARD？SW，AWARD_SW，j262，HLT，SER，SKY_FOX，BIOSTAR，ALFAROME，lkwpeter，589721，awkard，h996，CONCAT，589589
AMI BIOS	AMI，BIOS，PASSWORD，HEWITT RAND，AMI_SW，LKWPETER，A. M. I
phoenix BIOX	phoenix

提示：各主板厂家出于某些原因，不同时期主板的通用密码会有所不同，因此这一招并不一定能奏效，我们只有多尝试几次，是否有用就要看运气了！

2. CMOS 放电

目前的主板大多数使用纽扣电池（如图 10-31 所示）为 BIOS 提供电力，也就是说，如果没有电，它里面的信息就会丢失了。当它再次通上电时，BIOS 就会回到未设置的原始状态，当然 BIOS 密码也就没有了。

图 10-31　CMOS 的纽扣电池

先要打开电脑机箱，找到主板上银白色的纽扣电池，小心将它取下，大概隔 30 秒后，再将电池装上。此时 CMOS 将因断电而失去内部储存的信息，将它装回，重新启动计算机，重启时系统会提示"CMOS Checksum Error—DeFaults Loaded"，那就是提示你"CMOS 在检查时发现了错误，已经载入了系统的默认值"，BIOS 密码破解成功。

3. 跳线短接

打开机箱后，在部分主板 CMOS 电池附近会有一个跳线开关，在跳线旁边一般会注有 RESET CMOS（重设 CMOS）、CLEAN CMOS（清除 CMOS）、CMOS CLOSE（CMOS 关闭）或 CMOS RAM RESET（CMOS 内存重设）等字样，该跳线开关就是用来清除 CMOS 中的数据的，用跳线帽短接，然后将它跳回则 CMOS 中的数据清除成功，当然也包括 BIOS 密码！

（二）忘记 Windows XP 密码

故障现象：使用的是 Windows XP 的操作系统，不慎忘记了系统登录用户"zhangbq"的密码。

分析处理：这种问题通常可以试试如下两种方法。

1. 利用 NET 命令

我们知道在 Windows XP 中提供了"net user"命令，该命令可以添加、修改用户账户信息，其语法格式为：

net user [UserName [Password | *] [options]] [/domain]

net user [UserName {Password | * } /add [options] [/domain]]

net user [UserName [/delete] [/domain]]

每个参数的具体含义在 Windows XP 帮助中已做了详细的说明，这里就不多阐述了。好了，我们现在以恢复本地用户"zhangbq"口令为例，来说明解决忘记登录密码的步骤：

（1）重新启动计算机，在启动画面出现后马上按下 F8 键，选择"带命令行的安全模式"。

（2）运行过程结束时，系统列出了系统超级用户"administrator"和本地用户"zhangbq"的选择菜单，鼠标单击"administrator"，进入命令行模式。

（3）键入命令："net user zhangbq 123456 /add"，强制将"zhangbq"用户的口令更改为"123456"。若想在此添加一新用户（如：用户名为 abcdef，口令为 123456）的话，请键入"net user abcdef 123456/add"，添加后可用"net localgroup administrators abcdef/add"命令将用户

提升为系统管理组“administrators”的用户,并使其具有超级权限。

(4)重新启动计算机,选择正常模式下运行,就可以用更改后的口令“123456”登录“zhangbq”用户了。

2. 利用“administrator”

我们知道在安装 Windows XP 过程中,首先是以“administrator”默认登录,然后会要求创建一个新账户,以便进入 Windows XP 时使用此新建账户登录,而且在 Windows XP 的登录界面中也只会出现创建的这个用户账号,不会出现“administrator”,但实际上该“administrator”账号还是存在的,并且密码为空。

当我们了解了这一点以后,假如忘记了登录密码的话,在登录界面上,按住 Ctrl + Alt 键,再按 Del 键二次,即可出现经典的登录画面,此时在用户名处键入“administrator”,密码为空进入,然后再修改“zhangbp”的口令即可。

(三)经常提示虚拟内存不足

故障现象:Windows XP 系统使用时,没有运行多少程序,却常常出现“虚拟内存不足”的系统提示。

分析处理:这种问题可能是由以下几种情况引起的。

1. 感染病毒

有些病毒发作时会占用大量内存空间,导致系统出现内存不足的问题。赶快去杀毒,升级病毒库,然后把防毒措施做好!

2. 虚拟内存设置不当

虚拟内存设置不当也可能导致出现内存不足问题,一般情况下,虚拟内存大小为物理内存大小的 2 倍即可,如果设置得过小,就会影响系统程序的正常运行。以 Windows XP 为例,重新调整虚拟内存大小。右键点击“我的电脑”,选择“属性”,然后在“高级”标签页,点击“性能”框中的“设置”按钮,切换到“高级”标签页,然后在“虚拟内存”框中点击“更改”按钮,接着重新设置虚拟内存大小,完成后重新启动系统就好了。

3. 系统空间不足

虚拟内存文件默认是在系统盘中,如 Windows XP 的虚拟内存文件名为“pagefile. sys”,如果系统盘剩余空间过小,导致虚拟内存不足,也会出现内存不足的问题。系统盘至少要保留 300MB 剩余空间,当然这个数值要根据用户的实际需要而定。用户尽量不要把各种应用软件安装在系统盘中,保证有足够的空间供虚拟内存文件使用,而且最好把虚拟内存文件安放到非系统盘中。

4. 因为 SYSTEM 用户权限设置不当

基于 NT 内核的 Windows 系统启动时,SYSTEM 用户会为系统创建虚拟内存文件。有些用户为了系统的安全,采用 NTFS 文件系统,但却取消了 SYSTEM 用户在系统盘“写入”和“修改”的权限,这样就无法为系统创建虚拟内存文件,运行大型程序时,也会出现内存不足的问题。问题很好解决,只要重新赋予 SYSTEM 用户“写入”和“修改”的权限即可,不过这种方法仅限于使用 NTFS 文件系统的用户。

(四)C 分区的空间比较少,虚拟内存不足

故障现象:安装的是 Windows XP 操作系统,在分区时给 C 分区留的空间比较少,因为

电脑的物理内存容量不大,想多设置些虚拟内存以提高运行速度却无法实现。

分析处理:将 Windows XP 操作系统中管理虚拟内存的文件移动到其他分区中,以利用该分区足够的剩余空间。

Windows 使用页面文件来管理虚拟内存,Windows XP 的页面文件存放在系统安装逻辑盘的根目录下,取名为 pagefile. sys。可以将这个文件移动到任何一个有足够剩余空间的分区,具体的操作步骤是:

(1)在系统桌面上用鼠标右键单击“我的电脑”图标,在弹出的右键菜单中选择“属性→高级→设置(性能)→高级→更改(虚拟内存)”。

(2)在出现的对话框中你可以选择将分页文件放在哪个磁盘分区中,以及选择该文件的大小。

(3)保存退出后重新启动系统即可生效。

(五)主机的电源不能正常自动关闭

故障现象:自从使用 Windows 优化大师后,关机时出现“您现在可以安全地关机了”后,主机的电源仍无法关闭。

分析处理:可以先尝试一下如下操作:依次进入“控制面板”→“电源管理”→“高级选项”→“电源管理”,然后选择“启用高级电源管理支持”,确定后再关机试试看。

如果仍然不能解决问题,您可以尝试修改注册表,运行注册表“HKEY_LOCAL_MACHINE\Software\Microsoft\WindowsNT\CurrentVersion\Winlogon”,在该子键下,如果存在键值“PowerdownAfterShutdown”,则将其值改为“1”;如果不存在这个值,则新建一字符串值,将其名字改为“PowerdownAfterShutdown”,然后将其值设为“1”即可。

(六)运行大型软件时显示器出现花屏

故障现象:为什么我装了 Windows XP 后,在运行大型软件如 3DSMAX 或大游戏时显示器出现花屏现象?

分析处理:这种问题出现的原因主要有以下三类。

(1)显卡驱动不完善造成与 Windows XP 系统兼容性差,可以从网上下载显卡的 XP 驱动程序进行安装;

(2)电源功率不足使 AGP 显卡得不到应有的电力支持,可以更换优质的电源;

(3)显卡的显存有问题。要么更换显存,要么更换显卡。

(七)解决电脑死机

故障现象:电脑在开机引导或正常使用过程中死机,按鼠标、键盘没有反应。

分析处理:根据电脑死机发生时的情况可将死机分为以下三大类。

(1)开机过程中出现死机:在启动计算机时,只听到硬盘自检声而看不到屏幕显示,或干脆在开机自检时发出鸣叫声但计算机不工作、或在开机自检时出现错误提示等。

(2)在启动计算机操作系统时发生死机:屏幕显示计算机自检通过,但在装入操作系统时,计算机出现死机情况。

(3)在使用一些应用程序过程中出现死机:计算机一直运行良好,只在执行某些应用程序时出现死机情况。

下面介绍一下遇到死机故障后一般的检查处理方法。

1. 排除系统假死机

检查电脑电源是否插好，电源插座是否接触良好，尤其是内存接触不良可能会引起死机。

2. 排除病毒感染引起的死机

用无毒干净的系统盘引导系统，用最新版本的杀毒软件对硬盘进行检查，确保电脑安全，排除因病毒引起的死机现象。

提示：如果在杀毒后引起了死机现象，这多半是因为病毒破坏了系统文件、应用程序及关键的数据文件导致系统死机。碰到这种情况，只能重装系统。

3. 由于设置不当引起死机

如果是在软件安装过程中死机，则可能是系统某些配置与安装的软件冲突，这些配置包括系统 BIOS 设置、CONFIG. SYS 和 AUTOEXEC. BAT 的设置等。

BIOS 设置不当包括：

(1) CPU 主频设置不当；

(2) 内存条参数设置不当；

(3) CACHE 参数设置不当；

(4) CMOS 参数被破坏。

如果是在软件安装后发生了死机，则是安装好的程序与系统发生冲突。一般的做法是恢复系统在安装前的各项配置，然后分析安装程序新装入部分使用的资源和可能发生的冲突，逐步排除故障原因。

4. 排除因使用维护不当引起的死机

电脑在使用一段时间后也可能因为使用和维护不当而引起死机，尤其是长时间不使用电脑后常会出现此类故障。引起的原因有以下几种：

(1) 积尘导致系统死机：过多的灰尘附在芯片和风扇的表面导致这些元件散热不良，电路印刷板上的灰尘在潮湿的环境中导致短路，这两种情况均会导致死机。具体处理方法可以用毛刷将灰尘扫去，或用棉签沾无水酒精清洗积尘元件。

(2) 部件受潮导致系统死机：长时间不使用电脑会导致部分元件受潮，而不能正常使用。可用电吹风的低热挡均匀对受潮元件烘干。

(3) 板卡芯片引脚氧化导致系统死机：板卡芯片引脚氧化导致接触不良，将板卡或芯片拔出，用橡皮轻轻擦拭引脚表面，以去除氧化物，擦净后重新插入插座。

(4) 板卡外设接口松动导致系统死机：仔细检查各 I/O 插槽插接是否正确，各外设接口接触是否良好，线缆连接是否正常。

(八) 解决系统黑屏

故障现象：计算机在使用过程中突然黑屏。

分析处理：系统黑屏故障的一般检查方法有以下几种。

1. 排除"假"黑屏

动一下鼠标或按一下键盘，看屏幕是否恢复正常，因为黑屏可能是因为计算机设置了节能模式，一定时间不用后，系统自动进入休眠状态。

检查显示器电源插头是否插好，电源开关是否已打开，显示器与主机上显示卡的数据连线是否连接好，连接插头是否松动。

2. 检查显示器

在黑屏的同时系统其他部件都工作正常，则可能是由于显示器有问题。可以通过交换法：用一台好的显示器接在主机上测试，如果系统能正常工作，则可能是显示器出了问题。

3. 检查显卡是否连接正确

检查显卡与主板 I/O 插槽接触是否正常可靠，必要时可以换一个 I/O 槽试试。

4. 检查显卡是否工作正常

换一块已确认性能良好的同型号显示卡插入主机重新启动，若黑屏死机现象消除，则是显卡的问题。

（九）解决开机报警

故障现象：开机不正常，有不正常的报警。

分析处理：通常，有硬件故障的计算机启动时，会有相应的报警。报警的具体含义与系统主板的 BIOS 版本有关。根据不同的 BIOS 鸣叫，可以较快地找到系统故障。

表 10-2　AMI BIOS 的出错鸣叫含义

鸣叫声音	鸣叫含义
1 短	内存刷新失败
2 短	内存校验错误
3 短	基本内存错误
4 短	系统时钟错误
5 短	处理器错误
6 短	键盘控制器错误
7 短	实模式错误
8 短	显示内存错误
9 短	ROM BIOS 检验和错误
1 长 3 短	内存错误
1 长 8 短	显卡测试错误

表 10-3　AWARD BIOS 的出错鸣叫含义

鸣叫声音	鸣叫含义
1 短	启动系统
2 短	非致命错误
1 长 2 短	显示错误
1 长 3 短	键盘控制器错误
1 长 9 短	主板 Flash RAM 或 EPROM 错误，BIOS 损坏
重复长响	内存条未插紧或损坏
不停地响	显示器未和显卡连接好
重复短响	电源有问题

提示：短表示短促鸣响，长表示较长的鸣叫。例如 1 长 1 短表示 1 声长的鸣响、暂停、1 声短的鸣响。

活动3 排除部件故障

一、教学目标

掌握排除 CPU、主板、内存、硬盘、显卡故障的一般方法。

二、工作任务

1. 排除 CPU 常见故障;
2. 排除主板常见故障;
3. 排除内存常见故障;
4. 排除硬盘常见错误;
5. 排除显卡常见故障。

三、实现方法

(一)CPU 常见故障

1. CPU 超频故障

故障现象:CPU 超频使用了几天后,一次开机时,显示器黑屏,重启后无效。

分析处理:因为 CPU 是超频使用,有可能是超频不稳定引起的故障。开机后,用手摸了一下 CPU 发现非常烫,于是故障可能在此。

解决方法:找到 CPU 的外频与倍频跳线,逐步降频后,启动电脑,系统恢复正常,显示器也有了显示。

提示:提示:将 CPU 的外频与倍频调到合适的情况后,检测一段时间看是否很稳定,如果系统运行基本正常但偶尔会出点小毛病(如非法操作,程序要单击几次才打开),此时如果不想降频,为了系统的稳定,可适当调高 CPU 的核心电压。

2. 散热片故障

故障现象:为了改善散热效果,在散热片与 CPU 之间安装了半导体制冷片,同时为了保证导热良好,在制冷片的两面都涂上硅胶,在使用了近两个月后,某天开机后机器黑屏。

分析处理:因为是突然死机,怀疑是硬件松动而引起了接触不良。打开机箱把硬件重新插了一遍后开机,故障依旧。可能是显卡有问题,因为从显示器的指示灯来判断无信号输出,使用替换法检查,显卡没问题。又怀疑是显示器有故障,使用替换法同样没有发现问题,接着检查 CPU,发现 CPU 的针脚有点发黑和绿斑,这是生锈的迹象。看来故障应该在此。原来制冷片有结露的现象，一定是制冷片的表面温度过低而结露，导致 CPU 长期工作在潮湿的环境中，日积月累，终于产生太多锈斑，造成接触不良，从而引发这次故障。

解决方法：用橡皮仔细地把 CPU 的每一个针脚都擦一遍，然后把散热片上的制冷片取下，再装好机器，然后开机，故障即可排除。

3. CPU 温度过高故障

故障现象：一台电脑在使用初期表现不稳定，性能大幅度下降，偶尔伴随死机现象。

分析处理：故障原因可能为，感染病毒、磁盘碎片增多或 CPU 温度过高。电脑性能大幅下降的原因可能为处理器的核心配备了热感式监控系统，它会持续测温度。只要核心温度达到一定水平，该系统就会降低处理器的工作频率，直到核心温度恢复到安全界线以下为止。另外，CPU 温度过高也会造成死机。

解决方法：首先使用杀毒软件查杀病毒，接着用 Windows 的磁盘碎片整理程序进行整理。最后打开机箱发现 CPU 散热器的风扇出现问题，通电后根本不转。更换新散热器，故障即可解决。

（二）主板常见故障

1. 开机无显示

故障现象：开机无显示。

分析处理：电脑开机无显示，首先我们要检查的就是 BIOS。主板的 BIOS 中储存着重要的硬件数据，同时 BIOS 也是主板中比较脆弱的部分，极易受到破坏，一旦受损就会导致系统无法运行，出现此类故障一般是因为主板 BIOS 被 CIH 病毒破坏造成。一般 BIOS 被病毒破坏后硬盘里的数据将全部丢失，所以我们可以通过检测硬盘数据是否完好来判断 BIOS 是否被破坏，如果硬盘数据完好无损，那么还有三种原因会造成开机无显示的现象：

（1）因为主板扩展槽或扩展卡有问题，导致插上诸如声卡等扩展卡后主板没有响应而无显示。

（2）免跳线主板在 CMOS 里设置的 CPU 频率不对，也可能会引发不显示故障，对此，只要清除 CMOS 即可予以解决。清除 CMOS 的跳线一般在主板的锂电池附近，其默认位置一般为 1、2 短路，只要将其改跳为 2、3 短路几秒钟即可解决问题，对于以前的老主板若用户找不到该跳线，只要将电池取下，待开机显示进入 CMOS 设置后再关机，再将电池放上去亦可达到 CMOS 放电之目的。

（3）主板无法识别内存、内存损坏或者内存不匹配也会导致开机无显示的故障。某些老的主板比较挑剔内存，一旦插上主板无法识别的内存，主板就无法启动，甚至某些主板不给任何故障提示（鸣叫）。当然也有的时候为了扩充内存以提高系统性能，结果插上不同品牌、类型的内存同样会导致此类故障的出现，因此在检修时，应多加注意。

2. CMOS 设置不能保存

故障现象：进入 CMOS 设置程序并设置参数后，下次开机设置的参数没有保存，始终为系统默认的参数。

分析处理：此类故障一般是由于主板电池电压不足造成，对此予以更换即可，但有的主板电池更换后同样不能解决问题，此时有两种可能：

（1）主板电路问题，对此要找专业人员维修；

(2)主板 CMOS 跳线问题,有时候因为错误的将主板上的 CMOS 跳线设为清除选项,或者设置成外接电池,使得 CMOS 数据无法保存。

3. 鼠标不可用

故障现象:安装 Windows 或启动 Windows 时鼠标不可用。

分析处理:此类故障的软件原因一般是由于 CMOS 设置错误引起的。在 CMOS 设置的电源管理栏有一项 modem use IRQ 项目,他的选项分别为 3、4、5、…、NA,一般它的默认选项为 3,将其设置为 3 以外的中断项即可。

4. 电脑频繁死机

故障现象:电脑频繁死机,在进行 CMOS 设置时也会出现死机现象。

分析处理:在 CMOS 里发生死机现象,一般是主板或 CPU 有问题。主板 Cache 如果有问题或主板设计散热不良,通常会引起此类故障。在死机后触摸 CPU 周围的主板元件,往往发现非常烫手。在更换大功率风扇之后,死机故障得以解决。对于 Cache 有问题的故障,我们可以进入 CMOS 设置,将 Cache 禁止后即可顺利解决问题,当然,Cache 禁止后速度肯定会受到影响。

若按上述方法仍不能解决故障,那就只有更换主板或 CPU 了。

(三)内存的常见故障

1. 内存条质量欠佳导致 Windows 安装出错

故障现象:硬盘分好区后安装 Windows 系统,在安装过程中复制系统文件时报错,按"取消"后可以跳过错误继续安装,但稍后再次报错,Windows 系统安装不能完成。

分析处理:由于故障发生在系统文件复制阶段,初步怀疑是安装光盘的问题,格式化硬盘并更换 Windows 系统安装光盘进行重装,故障依旧。故障点转移到硬盘和内存条身上,更换硬盘后故障仍然存在,排除硬盘发生故障的可能性;更换内存条后故障消失,最终确认导致 Windows 安装出错的祸首为劣质内存条。Windows 98 安装时需要从光盘复制文件到硬盘,而内存作为系统数据交换的中转站,在这个过程中起了极其重要的作用。此例就是内存条质量不佳、不能稳定工作而导致系统文件复制出错。

2. 注册表频频出错

故障现象:一台电脑配置为:PⅢ 550MHz(超频到 731MHz)、SiS630 主板、Hynix 192MB (128MB + 64MB)SDRAM 内存。使用一年多后系统变得不稳定,经常在开机进入 Windows 后出现注册表错误,提示需要恢复注册表。

分析处理:刚开始时以为是操作系统不稳定,于是格式化硬盘,重装后问题也没有得到彻底解决,甚至变得更严重,有时甚至出现"Windows Protection Error"错误提示。由于 CPU 一直在超频状态下运行,怀疑故障源于 CPU,把 CPU 降频后注册表出错的频率明显降低,更换了 CPU 后,故障现象并没有消失,依然不时出现。为彻底排除故障,使用替换法进行测试,最终发现罪魁祸首是那根 64MB 的内存条。该电脑长期在超频状态下运行,CPU 和内存的时钟频率均为 133MHz。那条 64MB 的内存条采用的是 HY-7K 的芯片,做工也较差,长期在 133MHz 外频下运行不堪重负,导致注册表频频出错。一些做工较差、参数较低的内存条也许可以在一段时间内超频工作,但长此下去往往会出现问题,引发系统故障,这是用户应该注意的问题。

3. 打磨过的内存条导致电脑无法开机

故障现象：一台电脑配置为：PⅢ 800EB、VIA 694X 主板、Hynix 128MB PC133 内存条。添加了一条 128MB 的 Hynix PC133 内存条后，显示器黑屏，电脑无法正常开机，拔下该内存条后故障消失。

分析处理：经过检查，发现新内存条并无问题，在别的电脑上可以正常使用，但只能工作在 100MHz 的外频下，根本无法在 133MHz 下使用。为使用该内存条，不得不在 BIOS 的内存设置项中设置异步工作模式。该内存条的芯片上的编号标志为"-75"，应该为 PC133 的内存条，但芯片上的字迹较为模糊，极有可能是从-7K 或-7J 的内存 Remark（打磨）而来，自然无法在 133MHz 外频下工作。因此消费者在选购内存条的时候要注意别买到 Remark 的内存条。

4. 内存条不兼容导致容量不能正确识别

故障现象：一台品牌机，配置为：PⅢ 800、i815E 主板、Hynix 128MB 内存条，后来添加了一条日立 128MB 内存条，但主板认出的内存总容量只有 128MB。

分析处理：经过测试，在该电脑上，两条内存可分别独立使用，但一起用时只能认出 128MB，可知这两条内存条间存在兼容性问题，后来把新添加的内存条更换为采用 Hynix 芯片的内存条后故障得到解决。由于电气性能的差别，内存条之间有可能会有兼容性问题，该问题在不同品牌的内存条混插的环境下出现的几率较大。因此，使用两条或两条以上内存条时应该尽量选择相同品牌和型号的产品，这样可以最大限度地避免内存条不兼容的现象。如果无法购买到与原内存条相同的产品时，应尽量采用市场上口碑较好的品牌内存条，它们一般都经过严格的特殊匹配及兼容性测试，在元件、设计和质量上也能达到或超过行业标准。当然并不是所有的品牌内存条都具有良好的兼容性。

（四）硬盘常见故障

1. 在 BIOS 中检测不到硬盘

故障现象：在 BIOS 中检测不到硬盘。

分析处理：IDE 接口与硬盘间的电缆线未连接好；IDE 电缆线接头处接触不良或者出现断裂；硬盘未接上电源或者电源转接头未插牢。如果检测时硬盘灯亮了几下，但 BIOS 仍然报告没有发现硬盘，则可能是：硬盘电路板上某个部件损坏；主板 IDE 接口及 IDE 控制器出现故障；接在同一个 IDE 接口上的两个 IDE 设备都设成主设备或从设备了。首先确认各种连线是否有问题，接下来应用替换法确定问题所在。

2. BIOS 自检时报告"HDD Controller Failure"

故障现象：BIOS 自检时报告"HDD Controller Failure"。

分析处理：如果 BIOS 在自检时等待很长时间后出现上述错误提示，可能是因为 IDE 电缆线接触不良或者接反了。如果在自检时硬盘出现"喀、喀、喀"之类的周期性噪声，则表明硬盘的机械控制部分或传动臂有问题，或者盘片有严重损伤。

3. BIOS 时而能检测到硬盘，时而又检测不到

故障现象：BIOS 时而能检测到硬盘，时而又检测不到。

分析处理：先检查硬盘的电源连接线及 IDE 电缆线是否存在着接触不良的问题，另外，供电电压不稳定或者与标准电压值偏差太大，也有可能会引起这种现象。

4. 硬盘出现坏道

故障现象:系统经常在复制数据时出现故障,不能复制成功,有时系统出现蓝屏。

分析处理:首先对硬盘进行备份,然后对硬盘进行低级格式化以便修复。如果坏道无法完全修复,应使用 DM 等软件将这些坏道标识出来,以后不再使用,如果坏道比较集中,也可以在分区过程中安排跳过这一段区域,这可以用 DiskEdit 来完成。

(五)显卡常见故障

1. 开机无显示

故障现象:开机后屏幕没有任何显示,电源指示灯亮,CPU 风扇正常运转。

分析处理:此类故障一般是因为显卡与主板接触不良或主板插槽有问题造成。对于一些集成显卡的主板,如果显存共用主内存,则需注意内存条的位置,一般在第一个内存条插槽上应插有内存条。由于显卡原因造成的开机无显示故障,开机后一般会发出一长两短的蜂鸣声(对于 AWARD BIOS 显卡而言)。

提示:显卡与内存故障都会引起开机无显示现象,查找真正原因可以查看以下几点:

1. 注意电脑有无小喇叭的报警声,如果有报警声,显卡的问题可能会大一点,而且我们可以从报警声的长短和次数来判断具体的故障。

2. 如果黑屏无报警声,多半是内存根本没插好或坏了。没有内存电脑根本开不了机的,当然也不会报警。

3. 注意面板的显示灯状态,如果无报警声又检查过内存了,可能会是显卡接触不良的问题,往往伴随硬盘灯常亮;还可以看显示器的状态灯,如果黑屏伴随显示器上各状态调节的指示灯在同时不停地闪烁,可能会是连接显卡到显示器的电缆插头松了,或是显卡没在插槽内插紧。

2. 颜色显示不正常

故障现象:颜色显示不正常。

分析处理:此类故障一般有以下几种原因。

(1)显示卡与显示器信号线接触不良;

(2)显示器自身故障;

(3)在某些软件里运行时颜色不正常,一般常见于老式机,在 BIOS 里有一项校验颜色的选项,将其开启即可;

(4)显卡损坏;

(5)显示器被磁化,此类现象一般是由于与有磁性的物体过分接近所致,磁化后还可能会引起显示画面出现偏转的现象。

3. 屏幕出现异常杂点或图案

故障现象:屏幕出现异常杂点或图案。

分析处理:此类故障一般是由于显卡的显存出现问题或显卡与主板接触不良造成,需清洁显卡金手指部位或更换显卡。

习 题

一、操作题

1. 一位同学设置 BIOS 密码，由另一位同学清除该密码，进入 BIOS 设置程序的蓝屏界面。

2. 合理地设置计算机的虚拟内存的使用容量。

3. 对计算机的 D 分区进行磁盘清理。

4. 对计算机的 D 分区进行磁盘碎片整理。

5. 网上浏览寻找还有哪些专用的磁盘管理工具。

6. 网上浏览寻找还有哪些专用的系统维护工具。

项目十一　使用微机外设

电脑组装好后,还需要安装各种外部设备,如打印机、扫描仪、音箱等。

一、教学目标

终极目标:能够安装常用外部设备如打印机、扫描仪、音箱等。

促成教学目标:

1. 掌握打印机的安装;
2. 掌握扫描仪的安装;
3. 掌握音箱的安装。

二、工作任务

1. 安装打印机:本地打印机的安装和网络打印机的安装;
2. 安装扫描仪:连接扫描仪、安装驱动程序;
3. 安装音箱:声卡的安装、音箱的连接。

活动1　安装打印机

一、教学目标

1. 掌握本地打印机的安装方法;
2. 掌握网络打印机的安装方法。

二、工作任务

1. 将一台打印机连接到本地电脑上,能够让打印机正常打印;
2. 在局域网环境中,将网络中的一台打印机连接到本机,能够让打印机正常打印。

三、相关知识点

(一)打印机种类

针式打印机:针式打印机在打印机历史上曾经占有着重要的地位。目前在票据打印上仍然占有很大的优势。

喷墨打印机:喷墨打印机因其有着良好的打印效果与较低价位的优点而占领了广大中低端市场。

激光打印机:激光打印机则是近年来高科技发展的一种新产物,也是有望代替喷墨打印机的一种机型,分为黑白和彩色两种,它为我们提供了更高质量、更快速、更低成本的打印方式。

(二)主流打印机介绍

1. EPSON 打印机如图 11-1 所示。

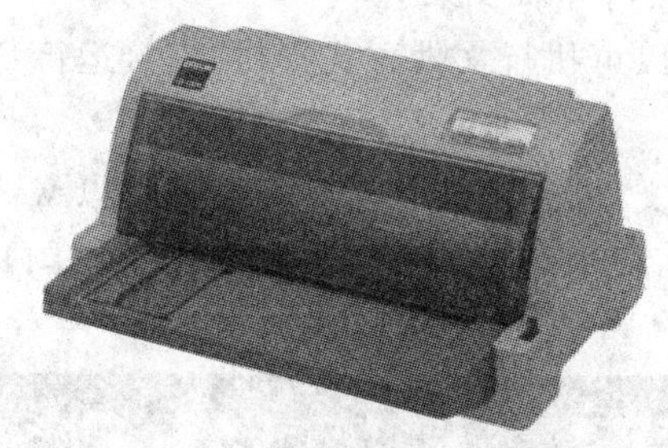

图 11-1　EPSON 打印机

2. HP 打印机如图 11-2 所示。

图 11-2　惠普打印机

3. 富士施乐激光打印机如图 11-3 所示。

图 11-3　施乐打印机

四、实现方法

> **提示**：打印机的安装分 2 个步骤：硬件安装和驱动程序安装。这两个步骤的顺序不定，视打印机不同而不同。如果是串口打印机一般先接打印机，然后再装驱动程序，如果是 USB 口的打印机一般先装驱动程序再接打印机。

（一）安装硬件

实际上现在计算机硬件接口做得非常规范，打印机的数据线只有一端能在计算机上连接，所以一般不会接错。

（二）安装驱动程序（本地打印机安装）

如果驱动程序安装盘是以可执行文件方式提供，直接运行 Setup. exe 就可以按照其安装向导提示一步一步完成。

如果只提供了驱动程序文件，则安装相对麻烦。这里以 Windows XP 系统为例介绍。首先打开控制面板，然后双击面板中的打印机和传真图标，如图 11-4 所示。

图 11-4　控制面板

接着弹出如图 11-5 所示的窗口。

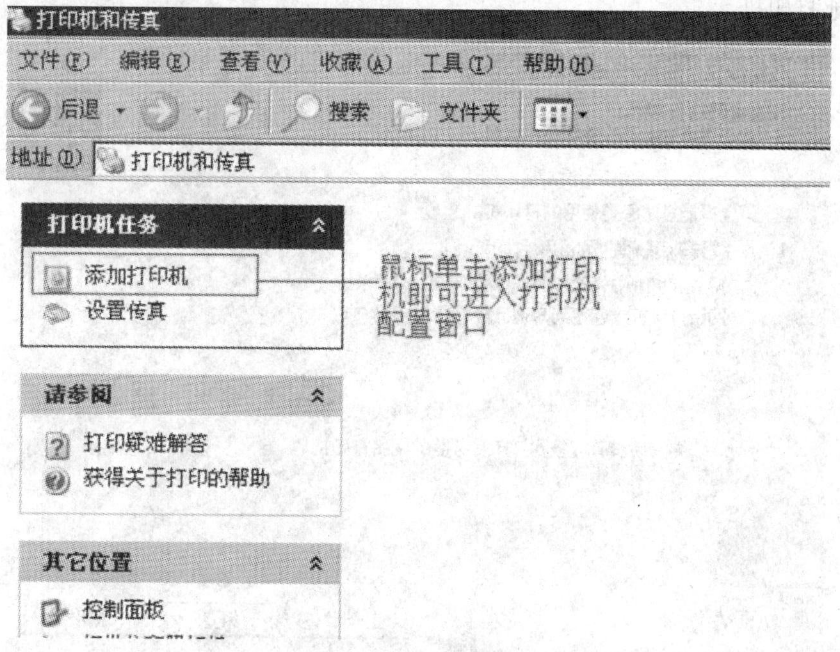

图 11-5　添加打印机按钮

这个窗口将显示所有已经安装了的打印机(包括网络打印机)。安装新打印机直接点击左边的添加打印机,接着弹出添加打印机向导,如图 11-6 所示。

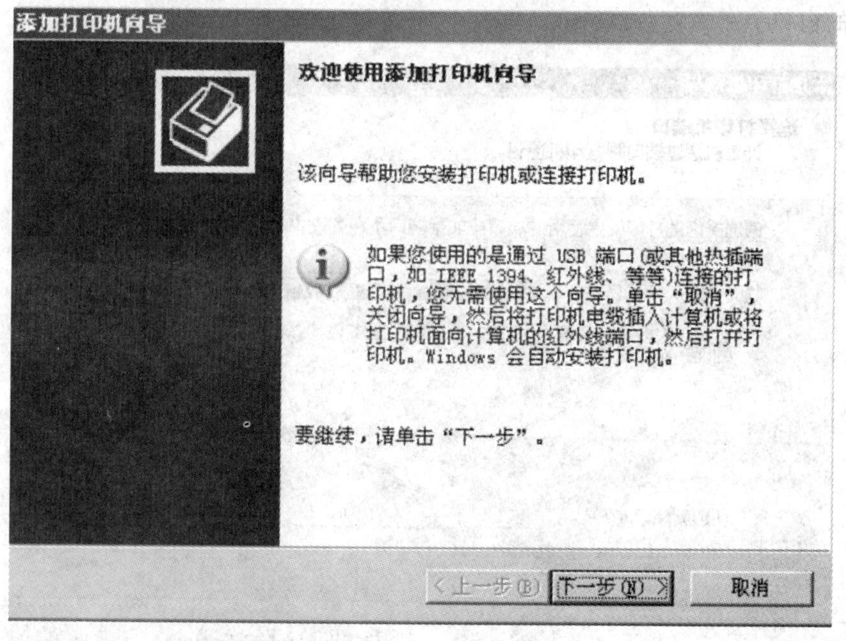

图 11-6　添加打印机向导(1)

点击下一步,出现如图 11-7 所示的窗口询问是安装本地打印机还是网络打印机,默认是安装本地打印机。

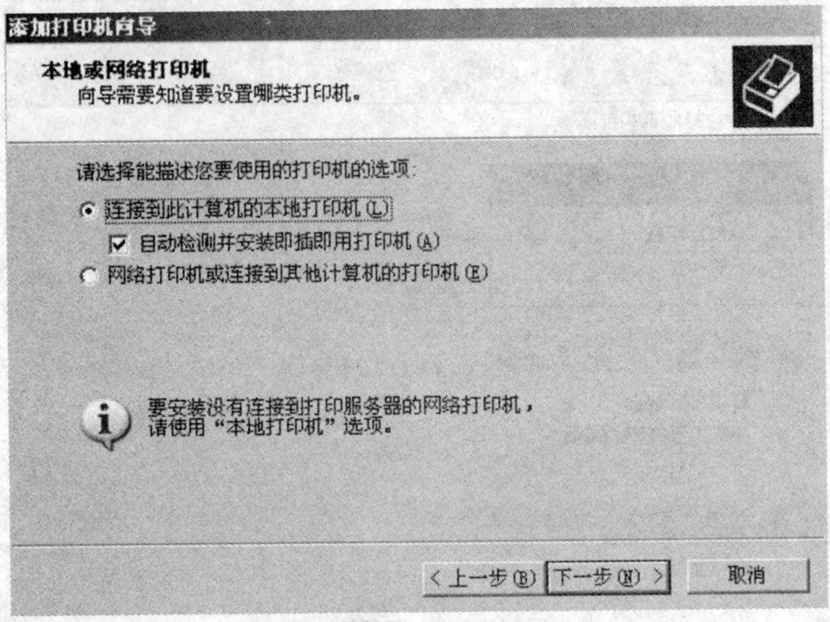

图 11-7 添加打印机向导(2)

如果安装本地打印机直接点击下一步,系统将自动检测打印机类型,如果系统里有该打印机的驱动程序,系统将自动安装。如果没有自动安装则会报一个错,点击下一步出现如图 11-8 所示的窗口。

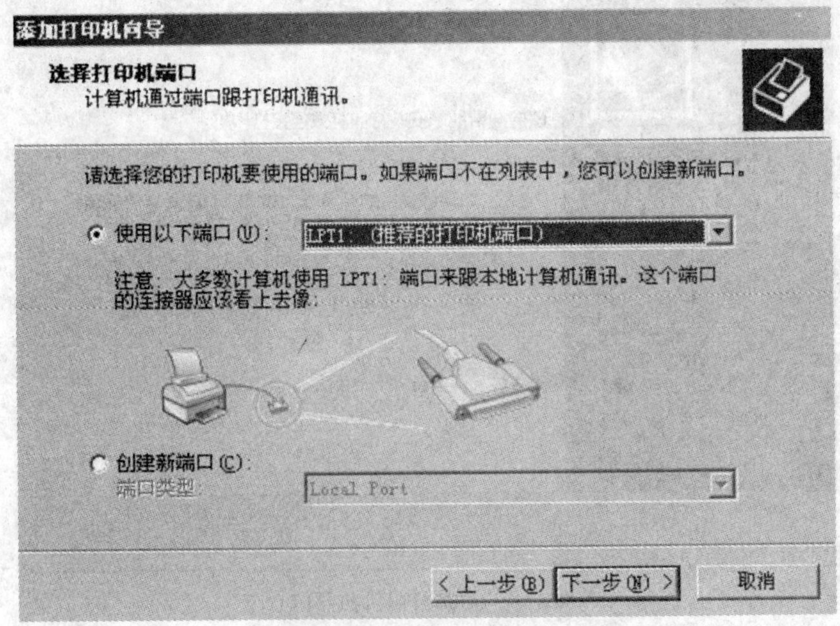

图 11-8 添加打印机向导(3)

这里一般应使用默认值,点下一步,弹出询问打印机类型的窗口,如图 11-9 所示。

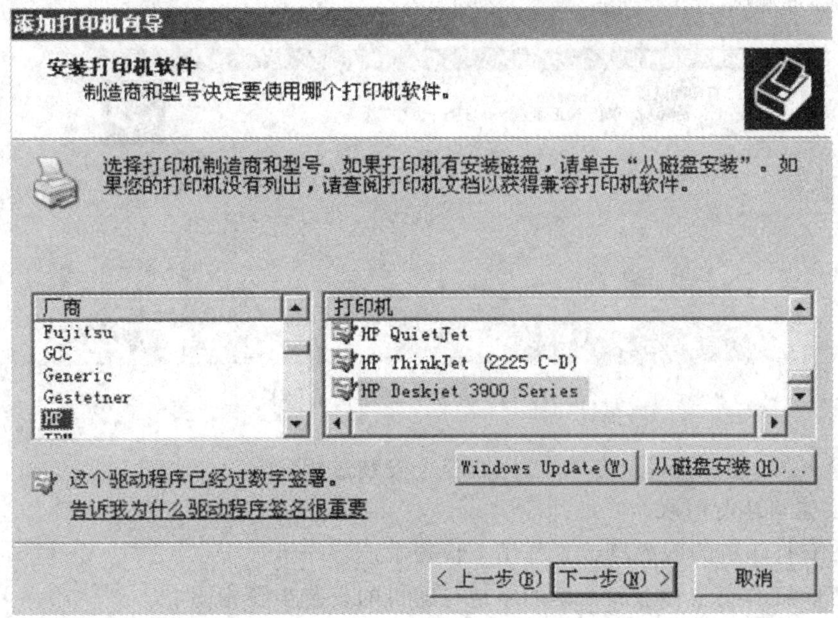

图 11-9　添加打印机向导(4)

如果能在左右列表中找到对应厂家和型号,则直接选中然后点击下一步;如果没有则需要提供驱动程序位置的路径,点击从磁盘安装,然后在弹出的对话框中选择驱动程序所在位置的路径,比如软驱、光盘等,找到正确位置后点击打开(如果提供位置不正确,点击打开后将没有相应驱动程序,提示重新选择),系统将开始安装,然后系统提示给正在安装的打印机起个名字,并询问是否作为默认打印机(即发出打印命令后,能进行相应的那一台),如图 11-10 所示。

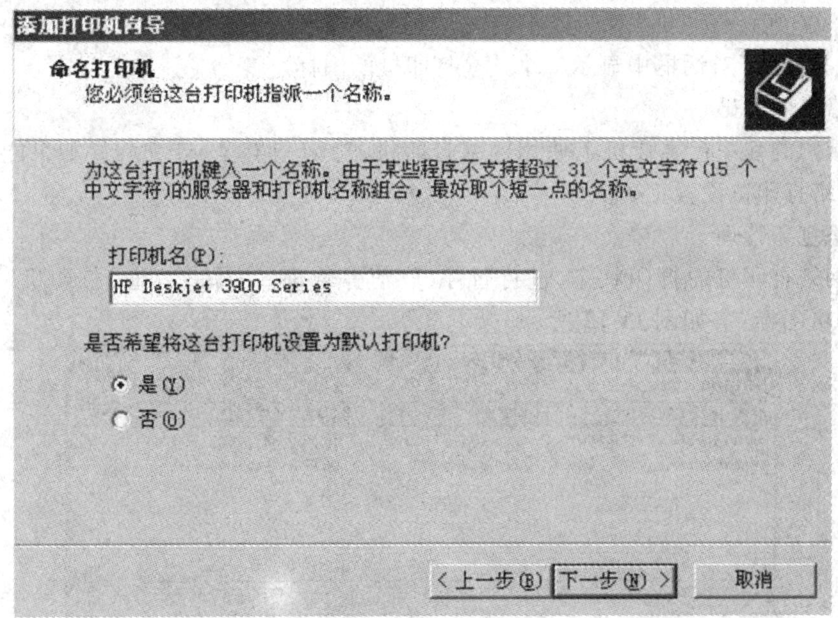

图 11-10　添加打印机向导(5)

选择后点下一步。然后出现如图 11-11 所示的窗口,询问是否打印测试页,一般新装的打印机都要进行打印测试。

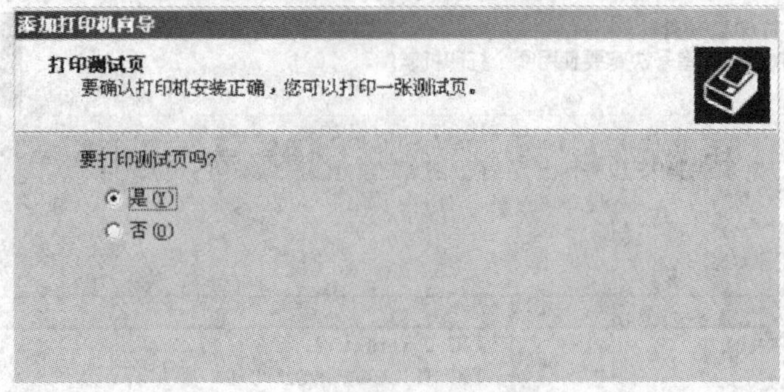

图 11-11 添加打印机向导(6)

选择后点下一步,最后点击确定,完成整个安装过程。

(三)安装网络打印机

1. 在接有打印机的服务器或工作站上设置本地打印机

本地打印机的安装和上面介绍的本地打印机的安装步骤相同。

2. 连接共享打印机(在其他没有连接打印机的计算机上完成)

通过"添加打印机向导"连接到共享的网络打印机:

(1)选择"开始"→"设置"→"打印机",弹出打印机对话框。

(2)双击"添加打印机"图标,出现"添加打印机向导"对话框,单击"下一步",出现"本地或网络打印机"对话框,选择"网络打印机",单击"下一步"。

(3)出现"查找打印机"对话框,选择"键入打印机名,或者单击'下一步',浏览打印机",输入共享打印机的路径和名称,单击"下一步"。

(4)弹出"默认打印机"对话框中,选择"是",根据向导完成安装。添加完的共享网络打印机在"打印机"对话框中显示一个共享打印机的图标。

3. 网络打印测试

在局域网的任一台客户机上使用网络打印机,打印一个 Word 文档。如果能够正常打印,表示网络打印机设置正确。

4. 网络打印管理

查看网络打印机的打印状态,进行暂停、取消等管理。方法:双击"打印机"窗口里的"网络打印机图标"。如图 11-12 所示。

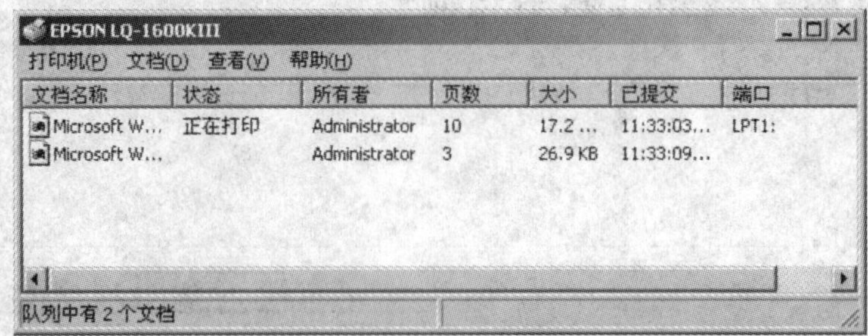

图 11-12 打印机管理

活动 2　安装扫描仪

一、教学目标

1. 掌握各种接口扫描仪的连接方法；
2. 掌握扫描仪驱动的安装。

二、工作任务

根据不同硬件接口安装扫描仪。

三、相关知识点

(一)扫描仪分类

1. 平台式扫描仪如图 11-13 所示。

图 11-13　平台扫描仪

优点:扫描速度快捷,质素高。

缺点:体积大,而且限制扫描文件的面积。

2. 入纸扫描仪如图 11-14 所示。

图 11-14　入纸扫描仪

优点:竖立设计,能处理各种大小文件。

缺点:较平台式慢,而且价钱不如平台式扫描仪低。

3. 名片扫描仪如图 11-15 所示。

图 11-15 名片扫描仪

优点:方便携带,而且可直接连接手提电脑等器材。

缺点:限制用途,价钱不划算。

4. 手提扫描仪如图 11-16 所示。

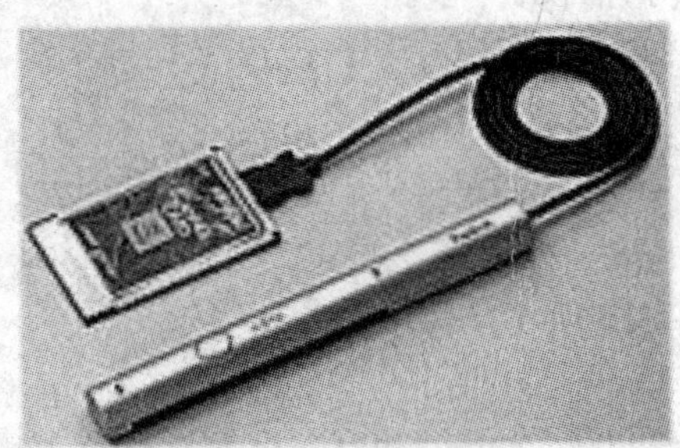

图 11-16 手提扫描仪

优点:方便。

缺点:每次只能处理数行文字或部分图片,而且只限黑白色。

(二)主要性能指标

1. 光学分辨率

光学分辨率是扫描仪最重要的性能指标之一,它直接决定了扫描仪扫描图像的清晰程度。扫描仪的分辨率通常用每英寸长度上的点数,即 DPI 来表示,市场上售价在 1000 元以下的扫描仪其光学分辨率通常为 300 ×600DPI。

2. 色彩深度、灰度值

就像显卡输出图像有 16bit、24bit 色的区别一样,扫描仪也有自己的色彩深度值,较高的色彩深度位数可以保证扫描仪反映的图像色彩与实物的真实色彩尽可能一致,而且图像色彩会更加丰富。

3. 感光元件

感光元件是扫描图像的拾取设备,相当于人的眼球,其重要性不言而喻,也是我们要进行重点介绍的部分。目前扫描仪所使用的感光器件有三种:光电倍增管,电荷耦合器(CCD),接触式感光器件(CIS 或 LIDE)。

4. 扫描仪的接口

扫描仪的接口是指与电脑主机的连接方式,通常分为 SCSI、EPP、USB 三种,后两种是近几年才开始使用的新型接口。

四、实现方法

(一)连接硬件

确认扫描仪的硬件连接是否完成,检查扫描仪的电源连接是否安全,是否在允许电压范围内。待一切确认正常,将扫描仪电源打开。

提示:USB 接口扫描仪将扫描仪的 USB 线与电脑连接好,再接好扫描仪电源,并接通电源。SCSI 接口扫描仪需要首先安装 SCSI 卡,SCSI 卡一般为 PCI 接口,将 SCSI 卡插入到计算机的扩展槽中。

(二)安装驱动

待扫描仪电源指示灯处于常亮状态后,启动计算机电源。进入操作系统后,取出扫描仪随机附带的驱动程序安装光盘(通常此光盘有明显的说明标记),将光盘放入光盘驱动器中(一定要保证光盘驱动器正常)。

通常此类光盘都属于自启动光盘,即插入光驱后,自动可以运行。如果没有自启动功能,可以直接双击光盘驱动器图标,进入光盘目录列表,从中单击标有“Setup. exe”的可执行程序图标。

启动安装程序后即可按照其指导步骤进行安装,方法大同小异,在此不再赘述。

(三)安装扫描软件

最后还需要安装专用的扫描仪软件,每款扫描仪都会自带一张光盘,盘内装有三至五种扫描专用软件,其中包括图像扫描、处理及文字识别等软件,可根据需要进行安装。此外还应安装一些非常著名的图像处理软件,例如 Adobe 公司的 Photoshop 等。

活动 3　连接音箱

一、教学目标

1. 掌握声卡的安装方法;
2. 掌握音箱的连接。

二、工作任务

1. 安装声卡;
2. 连接音箱。

三、相关知识点

(一)声卡种类

声卡是一台多媒体电脑的主要设备之一,现在的声卡一般有板载声卡和板卡式声卡之分。在早期的电脑上并没有板载声卡,电脑要发声必须通过独立声卡来实现。集成声卡是指芯片组支持整合的声卡类型,比较常见的是 AC′97 和 HD Audio,使用集成声卡的芯片组的主板就可以在比较低的成本上实现声卡的完整功能,如图 11-17 所示。板载声卡一般有软声卡和硬声卡之分。这里的软硬之分,指的是板载声卡是否具有声卡主处理芯片之分,一般软声卡没有主处理芯片,只有一个解码芯片,通过 CPU 的运算来代替声卡主处理芯片的作用。而板载硬声卡带有主处理芯片,很多音效处理工作就不再需要 CPU 参与了。

图 11-17 板载声卡

板卡式:早期的板卡式产品多为 ISA 接口,由于此接口总线带宽较低、功能单一、占用系统资源过多,目前已被淘汰;PCI 则取代了 ISA 接口成为目前的主流,它们拥有更好的性能及兼容性,支持即插即用,安装使用都很方便。

(二)声卡接口

这是创新公司的 Sound Blaster 16 声卡,卡上有一个 IDE 接口和 CD 音频接口,外部接口有麦克风插口(Mic);立体声输出插口(Speaker)连接音箱或耳机;线性输入(Line in)可连接 CD 播放机、单放机合成器等;输出插口(Line out)可连接功放等,如图 11-18 所示。

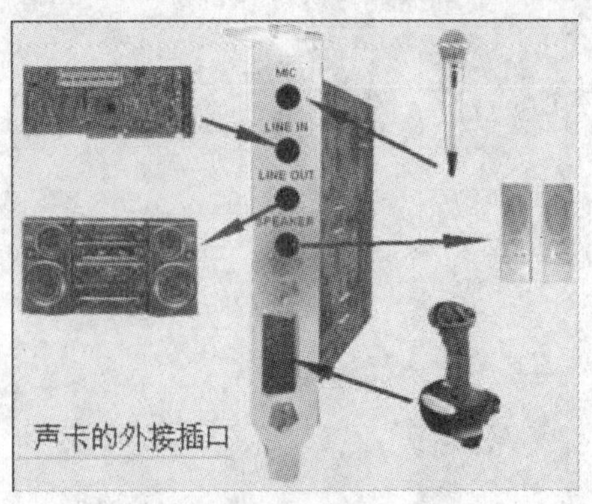

图 11-18 声卡接口

(1)线型输入接口,标记为“Line In”。Line In 端口将品质较好的声音、音乐信号输入,通过计算机的控制将该信号录制成一个文件。通常该端口用于外接辅助音源,如影碟机、收音机、录像机及 VCD 回放卡的音频输出。

(2)线型输出端口,标记为“Line Out”。它用于外接音箱功放或带功放的音箱。

(3)话筒输入端口,标记为“Mic In”。它用于连接麦克风(话筒),可以将自己的歌声录下来实现基本的“卡拉 OK 功能”。

(4)扬声器输出端口,标记为“Speaker”或“SPK”。它用于插外接音箱的音频线插头。

(5)MIDI 及游戏摇杆接口,标记为“MIDI”。几乎所有的声卡上均带有一个游戏摇杆接口来配合模拟飞行、模拟驾驶等游戏软件,这个接口与 MIDI 乐器接口共用一个 15 针的 D 型连接器(高档声卡的 MIDI 接口可能还有其他形式)。该接口可以配接游戏摇杆、模拟方向盘,也可以连接电子乐器上的 MIDI 接口,实现 MIDI 音乐信号的直接传输。

(三)音箱的种类

多媒体音箱的种类按照不同的分类法有不同的款式。下面来看看一些常见的分类:

(1)按照箱体材质不同分,常见的有塑料和木质箱。

(2)按照喇叭单元的数量分,有单喇叭单元的(全频带单元)和双(或三)喇叭单元的(二或三分频)。

(3)按照声道数量分有 2.0 式(双声道立体声)、2.1(双声道另加一超重低音声道)、4.1 式(四声道加一超重低音声道)、5.1 式(五声道加一超重低音声道)音箱。

图 11-19　音箱

(4)按喇叭单元的结构分,有普通喇叭单元、平面喇叭单元、铝带单喇叭单元等。注:普通喇叭单元又可以根据振膜(纸盆)的材料不同来分,如中低音单元有纸盆、羊毛盆、PVC 盆、聚丙烯盆、金属盆等材料,高音单元有金属球顶、软膜球顶等。

(5)根据电脑输出口来分,有普通接口(声卡输出)音箱和 USB 接口音箱。

(6)根据功率放大器的内外置分,有有源音箱(放大器内置最常见)和无源音箱(放大器外置、非常高档的或有特殊要求的才采用)。

(7)按价格分,一般认为价格每对(不含超重低音、下同)在 200 元以下的为普通音箱,价格每对在200~800元之间的为中档产品,价格在800元以上的一般为高档产品(当然也不能绝对这样分,还要看品牌和实际性能)。

(8)按用途来,有普通用途音箱、有娱乐用途为主的音箱(游戏、VCD、DVD和音乐欣赏)和专业用途音箱(HIFI制作、发烧友音乐欣赏)。

四、实现方法

(一)安装板卡式声卡

1.取下机箱后面板PCI插槽对应的挡板;

2.将声卡插入主板PCI插槽中,在插入过程中,要把声卡垂直地插入PCI插槽,用力适中并要插到底部,保证卡和插槽良好接触;

3.确定声卡与PCI插槽连接稳固后,使用螺钉将其固定在机箱面板上。

(二)安装声卡驱动

1.普通安装方式

(1)放入声卡驱动盘;

(2)选择适合声卡型号的驱动程序点击安装就好了。

2.不知道自己的声卡型号又有声卡驱动盘

(1)上网下载一个第三方软件,如优化大师,里面有个硬件检测,那里可以看到自己的声卡型号;

(2)选择适合声卡型号的驱动程序点击安装就好了。

3.不知道自己的声卡型号又没有声卡驱动盘

(1)上网下载一个第三方软件,如优化大师,里面有个硬件检测,那里可以看到自己的声卡型号;

(2)上百度搜索,比如声卡检测出来是CMI8738,就搜索"CMI8738驱动下载",然后下载安装就可以了。如果优化大师查看里面的声卡型号是'无'呢?用主板驱动盘进去直接搜索就可以,或网上找到相应驱动程序安装即可。一般情况下,安装系统时,会自动安装的,如果没装,把声卡驱动盘放进去,到"控制面板"里,点击"添加硬件",按照提示完成安装,就可以了。

(三)连接音箱

音箱是多媒体电脑的重要外部设备。音箱的连接和摆放是有一定讲究的,如果连接和摆放不对,就可能造成音箱工作不正常,或达不到理想的音箱效果。下面以2.1声道音箱安装步骤介绍:

(1)整理好连接音箱的音频线。

(2)将高音音箱的红色音频线插入红色的卡子中,将卡子拔下,固定好。用同样的方法连接好其他几根连线。

(3)拿出主音频线,将其中红、白插头的一端插入低音音箱后部的线路输入插孔中,位置与线路输入孔的颜色相对应。

(4)将音频线的另一端插入主机后部的音频输出孔中。

(5)接好音箱电源,即完成音箱的连接。

习　题

一、问答题

1. 常见的打印机有哪几类？请列举3种主流的打印机。
2. 扫描仪有哪些种类？主要性能指标有哪些？
3. 声卡有哪些种类？并请列举声卡常见的接口。
4. 请简单介绍音箱的分类。

二、操作题

1. 将打印机连接到本地电脑，并编辑 Word 文档，将 Word 文档的内容打印出来。
2. 将音箱连接到电脑，并播放音乐。